JN236848

入門統計学
〔新 版〕

木下宗七編

有斐閣ブックス

はしがき

　情報化時代といわれる今日，統計情報ないし統計的判断はわれわれのくらしと経済活動のほとんどあらゆる分野に入り込んでおり，統計学に関する知識はますます重要になってきている。また，文科系・理科系を問わず，多くの学問分野においても，統計学なしには専門的研究はできないといってよい。そのために，大学のほとんどの専攻分野の勉学にとって，統計学の講義を通して統計分析の考え方や方法を体系的に学習することはどうしても必要なことである。

　ところが，現実には，文科系，とくに経済学，経営学，商学などを専攻する学生にとっては，統計学は，複雑な計算やむずかしい数学を連想させるためにあまり歓迎されていないようである。統計学の学習で数理的部分が重要であることは事実ではあるが，より重要なことは，ひとつは，統計的な見方・考え方の特徴をよく理解することである。もうひとつは，講義室で学んだ統計的手法を現実のデータに応用してみることである。

　本書は，こうしたことを念頭に置いて，文科系の学生がはじめて統計学を学ぶ際のテキストとして書かれたものである。各章の叙述ではできるだけ現実社会に関係する実例を盛り込むようにしている。また，説明ではむずかしい数学はなるべく用いなくても理解できるように工夫している。

　全体は11章からなっている。各章のねらいや相互の結びつきを簡単に説明すると，つぎのようになる。

　第1章では，統計ないし統計学が今日の経済社会とどのように関連しているかをみた上で，統計的見方や統計分析のねらいと特徴がどこにあるかを概観する。

　第2章では，日本の統計制度や政府の統計予算の特徴をみた上で，政府が実施している代表的な統計調査を，家計・世帯に関するもの，企業・事業所に関するもの，経済全体に関するものに分けて紹介する。

　第3章と第4章は，統計分析の第1段階として，データの特徴をいかにま

とめるかについて述べる．第3章では，変量が1つである場合を扱っており，階層間での分布や時間的な変動の特徴をどのようにまとめるかを説明する．それに対して，第4章では，変量が2つの場合を扱い，両者の結びつきの強さを測る相関および連関の考え方と計算方法を説明する．

第5章から第9章までは，広い意味で，調査ないし実験で得られたデータの特徴をもとにして，それをいかに一般化するかという推測の方法を扱う章である．まず第5章では，推測の基礎となる確率の概念や基本的な法則を説明し，つづく第6章で，確率変数と確率分布の意味や性質を要約し，代表的な確率分布である2項分布，ポアソン分布，正規分布について，それぞれの特徴を説明する．そして，第7章では，標本としてのデータの特性が，データをその一部として含む母集団の特性とどのように対応しているかを，サンプリングや標本分布の概念を使って説明する．さらに，第8章と第9章で，母集団の特性を推測するための推定と検定の方法について説明する．

第10章と第11章では，統計分析についてのより進んだトピックスが取り上げられる．第10章では，経済問題の議論でよく出てくる経済指数の問題を取り上げ，指数の考え方と作成方法，使い方，使う場合の注意点などを説明する．第11章では，回帰分析の考え方とその方法を説明し，2つ以上の変量の間の線形の関係をどのように推定するか，推定結果をどのように評価するかなどを，実際のデータに基づいて説明する．

本書は，4単位の講義のためのテキストを予定しており，第1章から第9章までがカバーされれば，データの記述から推測までのことが学習できることになっている．時間的に余裕がある場合は，第10章と第11章まで進まれることが望ましい．また，2単位の講義では，各章を選択的に用いることができるが，データの記述の重点をおくコースでは，第1章から第4章までと第10章を取り上げることができる．他方，データに基づく推測に重点をおくコースでは，第1章，第5章から第9章までと第11章，という組合せが考えられる．

本書は5名の著者が共同執筆したものである．テキストとしての整合性をたもつために，執筆の過程で各自が分担した原稿を持ち寄り，説明の仕方，用語，記号の面での不揃いが出ないように調整を行った．また，名古屋大学

大学院の澤田彰博，野村淳一両君には，草稿の段階で全章を読んでいただき，多くの有益なコメントをいただいた。残されているであろう不十分な点は今後読者の批判をえて改めていきたい。

最後になったが，有斐閣書籍編集部の石塚務氏には，本書の企画から出版に至るまでいろいろとお世話になった。心から感謝の意を表したい。

1996年9月

木下 宗七

新版へのはしがき

旧版『入門統計学』を刊行してから12年の歳月が経過した。この間，統計情報や統計学を取り巻く経済社会の環境は著しく変化した。

ひとつは，1990年代の後半以降に一般社会に普及したインターネット，高速通信網，パソコンの高性能化，マイクロソフトのWindowsに代表される利便性の高いソフトウェアの普及のおかげで情報のネットワーク化が大幅に進展し，統計情報の入手や加工が容易になったことである。もうひとつは，旧ソ連・東欧の政治経済体制の崩壊やアジアの社会主義国家での経済発展戦略のもとで，地球規模での市場経済化が進み，政策決定での統計情報の役割がますます高まってきたことである。さらには，ふたつ目の点と関連して，各国での統計制度の改革が進み，「行政のための統計」から「社会の情報基盤としての統計へ」という認識が広まってきたことである。

新版の構成は旧版と基本的に同じである。ひとつだけ異なるのは，付録として「エクセルによる統計分析へのいざない」を付け加えたことである。これは，統計データを分析するための汎用のソフトウェアの開発が進み，容易に利用できるようになったので，分析手法の内容をよく理解した上で実際に使ってもらおうと考えたからである。

各章については，橋本行革に基づき2001年に施行された中央省庁の再編と指定統計調査における見直し等を反映させるために，政府統計を扱う章で

は多くの箇所で改訂を行った。また，本文の説明で用いている図表も，実際の統計調査から引用したデータはできるだけ最新のものに更新した。

　おかげさまで本書は文科系学生のための入門統計学の教科書として採用していただき，多くの刷を重ねることができた。新版についても，引き続き採用いただくようお願いしたい。

　新版の改訂では新たに澤田彰博氏に執筆分担をお願いしたが，御協力いただいた執筆者の方々，および編集作業にあたられた有斐閣の藤田裕子氏に対して心から感謝の意を表したい。

　2008 年 11 月

木下 宗七

● **執筆者紹介**・執筆分担

木下 宗七 (きのした そうしち)
　　名古屋大学名誉教授　　　　　　　　第 1, 2, 3 章, 付録

澤田 彰博 (さわだ あきひろ)
　　名城大学経済学部講師　　　　　　　第 2 章

山田 光男 (やまだ みつお)
　　中京大学経済学部教授　　　　　　　第 4, 5, 6 章, 付録

片岡 佑作 (かたおか ゆうさく)
　　京都産業大学経済学部教授　　　　　第 7 章

根本 二郎 (ねもと じろう)
　　名古屋大学大学院経済学研究科教授　第 8, 9 章

尾﨑 タイヨ (おざき たいよ)
　　京都学園大学経済学部教授　　　　　第 10, 11 章

入門統計学新版・目 次

第1章 統計と統計学の役割 ─────────── 1
1.1 情報化社会と統計 ……………………………… 1
- a 市場経済の発展と企業の成長　1
- b 政府の役割の増大　2
- c 諸科学での実証分析の発展　3
- d 情報・通信システムの発達　3

1.2 統計の性格と利用 ……………………………… 4
1.3 統計分析とデータ ……………………………… 6
- a 実験データと非実験データ　6
- b 全数調査データと標本調査データ　7

1.4 統計分析の考え方──記述と推測 ……………………………… 8
1.5 母集団と標本 ……………………………… 9

　練習問題　10

第2章 統計調査の編成 ─────────── 11
2.1 日本の統計制度 ……………………………… 11
2.2 政府の統計予算 ……………………………… 12
2.3 全数調査と標本調査 ……………………………… 14
2.4 代表的な統計調査 ……………………………… 15
- a 全数調査としての「国勢調査」と「事業所・企業統計調査」　15
- b 消費・労働に関する統計調査　16
- c 産業・企業活動に関する統計調査　18
- d 物価に関する統計調査　20
- e 国民経済に関する調査　21

練習問題　23

第3章　データの整理（その1）——1変量の場合—— 25

3.1 統計表の作成と図表化 …………………………………… 25
  a　度数分布表　25
  b　ヒストグラム　28
  c　累積度数分布　30
  d　相対度数　31

3.2 代表値 ……………………………………………………… 32

3.3 分布の位置を表す代表値 ………………………………… 33
  a　平均値　33
  b　中位数　37
  c　最頻値　38

3.4 算術平均の性質と計算方法 ……………………………… 38
  a　算術平均の性質　38
  b　算術平均の計算　41

3.5 散らばりを表す統計量 …………………………………… 43
  a　範囲（レンジ）　43
  b　平均偏差　44
  c　分散と標準偏差　44

3.6 分散と標準偏差の性質 …………………………………… 45

3.7 標準化と偏差値 …………………………………………… 47
  a　標準化と偏差値の定義　47
  b　偏差値の応用としての豊かさの指標　48

3.8 分散・標準偏差の計算方法 ……………………………… 50
  a　定義式による計算　50
  b　簡便法による計算　51

3.9 変動係数 …………………………………………………… 51

3.10 ゆがみを表す統計量 ……………………………………… 52

3.11 時系列データのまとめ方 ……………………………… 53
　　a　時系列変動の特徴　53
　　b　季節変動の調整方法　55
　練習問題　59

第4章　データの整理（その2）——2変量の場合 …………… 63

4.1 相関と連関 ……………………………………………… 63
　　a　量的データに基づく関係　63
　　b　質的データに基づく関係　65

4.2 共分散と相関係数 …………………………………… 66
　　a　共分散の考え方　66
　　b　相関係数とは　68

4.3 相関係数の性質 ……………………………………… 70

4.4 質的データと連関係数 ……………………………… 72

4.5 相関関係と因果関係 ………………………………… 75
　練習問題　77

第5章　確　率 …………………………………………………… 81

5.1 順列と組合せ ………………………………………… 81
　　a　順　列　81
　　b　組合せ　83

5.2 確率の概念 …………………………………………… 84
　　a　標本空間と事象　84
　　b　確率とは　85

5.3 確率の計算（加法，乗法） ………………………… 88
　　a　加法定理　88
　　b　条件付き確率　89
　　c　乗法定理　90
　　d　独　立　91

5.4 ベイズの定理 …………………………………………………………… 91

練習問題　93

第 6 章　確率変数と期待値 ―――――――――――――――――――― 95

6.1 離散型確率変数の定義 ………………………………………………… 95

6.2 離散型確率変数の期待値と分散 ……………………………………… 98

6.3 代表的な離散型確率分布 ………………………………………………100

　　a　2項分布　100

　　b　ポアソン分布　104

6.4 連続型確率変数の定義 …………………………………………………108

6.5 連続型確率変数の期待値と分散 ………………………………………112

6.6 代表的な連続型確率分布 ………………………………………………112

　　a　一様分布　112

　　b　指数分布　114

　　c　正規分布　115

6.7 期待値とモーメント ……………………………………………………124

練習問題　125

第 7 章　標本抽出と標本分布 ―――――――――――――――――――― 127

7.1 無作為抽出 ………………………………………………………………127

　　a　無作為標本　127

　　b　乱数表による抽出　130

7.2 標本統計量の分布，期待値と分散 ……………………………………133

　　a　抽出方法と標本のサイズ　133

　　b　独立試行の和　136

　　c　期待値と分散　137

7.3 中心極限定理 ……………………………………………………………140

　　a　大数の法則　140

　　b　中心極限定理　142

7.4 カイ2乗分布 ……………………………………………… 145
    a 性　質　145
    b 数表と近似　147

7.5 t 分布 ……………………………………………………… 148

7.6 F 分布 ……………………………………………………… 152

    練習問題　155

第 8 章　パラメータの推定 ——————————————— 157

8.1 推定量の性質 ……………………………………………… 157
    a 不偏性　157
    b 有効性　158
    c 一致性　159

8.2 点推定 …………………………………………………… 160
    a 母平均の点推定　161
    b 母分散の点推定　161

8.3 一般的な点推定法 ………………………………………… 162
    a モーメント法　162
    b 最尤法　164

8.4 区間推定 ………………………………………………… 167
    a 母平均の区間推定——母分散が既知の場合　167
    b 母平均の区間推定——母分散が未知の場合　169
    c 母比率の区間推定　171
    d 母分散の区間推定　173

    練習問題　174

第 9 章　仮説の検定 ——————————————————— 177

9.1 検定の設計 ……………………………………………… 177

9.2 検定での誤り——タイプⅠとタイプⅡの誤り ……………… 181

9.3 母平均の検定 …………………………………………… 186

9.4 母比率の検定 ……………………………………………………… 188

9.5 母分散の検定 ……………………………………………………… 190

9.6 母平均の差の検定 ………………………………………………… 191

9.7 母比率の差の検定 ………………………………………………… 193

9.8 分割表の検定 ……………………………………………………… 195

    a 2×2 分割表の検定　196

    b $r \times s$ 分割表の検定　198

    練習問題　199

第 10 章　経済指数 ──────────────────── 203

10.1 平均値としての指数 ……………………………………………… 203

    a 指　数　203

    b 個別指数と総合指数　203

10.2 総合指数作成の方法 ……………………………………………… 204

    a ラスパイレス指数　204

    b パーシェ指数　205

    c 数量指数　206

    d 金額条件とフィッシャー指数　207

10.3 物価指数作成の実際 ……………………………………………… 208

    a 消費者物価指数　209

    b 企業物価指数　210

10.4 指数の比較 ………………………………………………………… 212

    a パーシェ・チェック　212

    b 連鎖指数　213

    c 指数の接続　214

    d 品質の変化　215

    e 変動要因の分解──寄与度と寄与率　216

10.5 デフレータとしての物価指数 …………………………………… 217

    a 国民経済計算とGDP　217

  b 名目と実質 217
  c GDPデフレータ，GDEデフレータの計算方法 218
 10.6 物価の国際比較 219
  a 内外価格差問題 219
  b 購買力平価（PPP） 219
  c PPPと内外価格差 220
 練習問題 221

第11章 回帰分析 223

 11.1 回帰分析の考え方 223
  a 回帰分析とはどのようなものか 223
  b 相関と因果 224
  c 関係の特定化 224
  d 決定モデルと確率モデル 225
 11.2 単純な回帰分析 226
  a 回帰係数の推定と最小2乗法 226
  b 残差の特性 230
  c 回帰モデルの説明力，決定係数 233
  d 回帰係数の分布 235
  e βの信頼区間の推定 236
  f 仮説検定とt値 238
 11.3 回帰分析の拡張——重回帰分析 240
  a 多変数の場合の回帰係数の推定 240
  b 重回帰の残差と自由度修正済決定係数 $\bar{R}^2$ 242
  c 関数の特定化 243
 11.4 予　測 247
 練習問題 249

付録　エクセル（Excel）による統計分析へのいざない 251
参考文献 263

練習問題の解答 ―――――――――――――――――― 265
付表一覧 ―――――――――――――――――――― 273
索　引 ――――――――――――――――――――― 285

本書のコピー，スキャン，デジタル化等の無断複製は著作権法上での例外を除き禁じられています。本書を代行業者等の第三者に依頼してスキャンやデジタル化することは，たとえ個人や家庭内での利用でも著作権法違反です。

第1章 統計と統計学の役割

1.1 情報化社会と統計

　世の中には，統計なしには1日も暮らせない人もいれば，統計という言葉を聞いただけで頭が痛くなるという人もいる。しかし，歴史をひもとけば，統計は世界の歴史とほぼ同じくらい古くからある。統計調査はメソポタミア，中国，エジプトで行われており，昔から国家社会の運営やくらしの中で重要な役割を果たしてきたことは，確かなことである。そして，情報化時代といわれる今日では，統計ないし統計情報はわれわれのくらしのほとんどあらゆる分野に入り込み，国家社会および企業経済の管理・運営や学問の発展にとって欠くことのできないものになっている。

　このように，統計ないし統計情報が，現代社会において不可欠のものになってきたのは，1つには，統計ないし統計情報に関する学問分野，いわゆる統計学が，とくに20世紀に入って急速に進歩し，不確実な現象ないし行動を客観的に分析し，予測することができるようになったからである。

　しかし，もう1つのより重要な要因は，現代社会を支えている企業や政府の役割の増大，諸科学のおどろくべき成長・発展によって，「統計的判断」が適用される分野が著しく拡大したことであろう。このことを，いくつかの場合について考えてみよう。

a　市場経済の発展と企業の成長

　1980年代末から90年代にかけてのソ連・東欧型社会主義体制の崩壊とともに，地球的規模で，市場での自由な競争を基本とする市場経済システムの役割が一層クローズアップされている。伝統的な市場経済体制をとっている日本や欧米諸国では，個々の企業は，市場の動向を見通しながら，何をどれ

だけ生産・販売し，どれだけ在庫としてもっておくか，いくらで販売するかを，自己責任の原則で決めなければならない。もし，生産・販売量や販売価格の決定が適切なものであれば，生産や販売に見合った利益をあげることができる。しかし，反対に，経営者の決定が適切でない場合には，利益をあげる機会を失い，あるいは損失をこうむることになる。このような状況の下では，統計調査やそれに基づく判断は，企業にとって，市場の動向を的確に見通すために欠くことのできないものである。もちろん，こうした場合にも，企業経営者は，長年の経験や勘に頼ることもできる。しかし，今日のように，企業規模が大きくなり，企業活動が国境を越え，複雑になってくると，経営者個人の経験や勘だけではとうてい対処することはできない。そこで，将来のマクロとミクロの景気動向の予測を含めて，企業活動のあらゆる分野における「計画と管理」のために，統計情報や統計的判断が大きな役割を果たしているのである。

b 政府の役割の増大

今日の経済社会では，かつてアダム・スミスが理想とした「安い政府」の時代とは異なって，経済運営での政府の役割は高まっている。とくに第2次大戦後においては，先進国においても開発途上国においても，政府には，経済計画にもとづいて経済を発展させ，物価の安定と完全雇用の実現を通じて，国民の生活水準を向上させるという任務が与えられている。そのために，景気が悪化して失業者が増えるときには，政府の支出を増やして経済活動を刺激し，あるいは景気が過熱ぎみでインフレになりそうなときには，財政や金融を引き締める政策を用いて，経済活動を抑制することが必要となる。また，経済成長や国民の生活水準を向上させるために，社会資本への投資を通じて，生産の基盤や生活の基盤を整備する政策をとらなければならない。さらには，自由経済のもとで経済的に不利な立場におかれている人びとの生活を守るために，社会保障政策を充実していくことが求められている。

政府がこのような目的のために，各種の政策を立案し，実施していくためには，経済社会の現状や将来の動向を的確に把握しておくことが必要である。そのためには，基盤となる統計調査やそれにもとづく統計的分析が不可欠である。そこでいずれの国においても，政府のもとで，行政目的のために多く

の統計調査が実施され，それぞれの省庁で利用されている．また，いろいろの経済活動を総合的にとらえる「国民経済計算」や「産業連関表」が推計・整備され，計画を担当する省庁では，それらを用いて将来の経済動向を予測し，経済開発計画を作成するためのモデル作りが行われている．

c 諸科学での実証分析の発展

20世紀に入ってから諸科学の進歩・発展にはめざましいものがあるが，それを支えてきたものに実証科学の発展がある．科学の進歩にとっては，一方において，さまざまな現象を説明する新しい仮説や理論に関する研究が重要であるが，他方では，そうした仮説や理論が現実の姿をどの程度うまく説明できるかを確かめるための実証分析が不可欠である．新しい仮説や理論は，それらが実証的に裏付けられてはじめて，われわれの行動や判断のよりどころとなるからである．

20世紀に入ると，こうした実証分析の重要性は，自然科学はいうまでもなく人間の行動を扱う人文・社会科学の分野においても高まり，今日では新しい研究分野が形成されている．また，実証分析においては，できるだけ少ない費用で実証分析のための情報が入手できることが重要であるが，この面で，生物学の研究から生まれた**小標本理論**が大きな貢献をしている．

d 情報・通信システムの発達

統計的判断や統計的方法がいろいろな分野でひろく利用されるためには，必要とされる各種の統計情報が大量に，速く，しかも安く手に入ることが必要である．また，統計情報の分析も速くかつ少ない費用で行えるようにならなければならない．これを可能にしたのは，戦後におけるコンピュータ（ハード）とそれを用いる情報処理技術（ソフト）のめざましい進歩である．コンピュータの心臓部に真空管やトランジスタが使われていた時代はきわめて高価で，しかも利用範囲は限られていた．しかし，半導体が使われるようになってからは，性能が飛躍的に向上すると同時に小型化が進み，価格も大幅に下がって1台のパソコンが10万円前後から購入できるようになった．一方で，コンピュータを動かすためのオペレーティング・システム（OS）が開発され，また情報処理のための便利なアプリケーション・パッケージ（ソフトウェア）が豊富に利用できるようになってきた．さらに，企業や大学の中

だけでなく世界中のパソコンやサーバーを通信ネットワークで結合するインターネットの登場によって，情報の検索や大量のデータを高速にやり取りすることができるようになった。こうした情報・通信技術の進歩のおかげで，われわれと統計との結びつきは一層容易で密接なものになっている。

1.2 統計の性格と利用

　以上の説明からもわかるように，統計はわれわれが生活している経済社会のあらゆる所で必要とされ，利用されている。このように重要な統計を正しく利用するためには，はじめに，統計がどういう性格をもっており，「統計的にみる」というのはどういうことなのかをよく理解しておくことが大切である。

　さて，統計がどういう性格をもっているかを考えてみると，あらゆる場合に共通している性格として，つぎの2つをあげることができよう。1つは「集団としてとらえる」ということであり，もう1つは「数量的に表現する」ということである。

　まず，統計の性格が「集団としてとらえる」ところにあるということは，統計では，個々の対象のデータを問題にしているのではない，ということである。たとえば，テレビ局が家庭でテレビ番組がどれくらい視聴されたかを調べる場合，問題にしているのは，調査対象となった個々の家庭の視聴率ではなく，調べた家庭全体とか，性別，年齢別，時間帯別，曜日別といったグループ別の視聴状況である。テレビ局はそれを知って，調査家庭にとどまらず全国のテレビを保有している家庭が，性別，年齢別，曜日別にテレビをどれくらい視聴しているかを知り，番組作りや広告効果の判定に役立たせようというわけである。

　つぎに，「数量的に表現する」というのは，統計では，調査対象の性格を数量的に表現して扱うということである。たとえば，職業とか学歴といった属性に関する統計調査の場合には，個々のデータがあらかじめ決めておいた職業や学歴の分類のどれに属するかを調べ，集団全体の職業別・学歴別の構成を数量的に表現して扱うことである。また，家計の毎月の収入や消費支出を数量的にとらえようとする場合には，個々の家庭の家計簿にもとづいて収入

や支出の金額がどれだけかを調べることである。いずれの場合にも，対象の特性を数量化する過程で，いろいろの原因によって誤差が入ってくる可能性がある。たとえば，各国のこれまでの人口センサスすなわち「国勢調査」の経験によると，5ないし10の倍数のところに年齢別人口のデータが集まるという傾向がみられる。

　以上の統計の2つの性格を考えると，「統計的にみる」ということは，結局，ある特定の調査対象の性質を数量的に表現し，その数量化された特性を集団としてとらえることである，ということができる。統計では，個々のデータのもっている性質は全体の中にならされてしまうことになるし，数量的に表現する過程で誤差の問題を避けることはできない。

　このような性格をもつ統計は，いろいろのところでさまざまな目的のために利用されている。さきには，企業や政府における政策の決定で統計がどう使われるかについて述べたが，もっと身近な例として，公共交通機関の混雑問題での統計情報の利用について考えてみよう。

　まず，毎日電車やバスで通勤する人にとっては，1日のうちどの時間帯が混雑し，どの時間帯が混雑していないのかの統計があれば，それにもとづいて自分の通勤時間を決めたり変えたりすることができる。また交通機関の方では，時間帯別の利用状況がわかれば，それに応じて配車計画を立てたり変更したりすることができるだろう。この段階では，統計は，現実の混雑状況にどう対応すればよいかを決める場合のよりどころとして利用されることになる。したがって統計分析では，1日の時間帯別の利用度を調べ，そこにどのような規則性があるかを明らかにすることに重点がおかれる。

　つぎに，朝夕のラッシュ対策に苦慮している交通機関の担当者にとっては，もし現実の混雑をひき起こしている原因が何であるかがわかれば，その原因を取り除くことによって混雑緩和の道を探すことができる。たとえば，朝の混雑が会社の始業時刻が同じであることによるものであることがわかれば，混雑緩和のために時差出勤（フレックス・タイム）という対策を提案することができる。この場合には，統計を使って現実の混雑状況を解消する政策を考えようというわけであり，統計の利用としては，さきの場合より進んだ段階にある。このような統計の利用ができるためには，「現状がどうなってい

るか」だけではなく,「なぜそうなっているか」が,統計的に明らかにされなければならない。

　以上に述べた統計の2つの利用の仕方は,公共交通機関の混雑問題に限られるものではない。他のいろいろの問題についても,同じようにいえることである。たとえば,物価問題でいえば,物価上昇をひき起こしている原因が何であるかを分析し,その原因を除去するような物価対策を考えるというのは,統計の進んだ利用の例である。それに対して,主婦が物価の動きをみて消費や貯蓄の計画を変えるのは,統計の利用としては第1段階のものである。

1.3　統計分析とデータ

　前節で統計の利用には2つの段階があることを述べたが,いずれの場合にも,データにもとづく統計分析があってはじめて,それを判断や行動のよりどころに利用できるのである。しばしば「データに語らせる」ということがいわれるが,統計データは調査対象の個々の特性を統計数字としてまとめたものであり,そのままでは判断のよりどころにはならない。たとえば,1年365日についてすべてのバスの利用状況のデータがあるとしても,そのデータの山からは,どのバスを利用するのがいいかといった問題への答はでてこない。そうした問題への答をだすためには,バスの利用状況のデータを分析して,時間帯別の変動にどのような規則性があるのか,それが曜日や季節によってどう変わるのか,などを明らかにすることが必要である。

　ところで,統計分析のための統計データとしてはさまざまのものがあり,いろいろの基準で分類することができる。そのなかで,統計分析との関連で重要なのは,「実験データ」と「非実験データ」という区分と,「全数調査データ」と「標本調査データ」という区分である。そこでこれらの区分について,もう少しくわしく説明することにする。

a　実験データと非実験データ

　まず,実験データと非実験データという区分について考えると,これは,統計データが実験ないし分析を担当する人の計画や管理のもとで集められたものかどうかによる区分である。**実験データ**というのは,物理学や化学のデータのように,分析者が実験室でいろいろと条件をコントロールして作りだ

すデータである。それに対して，天文・気象や経済のデータの場合は，分析者が条件をコントロールできないところで実際に起こった結果が観測ないし記録されるので，**非実験データ**の方に分類される。もっとも，統計データのすべてが，以上の2つのうちのいずれかに完全に区分けされるというわけではない。医学や心理学で扱われるデータの場合は，実験データと非実験データの両方の性質をあわせもっているものもある。

　統計分析のためのデータとしては，利用可能ならば実験データの方が望ましい。というのは，実験データでは，「他の条件を同じにして」，特定の条件を変えた場合のデータの変動が測定されており，データに含まれる変動の規則性を見つけることが容易だからである。それに対して，歴史的に記録された非実験データの場合には，関連のあるいくつもの条件が同時に変動するので，データに見られる変動の規則性が特定の条件と結びついているかどうかを判断することは，それだけむずかしくなっている。

b　全数調査データと標本調査データ

　つぎに，**全数調査データ**と**標本調査データ**という区分についてみると，これは，統計データが対象全体についてのものか，その一部のものについてのものかによる区分である。全数調査（センサス，census）は対象全体を調査したものであり，標本調査は全体の一部分である標本（サンプル，sample）を調査したものである。全数調査の代表的なものは，5年ごとに日本に住んでいるすべての人を対象にして実施される「国勢調査」である。それに対して，総務省が毎月，農家を除くすべての世帯のくらし向きを把握するために実施している「家計調査」などは，標本調査の1つの例である。

　これら2種類のデータには長所とともに短所がある。全数調査でいえば，すべてを調査するので代表性は高いが，調査の実施や集計・分析に時間と費用がかかりすぎるという短所がある。他方，標本調査の方は，一部の標本を調べるだけなので，集計や分析が速くでき経費が少なくてすむという長所をもっているが，その反面でデータが全体をどのくらい代表できるかという問題がある。

　実際の統計分析では，全数調査と標本調査のこのような長所と短所を考慮に入れて，どちらを用いるかを決めるが，圧倒的に多いのは標本調査による

ものである．それは，第1には，時間や費用に制約があるために，たとえそれが望ましくても，全数調査を行うことができない場合が多いからである．第2には，利用できるデータが限られていて全数調査をすることが事実上不可能な場合があるからである．第3には，品質検査のための破壊試験の場合のように，全数調査を行うこと自体が無意味な場合があるからである．たとえば，ある工場で製造した電球の寿命を調べようという場合，もし作った電球の全部を実際につけてみて切れるまでの時間を調べるとしたら，売ることのできる電球は1つもなくなってしまう．この場合には，製品の山から一部を取り出して調べ，それから全部の寿命を判断することにならざるをえない．

1.4 統計分析の考え方——記述と推測

　統計データが全数調査によるものであれ標本調査によるものであれ，統計分析でまず初めにすることは，手もとにあるデータ自体を分析することである．たとえば，ある電球工場で電球の山からとりだした20個の電球の寿命をテストしたとする．その結果として，20個の寿命のデータが得られる．このデータから20個の電球の平均寿命がどのくらいであり，寿命のばらつきがどのくらいかを求めることが，統計分析で最初にやるべきことである．こうしたデータ自体についての統計分析は，**統計的記述**といわれている．統計的記述のための方法としては，平均やばらつきに関するもののほか，相関や回帰に関するもの，時系列分析に関するものなどがある．

　ところで，今日では，統計分析が統計的記述の段階で終わることはきわめてまれである．というのは，統計分析の結果にもとづいて何らかの判断をくだし，計画を立てようとする場合には，特定の時点に特定の対象について調べられたデータの特徴をつかむだけでは不十分だからである．標本調査の場合であれば，一部分についていえることがどこまで全体についていえるかが問題である．また全数調査の場合であれば，特定時点での特徴が時間的にどこまで一般化できるかが問題になってくる．

　そこで，統計分析の第2の段階では，統計的記述によって明らかになったデータの特徴が，どこまで時間的ないし空間的に一般化できるかを検討する．これは，われわれの手もとにあるデータを1つの**標本**と考え，標本にもとづ

いて標本を含む全体の特徴をつかむことであり，**統計的推測**といわれる。さきの電球の品質検査の例でいえば，20個の電球の寿命から，それらをとりだした電球の山全体の寿命を推測することである。

ところが，統計的推測で標本として扱われるデータは全体に関するすべての情報を含んでいるわけではないので，データから全体の特徴を完全につかむことはできない。したがって，かりに全体の特徴が推測できたとしても，それは100%確実であるというわけではなく，ある程度の誤差をさけることはできない。統計的推測の大きな特徴の1つは，こうした誤差の部分を考慮するために確率の考え方を導入し，確からしさの程度をつけて全体に関する推測をしていることである。

1.5 母集団と標本

これまでの説明からもわかるように，統計的推測が問題になるのは，何らかの理由で，われわれが本当に知りたいと思っている全体を調べることができず，その一部分しか調査できない場合である。

ところで，こうした場合に，ある確からしさをもって全体の推測ができるためには，全体とその一部分である標本は厳密に定義され，一定の性質をもつものでなければならない。全体についていえば，これは一定の標識をもつ確定した集団として定義されていなければならない。また標本の方も，単に全体の一部であるというだけでなく，全体から，いわばくじで選ぶようにして選ばれた標本でなければならない。統計的推測では，このようにして定義される全体のことを**母集団**（population）といい，母集団からこのように選ばれた標本を**無作為標本**（random sample）とよんでいる。

推測の対象である母集団としては，現実に観察できる場合もあるし，そうではなくて理念的にしか想定できない場合もある。また，母集団を構成している対象の個数が有限の場合もあるし，無限といってよい場合もある。たとえば，500世帯のテレビ視聴率を調査して全国の世帯の視聴率を知ろうという場合には，母集団はテレビを保有している全国の総世帯であり，実在する有限母集団である。それに対して，新しい機械で作られる製品の品質を確かめるために試験的に10個を調べるという場合では，母集団は新しい機械で

作られる数限りない製品の山全体であり，ほとんど無限個の製品の集団である．

母集団が実在しかつ有限個の集団である場合には，そこから無作為に一定個数の標本を抽出して無作為標本を作ることができる．さきのテレビの視聴率調査であれば，全国のテレビ保有世帯が母集団であるから，NHK の受信契約台帳から無作為に 500 世帯を選びだせばよい（ここでは，テレビの保有者は必ず NHK と受信契約をしていると想定している）．ここでなぜ無作為に世帯を選びださなければならないかというと，1 つには，テレビをよくみる世帯とかほとんどみない世帯とかにかたよって調査したのでは，全国の世帯の視聴率が代表できないからである．もう 1 つには，無作為に標本を抽出することによって，母集団と標本の関係が確率の考え方で表現できるからである．

母集団が無限母集団で理念的にしか想定できない場合には，母集団から直接標本を選びだすということはできない．しかしこの場合にも，データをあたかも母集団から無作為に抽出されたものであるかのように扱えば，標本データから母集団の特徴を推測することができる．さきにあげた新しい機械による製品の品質検査の例でいえば，正常な状態のもとで運転して作りだされる製品の仕切りから，たとえば 10 個とか 20 個おきに標本をとりだして調べるのである．

このように，母集団が実在する場合であれそうでない場合であれ，統計的推測では，標本は無作為標本としての性質をもつものでなければならない．無作為標本の場合にのみ，確率を使って母集団の特性に関する推測ができるのである．

練習問題

1. 統計学という学問がどこで生まれ，今日のように発展してきたかを調べ，社会の発展と統計学の発展との関わりを考えよ．
2. 医学や裁判と統計・統計学との関係を調べ，これらの分野での統計的分析や判断の役割を考えよ．

第2章 統計調査の編成

2.1 日本の統計制度

　今日では，先進国・開発途上国を問わず，各国の政府機関や中央銀行は特定の行政目的に対応する届出や許可などの行政行為を通じて，個人や企業から多くの情報を集めている。それとともに，定期的にさまざまな統計調査を企画・実施しており，調査結果が各機関の行政目的のための基礎資料として利用されている。また，それらの概略が新聞などで報道され，詳しい内容が調査を行った省庁のホームページで公表され，「調査報告書」，「統計年報」，「統計月報」としても出版される。その結果，調査結果を企業や一般の人びとは容易に利用できるようになっている。

　各国政府が，どういう統計調査の制度で調査を企画・実施し利用するかは，それぞれの国の歴史的な成り立ちや経済体制の違いで異なっている。国の成り立ちが中央に強い政府をもつ中央集権的な国家であるか否か，また，経済運営が市場経済中心になされているか否かで，統計制度の性格が変わってくる。

　世界各国の統計調査の機構は，大きくは集中型と分散型とに分けられる。**集中型**というのは，政府による調査および統計的な分析の大部分を中央統計局が一元化して行う制度である。それに対して**分散型**は，行政を担当する各省庁がそれぞれの行政目的に従って独自の調査と分析を行う制度である。例えば，農林水産省，経済産業省，厚生労働省などが省庁別に行うものである。集中型は，方法，定義など調査の統一性が保障され，経費を節約できるという利点がある。それに比べると，分散型は各省庁が行う調査の間の相互調整がとりにくいという欠点がある。しかし，調査が各省庁のはっきりした行政

目的に沿って行われるので，きめ細かく，信頼度の高い結果が得られるという長所をもっている。

国際的に見ると，各国での統計調査は，統計調査の企画・設計と調査の実施がともに集中型の国もあれば，ともに分散型の国もある。また，一方を集中し他方を分散している混合型の国もある。先進国ではともに集中しているのはオランダ，カナダ，オーストラリアなどである。ともに分散型をとっているのは，イギリスと日本などである。フランスは省庁の統計部局に分散しているが，その指導者の大部分は INSEE（国家統計経済研究所）の職員であり，集中型と分散型をミックスした混合型である。アジア諸国では，インドネシア，マレーシアのように集中型をとる国もあれば，韓国，シンガポール，インドのように分散型をとっている国もある。

2.2 政府の統計予算

統計調査を実施し，その結果を集計・分析して利用できるようにするためには，時間と経費が必要である。多くの正確な情報を，できるだけ少ない予算で，しかも迅速に利用できるようにすることは，統計調査を実施する機関や個人にとっての悩みの種である。全数調査で行うのか，それとも標本調査で実施するのかで，かかる時間や経費，精度などが大きく異なってくる。

政府は毎年度の予算のなかに，統計調査のための予算を計上している。表2.1 は最近のものを省庁別に見たものである。

この表で，1995 年，2000 年，2005 年の統計総予算が，前年に比べて急増しているのは，5 年ごとに行われる「国勢調査」の実施年にあたっているからである。この 3 時点の「国勢調査」のために総務省に配分された予算はおよそ，450 億円，610 億円，570 億円である。

この表から明らかなように，統計予算が多いのは総務省，農林水産省，経済産業省，厚生労働省の 4 省であり，「国勢調査」の実施年を除くと全体の 50％前後が農林水産省，経済産業省と厚生労働省に配分されている。逆に予算が少ないのは，財務省，文部科学省，環境省などである。農林水産省の予算が多いのは，食糧事情改善のための調査を国土の 8 割に及ぶ農林地に広くネットワークを張って行う必要があること，調査対象が家計と未分離であり，

表 2.1　政府の統計予算

(単位：100万円)

旧省庁	現省庁	1994年	95年	99年	2000年	04年	05年	06年
人事院	人事院	65	66	62	62	58	58	57
(内閣府)	内閣府	404	430	689	712	683	635	631
経済企画庁		404	430	689	712			
(文部科学省)	文部科学省	206	195	256	186	224	227	192
科学技術庁		1	1	40	4			
文部省		205	194	217	182			
環境庁	環境省	51	51	304	254	49	43	89
(国土交通省)	国土交通省	4,823	1,110	4,311	1,758	1,567	3,836	1,209
国土庁		201	47	131	62			
運輸省		562	777	631	778			
建設省		4,048	274	3,538	907			
北海道開発庁		12	12	11	10			
法務省	法務省	77	220	161	164	170	162	108
大蔵省	財務省	116	117	143	141	361	369	234
(厚生労働省)	厚生労働省	3,901	4,867	5,760	4,176	5,104	5,398	4,559
厚生省		2,028	2,937	3,642	2,086			
労働省		1,873	1,930	2,118	2,090			
農林水産省	農林水産省	13,499	9,343	13,032	10,511	10,739	8,510	6,187
通商産業省	経済産業省	7,097	4,420	5,867	4,693	5,169	4,910	4,656
(総務省)	総務省	12,544	57,974	14,495	75,890	13,374	70,871	14,101
総務庁		12,386	57,889	14,424	75,756			
郵政省		158	85	70	134			
省庁計		42,786	78,793	45,080	98,547	37,497	95,019	32,022

注1：中央省庁の再編統合により，2001年1月6日より，それまでの1府22省庁から1府12省庁に再編された。
注2：予算額には，職員（都道府県等の統計専門職員を含む）の人件費，経常的な電算機利用経費は含まれない。
出所：総務省政策統括官『統計基準年報』。

職員が農家を回って調査を行う必要があることのために，多数の統計人員を地方支分局に配置し，その経費を予算に組み込んできたからである。財務省以下の3省の予算が少ないのは，ひとつは届出や許可承認という行政行為と結びついた業務統計の比重が高いためである。

2.3　全数調査と標本調査

　わが国では第2次大戦後に統計組織の近代化が進められ，新しい統計理論にもとづく標本調査法が導入され，センサス（全数調査）と標本調査との相互補完の体制ができあがった。そのおかげで両者を組み合わせることで，個人・世帯や事業所・企業などに関する情報を効率よく収集することができるようになった。

　人口センサスともよばれる「国勢調査」は国の最も基本的な調査である。国籍に関係なく10月1日現在で日本に常住しているすべての個人・世帯が調査の対象である。それに対して，毎月の調査である「家計調査」や「労働力調査」はすべての個人・世帯の中から無作為に抽出された個人ないし世帯が調査の対象である。これらの調査の2005年における調査対象世帯を比べると，

　　　国勢調査：約4957万

　　　家計調査：約10万5000（12カ月分の年間延べ数）

　　　労働力調査：約40万（12カ月分の年間延べ数）

となっており，3つの統計調査の間では世帯数に大きな開きがある。当然，「国勢調査」はセンサス（全数調査）であり調査対象が多いので，調査項目を少数に限らざるをえないし，調査の頻度は5年に1回である。他方，「家計調査」のように調査対象を全体の約5000分の1に絞った標本調査では，毎月という頻度で，収入や消費生活に関する詳しい調査をすることができる。この2つの調査を組み合わせることで，全国の世帯の人口や就業とともに，代表される世帯の月々のくらしの詳しい実態を把握することができる。

2.4 代表的な統計調査

a 全数調査としての「国勢調査」と「事業所・企業統計調査」

　標本調査法で個人・世帯や事業所・企業の調査をするためには，標本を抽出するための母集団となる台帳を確定する必要がある．その台帳となるのが個人・世帯に関する調査では「国勢調査」であり，事業所・企業に関する調査では「事業所・企業統計調査」である．

　「国勢調査」は1945（昭和20）年を除いた1920（大正9）年以降5年ごとに行われており，1920年を始めとする10年ごとの大規模調査と中間年の簡易調査とに大別される．その年の10月1日現在のすべての常住者を対象にして，人口，世帯，労働力状態，住宅状況などが調査され，その結果が全国だけでなく都道府県，市町村別に集計されている．最近では2005年に実施されており，表2.2はその結果の一部である．

　調査では平均50世帯ごとに調査区を設定し，総務大臣から任命された国勢調査員が原則として1人1調査区を受けもち，調査表の配布・回収・検査を行っており，2005年の場合は約83万人が調査に従事しており，上で説明したように，調査員の手当てを含めて膨大な予算が払われている．

　「国勢調査」を台帳とする標本調査としては，「住宅統計調査」，「家計調査」，「労働力調査」，「就業構造基本調査」などがある．

　「事業所・企業統計調査」は農林漁家を除く製造業，商業，サービス業などすべての事業所を対象としたセンサス調査で，1947（昭和22）年から81年までは3年ごとに，その後は5年ごとに実施されており，最近では2006年に調査が行われている．この調査では各事業所での事業の種類や従業員数などが調査されるので，わが国の事業所の産業別，従業員規模別，地域別の分布が明らかにされる．

　また，1982（昭和57）年から調査の実施が5年ごとになったので，「事業所・企業統計調査」に基づいて作成される事業所名簿について，調査が実施されない中間年における事業所の新設・改廃等の移動状況を調査して，事業所名簿の補正を行っている．この名簿が「工業統計調査」，「商業統計調査」，「毎月勤労統計調査」など事業所を対象とする標本調査の台帳となっている．

表 2.2　人口階級別の市町村数, 人口と人口増加率：2005 年

市町村の人口階級	市町村数	人口（1000人）				人口増加率 (2000〜05年)
		2000年	(構成比)	2005年	(構成比)	
総　　数	2,217	126,926	100.0%	127,757	100.0%	0.7%
市	751	99,865	78.7	110,254	86.3	10.4
100万以上	12	26,852	21.2	27,870	21.8	3.8
50万〜100万未満	14	6,810	5.4	9,775	7.7	43.5
30万〜50万未満	45	16,728	13.2	17,297	13.5	3.4
20万〜30万未満	40	10,131	8.0	9,758	7.6	−3.7
10万〜20万未満	141	16,487	13.0	19,384	15.2	17.6
5万〜10万未満	249	15,108	11.9	17,378	13.6	15.0
3万〜5万未満	182	6,004	4.7	7,207	5.6	20.0
3万未満	68	1,746	1.4	1,585	1.2	−9.2
町村	1,466	27,061	21.3	17,503	13.7	−35.3
3万以上	90	4,406	3.5	3,387	2.7	−23.1
2万〜3万未満	160	4,811	3.8	3,845	3.0	−20.1
1万〜2万未満	430	9,609	7.6	6,087	4.8	−36.7
5千〜1万未満	425	6,025	4.7	3,089	2.4	−48.7
5千未満	361	2,209	1.7	1,095	0.9	−50.4

注：東京都の 23 区は 1 市として人口 100 万以上の市に含まれる。町村の人口増加率がマイナスになったのは，平成の大合併によって町村数の減少が大きいためである。
出所：総務省統計局『国勢調査』。

b　消費・労働に関する統計調査

　世帯を調査対象として家計収支や世帯構成員の就業状態の月々の変化を明らかにする調査として，「家計調査」と「労働力調査」がある。ともに国勢調査を台帳として総務省が実施する標本調査である。

　「家計調査」では，全国の 2 人以上世帯と単身者世帯を合わせた約 4556 万世帯（学生の単身者世帯を除く）から約 8700 世帯を選び，世帯属性（家族構成，住居など）とともに毎月の家計収支や貯蓄・負債の保有状況を家計簿・貯蓄調査票に記入してもらい，その結果を都市別，地域別，職業別，収入階級別，その他の世帯特性別に集計している。詳しい結果は毎月の『家計調査報告』と『家計調査年報』に発表されており，国民生活での家計の実態を明らかにしている。表 2.3 は全国平均でみた最近の勤労者世帯の家計収支であ

表 2.3 勤労者世帯の 1 カ月当たり家計収支：2007 年平均

(単位：円)

収　　入		支　　出	
実収入	480,074	消費支出	289,821
勤め先収入	453,793	食　料	63,541
事業・内職収入	2,059	住　居	22,171
社会保障給付	15,544	光熱・水道	18,233
その他収入	8,678	家具・家事用品	8,395
		被服・履物	13,444
		保健医療	9,949
		交通・通信	42,358
		教　育	14,213
		教養娯楽	31,444
		その他	66,073
		非消費支出	77,958
実収入以外の収入	350,345	実支出以外の支出	466,933
預貯金引出	310,675	預貯金	373,828
保険取金	4,716	保険掛金	26,382
借入金	34,271	借金返済	54,978
財産売却	216	財産購入	10,874
その他	467	その他	870
繰入金	66,374	繰越金	62,081
計	896,793	計	896,793

出所：総務省統計局『家計調査年報』。

る。

　家計の貯蓄・負債の保有状況等については，2000 年までは「貯蓄動向調査」として年 1 回調査されていたが，2002 年以降は「家計調査」に統合されている。農家世帯についても，1999 年までは，別に農林水産省が「農家経済調査」として調査してきたが，2000 年からは「家計調査」に統合されている。

　家計収支についての関連調査としては，「全国消費実態調査」（5 年ごと，総務省），「消費動向調査」（四半期ごと，内閣府），「大型小売店販売統計」（毎月，経済産業省）などがある。

　「労働力調査」は全国世帯から抽出された約 4 万戸の世帯に居住する 15 歳

表 2.4　年齢階級別の完全失業率

(単位：%)

年齢階級	1985年	90年	95年	2000年	05年	06年	07年
総　数	2.6	2.1	3.2	4.7	4.4	4.1	3.9
15～24歳	4.8	4.3	6.1	9.1	8.7	8.0	7.7
25～34歳	2.8	2.4	3.8	5.6	5.6	5.2	4.9
35～44歳	1.9	1.5	2.2	3.2	3.8	3.4	3.4
45～54歳	1.8	1.2	1.9	3.3	3.0	2.9	2.8
55～64歳	3.7	2.7	3.7	5.5	4.1	3.9	3.4
65歳以上	1.7	0.8	1.3	2.2	2.0	2.1	1.8

出所：総務省統計局『労働力調査年報』。

以上の世帯構成員（約10万人）を対象とする調査であり，就業しているか，就業していない（失業，家事，通学，その他）かを，月末の1週間の事実について質問している。この結果に基づいて毎月の就業者数，不就業者数，完全失業者数が推計されており，とくに完全失業者数を労働力人口で割った完全失業率の動向は労働市場の需給だけでなく，経済全体の動向を判断するさいの重要な指標として利用されている。表2.4はこの調査による年齢階級別の完全失業率の推移である。

毎月実施される労働力関連統計としてはこのほかに，事業所を対象にして労働時間や現金給与などを調べる「毎月勤労統計」（厚生労働省），公共職業安定所での求人・求職状況を集計した「職業安定業務統計」（厚生労働省）がある。

5年ごとに実施される「就業構造基本調査」は，ふだんの就業・不就業の状態や就業異動の実態，地域別の就業構造などを調査するもので，調査の対象は国勢調査をもとに抽出された約45万世帯の15歳以上の世帯員である。

c　産業・企業活動に関する統計調査

日本経済の発展が産業部門の活動と密接に結びついてきたことは疑う余地がない。すでに1880年代初めには物品の生産高や価格を調べた「物産表」「農産表」「物価表」が作成されていたが，1883（明治16）年には，それらを統合した「農商務統計」のなかに工業調査が加えられ，さらにそれが商工省の「工場統計表」と農林省の「農林省統計表」に発展してきた。第2次大戦

表 2.5 製造業の事業所数・就業者数・付加価値額：2006 年

(単位：金額 10 億円)

産　　　業	事業所数	就業者数	出荷額等	付加価値額
合　　　　　計	258,543	8,225 千人	314,835	107,598
食　　料　　品	32,352	1,093	22,673	8,563
飲料・たばこ・飼料	4,576	103	9,597	2,945
繊　維　工　業	7,258	130	2,181	922
衣服・その他の繊維製品	13,126	228	2,009	956
木　材・木　製　品	8,563	121	2,502	894
家　具・装　備　品	8,516	125	2,158	923
パルプ・紙・紙加工品	7,457	209	7,201	2,490
印　刷・同　関　連　業	16,466	330	6,856	3,183
化　学　工　業	4,824	344	26,200	10,994
石油製品・石炭製品	956	24	15,682	689
プラスチック製品	15,731	445	11,412	4,399
ゴ　ム　製　品	3,217	125	3,295	1,408
なめし革・同製品・毛皮	2,113	30	467	180
窯　業・土　石　製　品	13,150	289	7,757	3,847
鉄　　鋼　　業	4,492	220	18,473	5,962
非　鉄　金　属	2,991	142	9,016	2,779
金　属　製　品	33,714	655	14,451	6,038
一　般　機　械　器　具	33,792	1,015	33,331	12,920
電　気　機　械　器　具	11,792	566	19,663	6,587
情　報　通　信　機　械　器　具	2,226	217	12,496	3,586
電　子　部　品・デ　バ　イ　ス	5,699	503	19,004	6,977
輸　送　用　機　械　器　具	12,032	990	59,836	16,800
精　密　機　械　器　具	4,128	155	4,073	1,814
そ　　の　　他	9,372	168	4,501	1,743

出所：経済産業省『工業統計表』，従業員 4 人以上の事業所の分。

後には前者は通産省（現在の経済産業省）の「工業統計表」となり，「農林省統計表」（現在の「農林水産省統計表」）とともに今日まで続いている。

工業活動に関する調査としては，「工業統計調査」と「生産動態統計」が重要である。「工業統計調査」は，従業員 4 人以上のすべての事業所を対象とした調査で，毎年 12 月 31 日現在で，年間の生産額，現金給与支払額，原材料・燃料費，有形固定資産取得額および年末の従業者数，有形固定資産額などを調査している。その結果が業種別，品目別，都道府県別，企業規模別に集計

され,「工業統計表」の「産業編」「企業編」として発表されている。表2.5は産業編の一部である。

　この調査によって,年別の製造業の生産構造や分布だけでなく,生産で生み出された付加価値額やその分配状況をつかむことができる。しかし,「工業統計表」が発表されるまでには約1年半の時間がかかるので,鉱工業の変動をいちはやくつかむために,月次調査として「生産動態統計調査」を実施している。

　「生産動態統計調査」は事業所を対象にした品目ベースの調査で,経済産業省があらかじめ指定した約1800品目の生産量,生産金額,出荷量,在庫量,生産能力などを毎月調査している。品目によって全事業所を対象にするものもあれば,一定規模(従業員5名から50名)以上の事業所だけを調査の対象とするものもある。その結果は「経済産業統計」や業種別の月報および年報に示されている。

　経済実態の把握や経済分析によく用いられるのは,この調査に基づいて産出される生産,出荷,在庫,生産能力などの指数であり,景気動向を判断するときの重要な指標となっている。ただし,その際には,月次の指数に見られる季節的な変動を一定の方法で取り除いた季節調整済みの指数が用いられる。

　これら2つの統計調査に関連するものとして,財務省の「法人企業統計」がある。これは,営利法人企業(2008年度からは金融保険業も含む)を対象にして標本調査で実施している調査で,四半期および決算年度での資産・負債の構成や損益の状況が調査されている。

　d　物価に関する統計調査

　物価に関する統計として代表的なものは,消費者物価指数と企業物価指数である。前者は消費者が購入する商品(物)とサービスの価格変動に関する統計であり,後者は国産品および輸入品の企業間の取引価格を生産段階または卸売段階で調査したものである。

　消費者物価指数は,総務省統計局が毎月実施する「小売物価統計調査」で調べた約500品目の小売価格とサービスの料金を,家計支出区分に従って10大費目および中分類項目別に指数化したものである。この物価指数がどのよ

うに作成されるかは第 *10* 章で説明されるが，これは，政府の物価対策や春闘での賃金交渉の指針となるほか，年金給付額の物価スライド分を計算するさいの基準となっている。

企業物価指数は，物価の番人といわれる日本銀行が 1887（明治 20）年から 100 年以上にわたって作成している物価指数であり，毎月，企業間で取引される約 1300 品目の販売価格を調べ，それぞれの取引額をウェイトにして類別に指数化している。その際，商品を国内市場向け生産品，輸出市場向け生産品および輸入品に分け，国内企業物価指数，輸出物価指数，輸入物価指数を作成している。そのうち国内企業物価指数は需要・供給のバランスや景気動向を判断するための重要な指標としてよく利用されている。

企業物価指数は商品だけが対象で，企業向けのサービスについての価格が入っておらず，サービス経済化に対応できないという問題がある。そこで，日本銀行は企業物価指数を補完する指数として，1991 年 1 月から企業向けの金融・保険・諸サービスについて銘柄を特定した企業向けサービス価格指数を作成している。

関連する物価統計として，総務省の「全国物価統計調査」（5 年ごと），農林水産省の「農業物価統計調査」に基づく月次の「農業物価指数」がある。それまで作成していた「農村消費者物価指数」は 2000 年に廃止されている。

e　国民経済に関する調査

「政府は GDP の成長率を 2.5% とする新年度の経済見通しを決定した」とか，「日本の 1 人当たり GNI はアメリカの水準を追い越した」などと，GDP や GNI は政策運営での基準や国際比較の尺度としてよく使われる。これは，GDP（国内総生産）や GNI（国民総所得）が一国の経済活動全体を包括的に捉える国民経済計算体系（System of National Account, SNA と略称）の中核的な指標であることを考えれば，当然のことである。

SNA は 1953 年に国連が初めて策定して各国に提案したもので，3 度の改訂を経て国民経済計算の国際的基準となっている。最初は GNP を中心とした所得支出勘定を中心とする国民所得統計としてスタートしたが，現在の 93 SNA はこれに産業連関表，資金循環表，国際収支表，国民貸借対照表の 4 つの勘定を統合した統計である。これによって，①生産活動とその過程で発生

表 2.6　2006 年度の国内総生産：2000 年基準・93SNA

(単位：10 億円，カッコ内は対前年度比%)

項　目	名　目	実　質
民 間 最 終 消 費	291,375　(　　1.3)	307,694　(　　1.7)
政 府 最 終 消 費	89,912　(－0.7)	94,663　(　　0.1)
民 間 住 宅 投 資	18,828　(　　2.4)	18,472　(　　0.2)
民 間 設 備 投 資	80,981　(　　6.2)	88,262　(　　5.6)
民 間 在 庫 品 増	2,297　(　71.6)	2,505　(　57.1)
公 的 資 本 形 成	21,149　(－8.0)	21,033　(－9.2)
公 的 在 庫 品 増	201　(－20.6)	220　(－17.4)
財貨サービスの純輸出	7,134　(　　9.7)	21,491　(　26.0)
輸　　　　　　出	83,889　(　12.0)	82,009　(　　8.2)
(控　除)　輸　入	76,756　(　12.2)	60,517　(　　3.0)
国 内 総 生 産 (GDP)	511,877　(　　1.6)	553,440　(　　2.3)
国 民 総 所 得 (GNI)	526,876　(　　1.9)	554,125　(　　1.9)

注：実質値は連鎖方式による。
出所：内閣府『国民経済計算年報』平成 20 年版。

する一次所得の分配，②一次分配所得の支出と貯蓄，③資本の蓄積と調達，④海外取引の受取と支払，という一定期間にフローの側面とそうした行動の結果として期末に保有する資産と負債というストックの側面が，総合的に把握されることとなった。また，家計，対家計民間非営利団体，企業（金融機関と非金融法人企業），政府，海外という制度部門別に分けて，各勘定のバランスを明らかにしている。さらに国民所得統計では，項目別の支出デフレータ（物価指数）が基準時点を 100 として推計され，名目値系列とともに実質値系列が表示されている。

　これら 5 つの勘定のうち，国民所得統計は年単位（暦年と年度）だけでなく四半期単位でも推計されている。季節変動を調整した四半期の系列は，国民所得速報として短期の景気判断のために利用されている。また，国民所得勘定は産業連関表，工業統計表，物価指数など各種の一次統計を加工して推計されたものなので，それらが 5 年ごとに作成され，あるいは基準時改訂が行われると，それに対応して 5 年ごとに基準時が改訂される。

　表 2.6 は最近の国内総生産の名目値と実質値であり，基準時点は 2000 年

である。

練習問題
1. アメリカ,イギリスなど欧米先進国の人口センサスの歴史を調べ,日本の「国勢調査」の歴史と比較せよ。
2. 標本調査で調査する場合,調査対象をどのようにして選んでいるかを,具体的な調査(新聞社の世論調査,総務省の家計調査など)を取り上げて,確かめよ。

第3章 データの整理（その1）
——1変量の場合

　第 *1* 章で述べたように，標本としてのデータから母集団全体に対する推測を行うことは，統計分析の主要な目的の1つである．しかし，そのためには，第1段階として，標本データに含まれる情報ないし特徴を，図・表や少数の数値を使ってとりまとめる必要がある．ここでは，まず1種類のデータの整理について考えよう．

3.1 統計表の作成と図表化
a 度数分布表

　統計調査では，家計調査や工業統計調査のように千とか万，時には10万といった数の大量のデータを扱うことが多い．その場合，調査結果について最初にするべきことは，生のデータを一定の分類基準にもとづいて分類・集計して，度数分布表といわれる統計表を作ることである．

　度数分布表（frequency distribution table）は，集められたデータが産業，職業，性，学歴といった質的データの場合には，それぞれの分類基準で，分類別に度数を計算したものである．また，データが収入，購入量，保有率といった量的なデータの場合には，生のデータを大きさの順にいくつかの階級（クラス）に分け，各クラスに入るデータの数を数えて1つの表にしたものである．ここでは，量的なデータについての度数分布表の作り方を，例を用いて説明しよう．

　表3.1は都道府県別のテレビの衛星放送受信契約率を調べたものである．このデータを用いて度数分布表を作るためには，まず，その最大値52.6と最小値23.3に注目し，その間をある大きさの幅（間隔）をもつ**クラス**（**階級**）

表 3.1　テレビの衛星放送受信契約率：2007 年度末現在

(単位：％)

北海道	31.3	青　森	35.2	岩　手	42.8	宮　城	42.3	秋　田	47.0
山　形	41.3	福　島	37.2	茨　城	33.2	栃　木	34.1	群　馬	30.5
埼　玉	32.7	千　葉	34.5	東　京	35.2	神奈川	39.2	山　梨	36.9
新　潟	40.1	長　野	43.1	富　山	49.9	石　川	38.2	福　井	52.6
岐　阜	38.7	静　岡	40.4	愛　知	32.9	三　重	31.2	滋　賀	35.7
京　都	32.9	大　阪	30.3	兵　庫	32.5	奈　良	34.1	和歌山	29.5
鳥　取	49.9	島　根	51.3	岡　山	33.9	広　島	35.8	山　口	40.7
徳　島	37.9	香　川	32.9	愛　媛	34.5	高　知	43.6	福　岡	34.5
佐　賀	29.6	長　崎	29.4	熊　本	32.3	大　分	36.1	宮　崎	39.2
鹿児島	29.7	沖　縄	23.3						

に分ける．度数分布の特徴を表すためには，クラスの数は 7〜15 くらいにとるのが適当であるといわれている．ここでは級間隔を 4，クラスの数を 8 とする．つぎに，各県の契約率がどのクラスに入るかを正の文字でしるす．そして最後に，各クラスに入っている県の数を数える．こうしてできたのが，表 3.2 の度数分布表である．

表 3.2 をみれば，各県の契約率が各クラスにどのように分布しているか，またどのクラスのところに集中しているか，などを知ることができる．

度数分布表を作るときの注意点

度数分布表を作る場合には，つぎの 2 つの点に注意する必要がある．

① データがグループされるクラスの数を適切に決めること．

② それぞれのクラスが「どこからどこまで」を含むか級間隔を明確に決めること．

① に関して，クラスの数をどのくらいにするかは本質的には任意であるが，多すぎても少なすぎてもいけない．クラスの数が多すぎると，失われる情報が少ないかわりに，分布の全体的な特徴はつかみにくくなる．逆に少なすぎると，データがまとめられすぎて，データのもつ情報が過度に失われてしまう．通常は 7 から 15 の間にクラスの数を決めることが便利である．クラスの数を決める 1 つの目安として**スタージェスの公式**（Sturges' Rule）がある．それを用いるとデータ数（n）に対するクラスの数（k）は，つぎの式で決められる．

表 3.2 度数分布表

階　級	度　数
23〜27% 未満	1
27〜31	6
31〜35	15
35〜39	10
39〜43	8
43〜47	2
47〜51	3
51〜55	2
総　数	47

$$k = 1+3.322 \log 10(n)$$

たとえば，$n=100$ の場合には

$$k = 1+3.322 \log 10(100) = 7.644 \fallingdotseq 8$$

となる。

　②に関して，扱うデータが各世帯の子どもの数というような離散型の場合には，各クラスの範囲ははっきりしている。しかし，家計の貯蓄や大学卒の初任給のような連続型データの場合には切れ目がないから，各クラスが重複しないようにクラスの上限および下限をきめなければならない。表 3.1 の契約率の場合にはデータが百分率（小数点以下1桁）で与えられているので，度数分布では 23.0〜27.0，27.0〜31.0 というようなデータ区間を用いたが，もし小数で与えられているとすれば，0.23〜0.27，0.27〜0.31 という区間を用いることになる。

　級間隔については，できれば各クラスが同じ幅をもつようにし，しかもその幅を 5, 10, 100 などの倍数にした方が結果を読む場合には便利である。しかし，経済のデータでよくみられるように，比較的多くのデータが小さい方のクラスにかたよって分布し，ごく少数のデータが大きい方のクラスに分類される場合には，級間隔を同一にすると，大部分のデータが少数のクラスに集中することになる。そこで，こうした場合には，データが集中している小さなクラスの級間隔を小さくし，大きい方のクラスにいくほどクラスの幅を大きくする方がよい。

表 3.3　年間収入階級の分類：2 人以上勤労者世帯（全国）

(2007 年)

年間収入階級	世帯数
0～ 200 万円未満	79
200 万～ 250 万	183
250 万～ 300 万	267
300 万～ 350 万	374
350 万～ 400 万	530
400 万～ 450 万	634
450 万～ 500 万	728
500 万～ 550 万	782
550 万～ 600 万	716
600 万～ 650 万	738
650 万～ 700 万	611
700 万～ 750 万	615
750 万～ 800 万	508
800 万～ 900 万	922
900 万～1000 万	681
1000 万～1250 万	955
1250 万～1500 万	376
1500 万円以上	302
総　　数	10000

　表 3.3 は総務省が実施している「家計調査」での勤労者世帯の年間収入の度数分布である．ここでは，全体を 18 のクラスに分け，分布の特徴を考えて，800 万円までの級間隔は 50 万円，800 万円から 1000 万円までは 100 万円，さらに 1500 万円までは 250 万円というように，段々とクラスの幅を大きくしている．

　b　ヒストグラム

　度数分布表をグラフにすると，データの分布の特徴をもっとはっきりした形で示すことができる．図 3.1 は表 3.2 の度数分布をグラフにしたもので，**ヒストグラム**（histogram）あるいは**柱状図**と呼ばれる．ヒストグラムは横軸にクラス分けされるデータの値をとり，縦軸にはクラス幅に対応する度数をとる．

　ヒストグラムでは，各クラスの度数の大きさは級間隔を底辺とする長方形

図 3.1　受信契約率の分布のヒストグラム

図 3.2　級間隔が等しくないときのヒストグラム

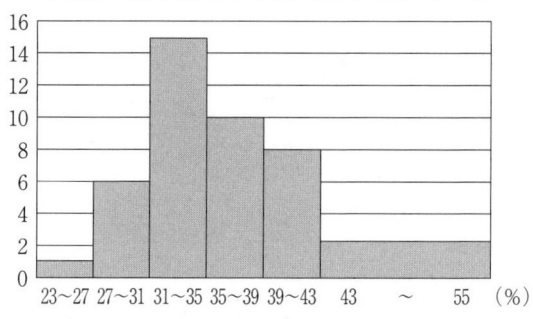

の面積で表される。したがって，級間隔が等しくない場合には，級間隔の長さに合わせて長方形の高さを調整する必要がある。たとえば衛星契約率の例では，43〜47，47〜51 と 51〜55 の 3 つのクラスを 43〜55 という 1 つのクラスにまとめたとすると，この新しいクラスの度数は 6 となる。この場合，43〜55 のクラスは他のクラスの 3 倍の幅をもっているので，ヒストグラムを描くときには，図 3.2 のように長方形の高さをこのクラスの度数の 3 分の 1 にしなければならない。

　度数分布をグラフで表示する方法としては，ヒストグラムのほかに，**度数多角形**や**度数曲線**がある。度数多角形はヒストグラムの長方形の頂点の中点を結んでできる多角形のことである。図 3.3 は図 3.1 に対応する度数多角形である。また度数曲線は，度数分布で，級間隔を十分細かくすると同時に観測の度数も十分大きくしたとき，ヒストグラムが限りなく近づいていく曲線のことで，第 **6** 章で説明する確率密度関数に対応するものである。図示する

図 3.3 度数多角形

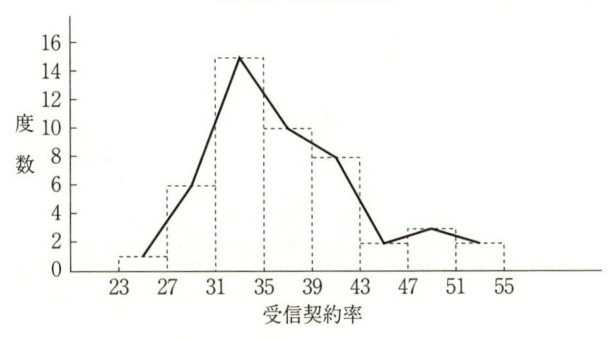

図 3.4 度数曲線

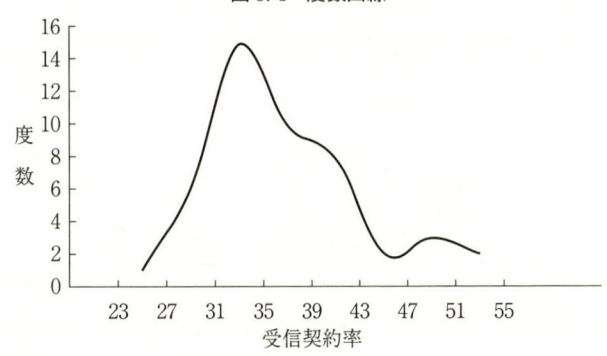

と，図 3.4 のように度数多角形をなめらかにした曲線となる．

c 累積度数分布

度数分布は各クラスに属するデータの個数がどれだけかを示すものであるが，時には，全体の中にある値よりも小さいもの，あるいは大きいものがどれだけかという形でデータを整理する方が望ましいことがある．その場合には，表 3.2 の度数分布表を使って表 3.4 のような**累積度数分布表**を作ればよい．この表で f が各階級の度数を表しているのに対して，F 列は各クラスの幅の上限値を基準にして，それ未満のものがどれだけかという**累積度数**を示している．たとえば，衛星契約率が 35% 未満の県は 22，43% 未満は 40 というようになる．また表 3.4 の累積度数をグラフで表すと図 3.5 のような折れ線になる．これは**累積多角形**とよばれる．この図で横軸はヒストグラムと同

表3.4 累積度数分布表

受信契約率	f	F
23〜27%	1	1
27〜31	6	7
31〜35	15	22
35〜39	10	32
39〜43	8	40
43〜47	2	42
47〜51	3	45
51〜55	2	47
総　数	47	

表3.5 相対度数分布表

階　級	相対度数
23〜27%	2.1
27〜31	12.8
31〜35	31.9
35〜39	21.3
39〜43	17.0
43〜47	4.3
47〜51	6.4
51〜55	4.3
総　数	100.0

図3.5 累積多角形

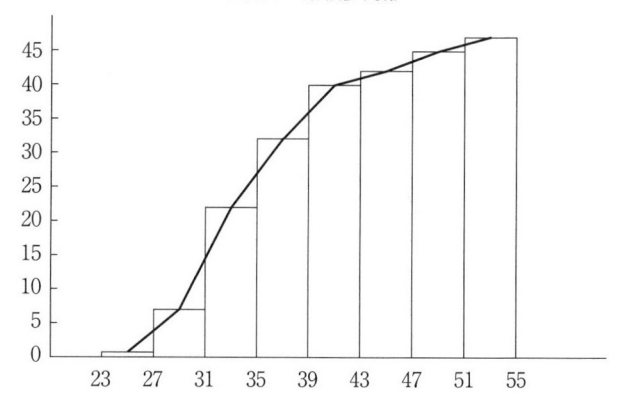

じくクラス分けされるデータの数値を表すが，縦軸は累積度数を示す．

d　相対度数

　標本データの分布の特徴を比較する場合，各クラスの度数を百分率で表した方が便利なことが多い．**相対度数**というのは，そのために度数を百分率または比率表示したもので，つぎの式で計算される．

$$相対度数(\%) = (度数／全度数) \times 100$$

　表3.5は表3.2の度数分布を相対度数で表したものである．相対度数に直すと，大きさの異なる標本データ間の比較がしやすくなる．

　累積度数を相対度数に直したものは**相対累積度数**とよばれる．相対累積度

表 3.6　相対累積度数分布表

階　級	累積相対度数
23～27%	2.1
27～31	14.9
31～35	46.8
35～39	68.1
39～43	85.1
43～47	89.4
47～51	95.8
51～55	100.0

図 3.6　相対累積度数曲線

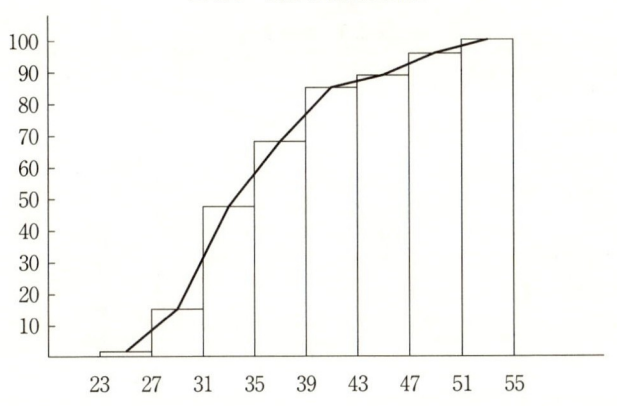

数によれば，データのうちある値未満の値をとるものが全体の何割を占めているかを簡単に知ることができる。表 3.5 にもとづいて相対累積度数を求め，それをグラフにすると表 3.6 と図 3.6 のようになる。

3.2　代 表 値

　度数分布やヒストグラムを観察することによって，標本データの分布の特徴はかなりの程度明らかになる。しかし，複数組の標本データに含まれる情報をより簡明に把握し，相互に比較するためには，単一の統計量で分布の特性を記述することが必要である。このような分布の特性を示す標本統計量としては，つぎの 3 つが重要である。

①分布の中心ないし位置に関するもの。
②分布の散らばりないしばらつきに関するもの
③分布のゆがみに関するもの。

これらの統計量はいずれも，一組のデータに含まれる情報を1つの数値で代表するものなので，代表値とよばれる。

3.3 分布の位置を表す代表値

データを度数分布やヒストグラムで表すと，多くの場合，データはある値のところに集中する傾向をもっている。こうした傾向を中心化傾向（central tendency）といわれるが，位置の測度としてよく用いられるのは，平均値，中位数（メディアン），最頻値（モード）の3つである。まず，簡単な例を使って，平均値の測度の性格を見てみよう。

a 平均値

平均値とは読んで字の如く「平らに均（なら）した値」のことであり，データの総和をデータの個数で割ったものとして定義される。表3.7のデータでいえば，最近5年間の海外旅行者の平均は

$$(1329+1683+1740+1753+1730)/5 = 1647$$

となる。これを一般的な記号で示すために，ある変数について n 個のデータがあるとし，それらを $x_1, x_2, \cdots, x_n$ で表そう。そうすると，平均値 $\bar{x}$ は

$$\bar{x} = (\textstyle\sum x_i)/n = \sum(x_i/n) \tag{3.1}$$

と書くことができる。ここで $\bar{x}$ は「x バー」と読む。また $\sum x_i$ は「x_i の値の和」を表し，「シグマ x_i」と読む。この (3.1) 式によって計算される平均値は正確には**非加重算術平均**（un-weighted arithmetic mean）とよばれる。これは，(3.1) 式の第1項を見れば，ウェイトなしの平均であるが，第2項から見ると，($1/n$) という同じウェイト（加重）をつけて平均したものと考えることができるからである。

表3.7 日本人の海外旅行者数

(単位：万人)

暦　　年	2003	2004	2005	2006	2007
旅行者数	1329	1683	1740	1753	1730

表3.8 勤労者世帯の貯蓄現在高別世帯分布：2007年

(単位：%，金額万円)

階　級	代表値	世帯数	相対度数	累積相対度数
0～ 100万円	50万	1134	11.34	11.34
100万～ 200万	150	678	6.78	18.13
200万～ 300万	250	728	7.28	25.40
300万～ 400万	350	608	6.08	31.48
400万～ 500万	450	599	5.99	37.47
500万～ 600万	550	547	5.47	42.94
600万～ 700万	650	493	4.93	47.87
700万～ 800万	750	417	4.17	52.04
800万～ 900万	850	395	3.95	55.99
900万～1000万	950	366	3.66	59.65
1000万～1200万	1100	641	6.41	66.06
1200万～1400万	1300	508	5.08	71.14
1400万～1600万	1500	421	4.21	75.35
1600万～1800万	1700	320	3.20	78.55
1800万～2000万	1900	270	2.70	81.24
2000万～2500万	2250	519	5.19	86.44
2500万～3000万	2750	301	3.01	89.45
3000万～4000万	3500	466	4.66	94.11
4000万円以上	6000	589	5.89	100.00
総　数		10000	100.00	

注：代表値は中位数を使う。

　それでは，度数分布表のデータのように，階級ごとの度数が異なり，全体のなかでのウェイトが異なる場合の平均はどのように計算したらよいだろうか．1つの例として，表3.8に示される勤労者世帯の貯蓄現在高のデータを取り上げる．

　この表から，貯蓄現在高の平均値を求めるためには，まず，階級ごとに代表値を決め，それに度数を掛けて階級ごとの貯蓄現在高を求める．階級ごとの代表値としては通常階級の中位数（中央の値）が使われる．たとえば，400万～500万の階級では450万が中位数である．実際にこのデータから貯蓄現在高の平均を求めると，1260万円となる．

　このような平均の計算を式で表すために，m_i を階級ごとの代表値，f_i をそ

の度数，F を世帯総数とすると，平均値は
$$\bar{x} = \sum(m_i \times f_i)/F = \sum m_i \times (f_i/F) \qquad (3.2)$$
となる．

こうして求められる平均値は，階級ごとの中位数を相対度数で加重して平均したものであり，**加重算術平均**（weighted arithmetic mean）とよばれる．

いずれにしても，日常生活で平均という場合は，算術平均の意味で使うことが多い．

平均値としては算術平均が最も代表的であるが，そのほかに**幾何平均**（geometric mean）と**調和平均**（harmonic mean）がある．ここでも加重して計算する場合もあるが，以下では加重しない場合を考える．

幾何平均は，個々のデータを加える代わりに掛け合わせ，データの個数で割る代わりに n 乗根に開くというかたちで求められる平均である．n 個のデータ $x_1, x_2, \cdots, x_n$ の幾何平均 G は
$$G = \sqrt[n]{x_1 x_2 x_3 \cdots x_n} \qquad (3.3)$$
で定義される．この式の両辺の対数をとると
$$\log G = \{\log(x_1) + \log(x_2) + \cdots + \log(x_n)\}/n = \sum \log(x_i)/n$$
となる．これでわかるように幾何平均の対数は，データを対数に変換して計算した算術平均である．さきの海外旅行者についての幾何平均を求めると
$$\log G = \{\log(1329) + \log(1683) + \log(1740) + \log(1753) + \log(1730)\}/5$$
$$= 3.124$$
$$G = 10^{3.124} = 1638$$
となり，算術平均の 1647 よりやや小さくなる．

幾何平均は，データが対数正規分布といわれる分布型で分布している場合の平均値を求めるのに用いられるほか，変化率の平均を求めるのに用いられる．たとえば 1996 年度から 2006 年度までのわが国の経済成長率（実質 GDP の平均変化率）を求めることを考えてみよう．いま年々の変化率を $r_1, r_2, \cdots, r_n$ とし，スタートの年の GDP を y_0，n 年後の GDP を y_n とすると
$$y_n = y_0(1+r_1)(1+r_2)\cdots(1+r_n) \qquad (3.4)$$
となる．また，この期間毎年 r の率で成長したとすると
$$y_n = y_0(1+r)^n \qquad (3.5)$$

である。そこで (3.4) 式と (3.5) 式を比べると

$$(1+r)^n = (1+r_1)(1+r_2)\cdots(1+r_n) \tag{3.6}$$

から，平均成長率 r は

$$r = \sqrt[n]{(1+r_1)(1+r_2)\cdots(1+r_n)} - 1 \tag{3.7}$$

で計算される。明らかなように，$(1+r)$ は対前年比 $(1+r_i)$ の幾何平均となっている。さらに，(3.7) 式に (3.4) 式の関係を代入すると

$$r = \sqrt[n]{y_n/y_0} - 1 \tag{3.8}$$

となる。そこで，1996 年度から 2006 年度までの，10 年間の実質 GDP の平均上昇率を計算すると，つぎのようになる。

$y_0 = $ 1996 年度の実質 GDP $= 499.3$ (兆円)

$y_n = $ 2006 年度の実質 GDP $= 561.1$

$n = 10$

$r = \sqrt[10]{561.1/499.3} - 1 = 1.0117 - 1 = 0.0117$

これから，この 10 年間の平均の成長率は約 1.2% ということになる。

　もう 1 つの平均値である調和平均 (H) は，データの逆数をとり，それを平均したものの逆数であり，一般的にはつぎのように定義される。

$$\frac{1}{H} = \frac{1}{n}\left(\frac{1}{x_1} + \frac{1}{x_2} + \cdots + \frac{1}{x_n}\right) \tag{3.9}$$

さきの海外旅行者のデータについて調和平均を求めると，

$$\frac{1}{H} = \frac{1}{5}\left(\frac{1}{1329} + \frac{1}{1683} + \frac{1}{1740} + \frac{1}{1753} + \frac{1}{1730}\right)$$

から，$H=1628$ となる。3 つの平均値の中では最も小さな値である。このように計算される調和平均の意味づけは必ずしもはっきりしていないので，実際に旅行者のデータで調和平均を求めることはない。

　調和平均を用いるのが適当と考えられるのは，つぎのような場合である。「ある人が 40 km のうちはじめの 20 km を時速 20 km で走り，後の 20 km を時速 40 km で走るとすれば，平均時速は何 km になるだろうか」。

　この場合，算術平均の答，$(20+40)/2=30$ km は適当ではない。時速が (走行距離／所要時間) で定義されることを考えると，正しいのは

$$H = \frac{40}{20/20 + 20/40} = \frac{1}{(1/20 + 1/40)/2} = 26.7$$

である。これは前半と後半のそれぞれの時速を調和平均したものにほかならない。

以上説明した3種類の平均値の間には

　　　　算術平均 ≧ 幾何平均 ≧ 調和平均

という大小関係が成立することが数学的に証明されている。

b　中位数

中位数はメディアン（中央値）ともよばれ，一組のデータを大きさの順に並べたとき，上から数えても下から数えてもちょうど中央に位置する数値のことである。たとえば，大きさの順に並べたつぎのデータ

　　　　2,　17,　19,　23,　38,　47,　68

の中位数は，どちらから数えても第4位に位する23である。一般にデータの個数 n が奇数のときは，小さい方から数えて $(n+1)/2$ 番目の値が中位数である。n が偶数のときはちょうど中央にくるデータがないので，中央の2つの値，すなわち $n/2$ 番目と $(n/2)+1$ 番目のデータを加えて2で割ったものを中位数とするのが普通である。

データが度数分布表として整理されている場合は，中央に位置する数値を直接求めることができない。そこで，累積相対度数がちょうど50％となる値を中位数とする。表3.8の貯蓄現在高のデータでみると，700万円までが47.87％を占め，800万円までで52.04％となるので，50％となる値は700万円以上800万円未満の階級にあることがわかる。したがって，階級幅100をつぎのように相対度数で案分すれば

　　　　$700 + \{(50.00 - 47.87)/4.17\} \times 100 = 751$

となり中位数が求められる。

中位数は算術平均とは違って，個々のデータの小さな変動や大部分のデータからはるかに離れたデータの存在によって影響されることは少ない。たとえば，先にあげたデータで最大値が68ではなく300という極端な値をとったとしても，中位数はやはり23である。それに対して，算術平均の方は30.6であったのが63.7となり，データの分布の特徴を表さなくなる。それゆえ，

中位数は異常に大きい，あるいは異常に小さい値が含まれるデータの代表値としては，平均値よりもすぐれているといえる。ただし，データの個数が多い場合，コンピュータを使わずにデータを大きさの順に並べることは非常にやっかいな仕事である。

c 最頻値

平均値や中位数のほかに，もう1つの位置の測度として**最頻値**がある。これは**モード**ともいわれ，一組のデータのうちで最も多く観察される値のことである。データが度数分布表で与えられている場合によく用いられる代表値であり，度数が最大となる階級の値のことである。たとえば，ある会社で社員の勤続年数を調査したところ，勤続7年という階級の社員がほかのどの年数よりも多いとすれば，7年が勤続年数の最頻値である。

最頻値はデータの個数が少ない場合や，中心の周りへ集中する傾向が弱い場合には計算できないことがある。しかし，データのヒストグラムがなめらかな一山分布をしている場合には，ピークのところの値が最頻値であり，視覚的にわかりやすい代表値である。

さきの貯蓄現在高の分布に関するデータで，平均値と中位数の関係を図示すると，図3.7のようになる。

3.4 算術平均の性質と計算方法

これまでみてきたように，一組のデータの位置を測る代表値としては算術平均以外にいろいろのものがある。しかし，その中で最もよく用いられ，しかも重要なものは算術平均である。そこで以下では，算術平均の性質や計算方法についてもう少しくわしく説明することにしよう。

a 算術平均の性質

n 個のデータを $x_1, x_2, \cdots, x_n$ とすると，その算術平均 $\bar{x}$ は

$$\bar{x} = \sum x_i / n \qquad (3.10)$$

で定義される。算術平均の性質としては，つぎの3つを理解しておくことが重要である。

① 個々のデータの算術平均からの偏差の和はゼロである。

② 個々のデータのある定数からの偏差の2乗和は，その定数が算術平均の

図 3.7　貯蓄現在高階級別世帯分布：2007 年
2 人以上の世帯のうち勤労者世帯

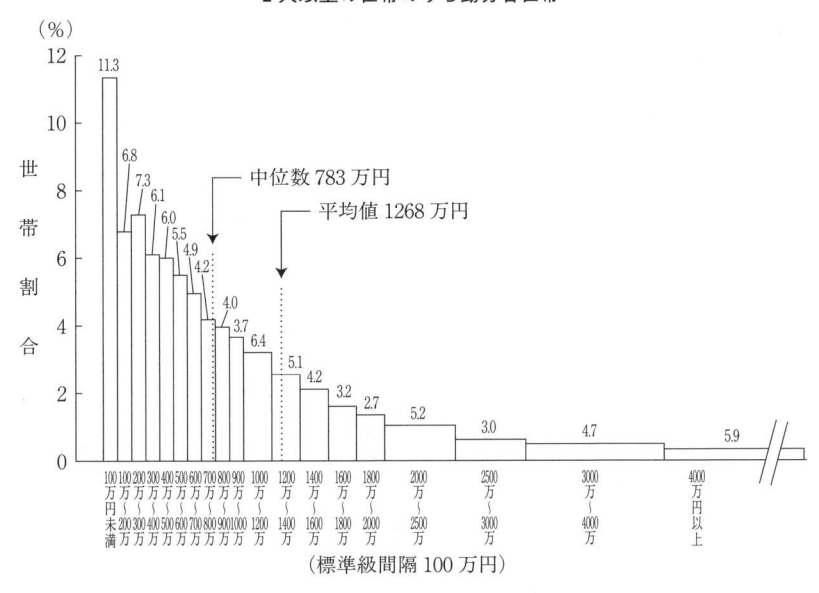

(%)

中位数 783 万円
平均値 1268 万円

11.3, 6.8, 7.3, 6.1, 6.0, 5.5, 4.9, 4.2, 4.0, 3.7, 6.4, 5.1, 4.2, 3.2, 2.7, 5.2, 3.0, 4.7, 5.9

100万円未満, 100万〜200万, 200〜300万, 300〜400万, 400〜500万, 500〜600万, 600〜700万, 700〜800万, 800〜900万, 900〜1000万, 1000〜1200万, 1200〜1400万, 1400〜1600万, 1600〜1800万, 1800〜2000万, 2000〜2500万, 2500〜3000万, 3000〜4000万, 4000万円以上

(標準級間隔 100 万円)

貯蓄現在高別世帯分布──2 人以上世帯のうち勤労者世帯

総　　数	世帯分布 100,000	集計世帯 42,452	世帯人員 3.46
100 万円未満	11,344	5,389	3.42
100 万〜 200 万	6,781	3,073	3.48
200 万〜 300 万	7,277	2,939	3.53
300 万〜 400 万	6,082	2,536	3.57
400 万〜 500 万	5,985	2,472	3.49
500 万〜 600 万	5,469	2,242	3.46
600 万〜 700 万	4,932	2,028	3.62
700 万〜 800 万	4,173	1,828	3.65
800 万〜 900 万	3,947	1,729	3.61
900 万〜1000 万	3,658	1,490	3.51
1000 万〜1200 万	6,411	2,602	3.51
1200 万〜1400 万	5,083	2,165	3.48
1400 万〜1600 万	4,207	1,634	3.48
1600 万〜1800 万	3,197	1,360	3.51
1800 万〜2000 万	2,697	1,124	3.52
2000 万〜2500 万	5,193	2,185	3.35
2500 万〜3000 万	3,009	1,357	3.37
3000 万〜4000 万	4,662	1,809	3.20
4000 万円以上	5,893	2,490	3.04

表 3.9 貯蓄現在高階級別世帯割合:勤労者世帯

貯蓄現在高 階　　級	2005 年 (A)	2007 年 (B)	ポイント差 (B−A)
総　数	100%	100%	
100 万円未満	9.96	11.34	1.38
100 万〜 200 万	6.53	6.78	0.25
200 万〜 300 万	6.51	7.28	0.77
300 万〜 400 万	6.98	6.08	−0.90
400 万〜 500 万	5.92	5.98	0.06
500 万〜 600 万	5.46	5.47	0.01
600 万〜 700 万	4.85	4.93	0.08
700 万〜 800 万	4.63	4.17	−0.46
800 万〜 900 万	4.06	3.95	−0.11
900 万〜1000 万	3.23	3.66	0.43
1000 万〜1200 万	6.21	6.41	0.20
1200 万〜1400 万	4.97	5.08	0.11
1400 万〜1600 万	4.41	4.21	−0.20
1600 万〜1800 万	3.41	3.20	−0.21
1800 万〜2000 万	2.72	2.70	−0.02
2000 万〜2500 万	5.83	5.19	−0.64
2500 万〜3000 万	3.75	3.01	−0.74
3000 万〜4000 万	4.72	4.66	−0.06
4000 万円以上	5.83	5.89	0.06
中位数	807 万円	783 万円	−24 万円
平均値	1292 万円	1268 万円	−24 万円

ときに最小になる。

③ 1 次変換されたデータの算術平均は,もとのデータの算術平均を 1 次変換したものである。

まず,①の性質について考えてみよう。これは式で表すと

$$\sum(x_i-\bar{x}) = 0 \tag{3.11}$$

ということである。これは簡単に証明することができる。すなわち

$$\sum(x_i-\bar{x}) = \sum x_i - \sum \bar{x} = n\bar{x} - n\bar{x} = 0$$

となって,(3.11)式が導かれる。

つぎに,②の性質は,c をある定数とするとき

$$\sum(x_i-\bar{x})^2 \leq \sum(x_i-c)^2 \tag{3.12}$$

が成り立つということである。これを証明するために，まず
$$x_i - c = (x_i - \bar{x}) + (\bar{x} - c)$$
の関係を使って $\sum(x_i-c)^2$ を書きかえると
$$\sum(x_i-c)^2 = \sum(x_i-\bar{x})^2 + \sum(\bar{x}-c)^2 + 2\sum(x_i-\bar{x})(\bar{x}-c)$$
$$= \sum(x_i-\bar{x})^2 + n(\bar{x}-c)^2 + 2(\bar{x}-c)\sum(x_i-\bar{x})$$
となる。ここで (3.11) 式より第3項は0となる。また，第2項は負にはならないので (3.12) 式が導かれる。等式が成り立つのは $\bar{x}=c$ の場合だけである。

最後に，③の性質を考えてみよう。これは二組のデータ x_i と y_i の間に
$$y_i = a + bx_i$$
の関係があるならば，それぞれの組の平均値 $\bar{x}$ と $\bar{y}$ の間には
$$\bar{y} = a + b\bar{x} \tag{3.13}$$
の関係が成り立つということである。これも簡単に証明できる。
$$\bar{y} = \sum y_i/n = \sum(a+bx_i)/n = \sum a/n + \sum bx_i/n = a+b\bar{x}$$

b　算術平均の計算

(1)　単純算術平均

さきの (3.10) 式が単純平均の式である。個々のデータを合計してデータの総数で割れば平均が求められる。

(2)　加重算術平均

ある電器店での1カ月のパソコンの販売実績が表3.10のようであるとしよう。このとき，この電器店で販売されたパソコンの平均価格はいくらと考えたらよいか。

表3.10　パソコンの販売実績

(単位：万円，台)

モデル	価格	販売台数
BX	15.8	25
BY	35.8	15
BZ	45.8	5

単純に3つのモデルの価格を平均すると
$$\frac{15.8+35.8+45.8}{3} = 32.5$$

となる。しかし，これでは，モデルによって販売された台数が異なるので適当ではない。ここで知りたいのは販売された45台のモデルの1台当たりの平均単価である。それは

$$\frac{15.8 \times 25 + 35.8 \times 15 + 45.8 \times 5}{45} = 25.8 \qquad (3.14)$$

である。

(3.14)式のような平均は，平均値のところで説明した加重（算術）平均にほかならない。

加重平均は w_i を x_i のウェイトとすると，一般的に

$$\frac{x_1 w_1 + x_2 w_2 + \cdots + x_n w_n}{w_1 + w_2 + \cdots + w_n} = \frac{\sum x_i w_i}{\sum w_i} \qquad (3.15)$$

で計算される。

度数分布表の場合は，x_i は各階級の代表値（中位数）であり，w_i は度数である。

【例題 3.1】 表3.2の衛星放送受信契約率の度数分布表から都道府県の平均契約率を計算すると，表3.11のようになる。

(3) 簡便法による計算

上述した算術平均の3番目の性質を利用すると，もとのデータの桁を小さくして平均を計算することができる。そのために，もとのデータ x_i の原点を

表3.11　度数分布表による算術平均

階級	m_i	f_i	$f_i \times m_i$
23～27	25	1	25
27～31	29	6	174
31～35	33	15	495
35～39	37	10	370
39～43	41	8	328
43～47	45	2	90
47～51	49	3	147
51～55	53	2	106
計		47	1735

平均値 $\bar{x} = \dfrac{\sum f_i m_i}{\sum f_i} = \dfrac{1735}{47} = 36.9$

表3.12　簡便法による平均の計算

m_i	y_i	f_i	$f_i \times m_i$
25	-2	1	-2
29	-1	6	-6
33	0	15	0
37	1	10	10
41	2	8	16
45	3	2	6
49	4	3	12
53	5	2	10
計		47	46

平均値 $= 33+4\times 46/47 = 36.9$

x_0 だけ動かし，変動幅を c だけ小さくするように変換する．

$$y_i = (x_i - x_0)/c \tag{3.16}$$

ここで (3.13) 式の関係を用いると

$$\bar{y} = (\bar{x} - x_0)/c$$

である．したがって，$\bar{x}$ はつぎの式から求められる．

$$\bar{x} = x_0 + c\bar{y} = x_0 + c \times \sum w_i y_i / \sum w_i \tag{3.17}$$

【例題 3.2】　表 3.11 の計算を簡便法を使って行うと表 3.12 のようになる．ここでは $c=4, x_0=33$ としてある．

3.5　散らばりを表す統計量

もし標本データを構成する個々の値にばらつきがほとんどなければ，データの整理は平均値ないし他の位置の統計量だけで十分である．しかし，現実にはさまざまな原因でデータにはばらつきがある．そのために，一群のデータを相互に比較したりする場合には，平均値とともに散らばりを測る統計量が役に立つ．

それでは，散らばりを表すものとしてどんな統計量があるのだろうか．代表的なものとして，範囲，平均偏差，分散などがある．

　a　範囲（レンジ）

散らばりを測る最も簡単な方法は，データの中の最大値と最小値の差をと

ることである。統計学ではこの差を**範囲**（range）といい，Rで表すことが多い。

$$範囲 = x_i の最大値 - x_i の最小値 \tag{3.18}$$

いま，A, B 2つの会社の従業員の年齢を調べたところ，A 社では最高が 55 歳，最低が 20 歳，B 社では最高が 68 歳，最低が 18 歳だとすると，A 社の年齢の範囲は 35 歳，B 社の範囲は 50 歳となる。このように範囲は簡単に計算できるという利点をもっているが，最大値と最小値という 2 つの極端な値だけしか考慮していないので，散らばりの測度としては必ずしも適切なものではない。

b 平均偏差

すべてのデータを考慮した散らばりの測度として，**平均偏差**（mean absolute deviation）がある。これは，個々のデータが平均値からどれくらい離れているかを考え，この偏差の平均を測るものである。式ではつぎのように定義される。

$$平均偏差 = \sum |x_i - \bar{x}|/n \tag{3.19}$$

平均偏差は偏差の絶対値 $|x_i - \bar{x}|$ の総和を求めて，それをデータの総数で割ったものである。ここで絶対値をとるのは，もし絶対値をとらずにそのまま平均をとるとすると，算術平均の性質からつねに 0 となるので散らばりの尺度にはならないからである。

平均偏差は，すべてのデータが同じ値をとる場合にのみ 0 となる。それ以外はプラスであり，散らばりが大きくなるにつれて大きな値をとる。このように平均偏差は散らばりの測度としては「範囲」などよりも適当であるが，数学的に扱いにくいので，普段はそれほど使われない。

c 分散と標準偏差

散らばりの測度として代表的なものは，**分散**（variance）と**標準偏差**（standard deviation）である。これらは，平均偏差が平均からの偏差の絶対値を用いるのに対して，偏差の 2 乗値を用いるものである。

はじめに，分散 σ^2 を式で表すと

$$\sigma^2 = \sum (x_i - \bar{x})^2/n \tag{3.20}$$

である。分散は偏差を 2 乗しているので単位はもとのデータの測定単位の 2

乗になっている。たとえば，データが千円単位であれば，分散は千円の2乗，すなわち百万円の単位となる。このように平均値と分散の単位が異なっていると，相互の比較などでは不便なことが多い。そこで，散らばりの大きさをデータと同じ単位で表すために，分散の平方根をとったものが用いられる。すなわち

$$\sigma = \sqrt{\sum(x_i-\bar{x})^2/n} \qquad (3.21)$$

である。この σ が標準偏差である。

分散と標準偏差は，偏差の2乗を用いているので負になることはない。またゼロとなるのは，すべてのデータが同じという特殊な場合だけである。それ以外の場合には必ずプラスの値をとる。

度数分布表を用いて分散を計算する場合には，平均値の場合と同じように，階級ごとの度数をウェイトにして求めた偏差の2乗和をデータの総数で割ればよい。したがって，計算式は

$$\sigma^2 = \frac{\sum f_i(m_i-\bar{x})^2}{\sum f_i} \qquad (3.22)$$

である。

3.6 分散と標準偏差の性質

分散と標準偏差には，つぎの3つの重要な性質がある。

① すべてのデータに一定数を加えたり，データから一定数を減らしたりしても，値は変わらない。

② すべてのデータに b を掛けると，その分散はもとの分散の b^2 倍になり，標準偏差は b 倍になる。

③ すべてのデータのうちで，平均値からの偏差が標準偏差の k 倍以内にあるデータの割合は，少なくとも $1-1/k^2$ である。

はじめの2つの性質を確かめるために，つぎのような x_i の1次式

$$y_i = a + bx_i$$

で定義される y_i の分散 σ_y^2 を求めてみよう。それは

$$\begin{aligned}\sigma_y^2 &= \sum(y_i-\bar{y})^2/n = \sum(a+bx_i-a-b\bar{x})^2/n \\ &= \sum b^2(x_i-\bar{x})^2/n = b^2\sum(x_i-\bar{x})^2/n \end{aligned} \qquad (3.23)$$

表 3.13 データの分布とその割合

k	データの分布範囲	全体に占める構成比
2	$\bar{x}\pm2\sigma$	3/4＝0.75
3	$\bar{x}\pm3\sigma$	8/9＝0.89
4	$\bar{x}\pm4\sigma$	15/16＝0.94

となる。この式から，y_i の分散は a には依存しないこと，いいかえると，データの原点をずらしても分散は変わらないことがわかる。また，もとのデータに b を掛けて目盛りを変えると，分散の目盛りは b^2 倍になることがわかる。

③の性質は一般に「チェビシェフ（Chebychev）の定理」とよばれているもので，個々のデータが平均値の周りにどのように分布するかを客観的に示すものである。いま，k についていろいろの値を与えて，それに対応するデータの割合を計算すると，表 3.13 が得られる。

この表によると，たとえばある試験の平均点 $\bar{x}$ が 120 点で，標準偏差 σ が 15 点であったとすると，少なくとも全体の 75％ は 120±30，すなわち 90 点から 150 点までの区間に落ちるし，60 点から 180 点までの区間には，少なくとも全体の 94％ が含まれるはずである。この性質を使うと，データの分布型がわからなくても，個々のデータがどの範囲に分布しているかを大雑把につかむことができる。

この性質はつぎのようにして証明することができる。まず，分散 σ^2 の定義式を書き直すと

$$n\sigma^2 = \sum(x_i-\bar{x})^2 \tag{3.24}$$

となる。

つぎに，(3.24) 式の右辺の総和を，平均値からの偏差の絶対値が標準偏差の k 倍未満のデータの 2 乗和 $\sum_A(x_i-\bar{x})^2$ と，k 倍以上のデータの 2 乗和 $\sum_B(x_i-\bar{x})^2$ に分けると

$$\sum(x_i-\bar{x})^2 = \sum_A(x_i-\bar{x})^2 + \sum_B(x_i-\bar{x})^2 \tag{3.25}$$

となる。ここで，右辺の第 1 項はマイナスにはならないから

$$\sum(x_i-\bar{x})^2 \geqq \sum_B(x_i-\bar{x})^2 \tag{3.26}$$

である。定義によって，(3.26) 式の右辺は $|x_i-\bar{x}|\geqq k\sigma$ という条件を満たす

データについての2乗和であるから

$$\sum(x_i-\bar{x})^2 \geqq \sum_B (k\sigma)^2 = n_B k^2 \sigma^2 \tag{3.27}$$

である。ここで，n_B は偏差の絶対値が $k\sigma$ 以上となるデータの個数を表している。(3.27) 式を (3.24) 式に代入し，変形すると

$$\frac{n_B}{n} \leqq \frac{1}{k^2} \tag{3.28}$$

となる。この式は，偏差の絶対値が標準偏差の k 倍以上となるデータの割合に関するものである。これから偏差の絶対値が標準偏差の k 倍未満のデータの割合 n_A/n を求めると

$$\frac{n_A}{n} = \frac{n-n_B}{n} \geqq 1-\frac{1}{k^2} \tag{3.29}$$

となり，上に述べた性質が導かれる。

3.7 標準化と偏差値

a 標準化と偏差値の定義

このように，全体のデータのなかで個々のデータがどのような位置にあるかは，全体の平均値と標準偏差がわかれば大体の見当をつけることができる。たとえば，100人が受講している英語のクラスで期末試験を行い，平均が55点，標準偏差が10点であるとすると，成績が85点の学生は平均を標準偏差の3倍だけ上回っており，少なくとも全体のなかの上位の1/9，11番くらいには入っているということができる。そこで，学生が受験した複数の科目の成績を比較したい場合，科目ごとの平均と標準偏差が違っていると，点数そのままでは出来具合を比較することはできないが，各科目の成績が全体の平均から標準偏差の何倍だけ離れているかを調べれば，クラスのなかでの出来具合を相互に比較することができる。

標準化というのは，個々のデータ x_i を平均 ($\bar{x}$) と標準偏差 (σ) を使い，

$$z_i = (x_i-\bar{x})/\sigma$$

のように変換することであり，この z_i は**標準化変量**とよばれる。

標準化された変量は，x_i を1次式で変換したものであり，容易に確かめられるように，その平均値は0，分散と標準偏差は1となる。また，ここでさき

の「チェビシェフの定理」を思い出せば，z_i は大部分が -5 から $+5$ の間に分布するということができる。

　成績などを相互に比較する場合には，変量は0と100の間に分布するものの方が便利である。そのためには，上の標準化変量に10を掛け，それに50を加えて

$$w_i = 50 + 10 \times z_i = 50 + 10\{(x_i - \bar{x})/\sigma\}$$

とすればよい。この w_i は平均が50，標準偏差が10となっており，受験戦争のなかで問題とされてきた**偏差値**にほかならない。

b 偏差値の応用としての豊かさの指標

　上のように，どのようなデータでも偏差値に直せば，平均が50，標準偏差が10で，ほとんどが0と100の間に分布する変量になるので，相互の比較がしやすくなる。そこで，偏差値は単に受験のための指標としてだけではなく，企業の業績や地域間，国際間の豊かさや競争力を比較するために作成されている。

　たとえば，旧経済企画庁（現内閣府）では1994年から毎年，都道府県別に「住む」，「働く」，「遊ぶ」など暮らしにかかわる8つの生活分野について数量化した新国民生活指標（通称，豊かさ指標）を発表していた。これは，都道府県別に持家比率，交通事故発生件数，有効求人倍率など8つの分野に関係する合計140の統計指標を集め，それらを偏差値に変換し，ついで，分野ごとに個別指標の偏差値を平均して分野別の指標を作成し，それらを分野ごとのニーズの強さを測る得点でウェイトをつけて各都道府県の総合的な豊かさ指数としたものである。

　表3.14は，「住む」という面での豊かさ指標つくりの一部をまとめたものである。

　この表では，「住む」に関する7つの指標のうちの3つを例示してある。3つのうち，交通事故発生件数は，持家比率，下水道普及率と違って，数値が小さい方がのぞましい指標である。ほかの4つの指標は1住宅当たり延べ面積と大型小売店数，保有自動車数，公害苦情件数（いずれも人口10万人当たり）である。

　指標つくりは，まず，各指標（原数値）の平均と標準偏差を計算する。持

表 3.14 「住む」の豊かさの指標

都道府県	原数値			偏差値			分野
	持家比率	交通事故発生件数	下水道普及率	持家比率	交通事故発生件数	下水道普及率	住む
北 海 道	56.7	481.5	87.2	36.2	61.4	65.4	56.0
青 森 県	70.9	522.9	48.3	55.6	59.3	45.3	53.7
……							
千 葉 県	64.3	557.1	63.4	46.5	57.4	53.1	48.3
東 京 都	44.8	586.8	98.3	19.8	55.9	71.1	43.9
神奈川県	56.3	617.9	93.9	35.6	54.2	68.8	46.4
……							
富 山 県	79.6	658.4	71.9	67.5	52.1	57.5	60.9
石 川 県	68.7	678.4	70.8	52.6	51.0	56.9	53.7
……							
静 岡 県	65.6	1040	50.9	48.3	31.9	46.6	48.0
愛 知 県	58.7	793.7	63.7	38.9	44.9	53.2	44.9
……							
京 都 府	61	694.2	87.1	42.0	50.2	65.3	48.7
大 阪 府	51.9	712.8	89.2	29.6	49.2	66.4	44.8
……							
岡 山 県	66	1029.6	50.2	48.9	32.4	46.2	48.6
広 島 県	60.5	729.1	64.2	41.3	48.3	53.5	50.4
……							
福 岡 県	54.3	1006.9	70.3	32.8	33.6	56.6	42.3
鹿児島県	67.3	656.9	36.5	50.6	52.2	39.2	49.7
沖 縄 県	52.3	486.2	63.6	30.1	61.2	53.2	46.4
平　　均	66.8	697.8	57.5	50	50	50	
標準偏差	7.3	189.0	19.3	10	10	10	

出所:総務省『社会生活統計指標』2008 年。

家比率でいえば，平均は 66.8%，標準偏差は 7.3 となる。つぎに，この平均と標準偏差を使って，各指標の原数値を偏差値に直す。北海道についての偏差値を求めると

$$\text{持家比率} \quad 50+10\times(56.7-66.8)/7.3 = 36.2$$
$$\text{交通事故発生件数} \quad 50+10\times(481.5-697.8)/190.0 = 38.6$$
$$\text{下水道普及率} \quad 50+10\times(87.2-57.5)/19.3 = 65.4$$

となる。

ここで，交通事故発生件数のように，豊かさに対してマイナスとなる指標は，100から上で求めた偏差値を引いておけば，他の指標と同様に，数値が大きいほど豊かになるとみることができる。そこで，表では，交通事故発生件数の偏差値は $100-38.6=61.4$ となっている。表の右端にある「住む」の値は，こうして求めた7つの偏差値の単純平均値であり，「住みやすさ」でみた豊かさの指標である。この結果によれば，もっとも住みやすいのは富山県で，反対にもっとも住みにくいのは福岡県である。

旧経済企画庁による豊かさ指標づくりは，「都道府県のランクづけにつながる」という批判をうけて，1999年からは作成されなくなった。しかしながら，国や地域の豊かさや競争力を数量化して比較するために偏差値を用いる方法は，それに関わる多様な経済社会指標を総合化するための有効な方法の1つであることは間違いない。

3.8 分散・標準偏差の計算方法
a 定義式による計算

一組のデータの標準偏差は，統計計算の機能がついている電卓を使えば，個々のデータを順番に入力するだけで簡単に計算することができる。それは，電卓のなかに，あらかじめ標準偏差の計算手順（プログラム）が組み込まれているからである。

どのような計算手順が組み込まれているのだろうか。定義式によれば，分散を計算するためには，①平均値を計算し，②個々のデータの平均値からの偏差を求め，③偏差の2乗和をデータの総数で割ればよい。しかし，この方法では，データの個数が多い場合には面倒である。そこで，電卓では，分散の定義式を展開して得られる次の式を使って計算をおこなっている。

$$\sigma^2 = \frac{\sum(x_i-\bar{x})^2}{n} = \frac{\sum x_i^2}{n} - \bar{x}^2 \qquad (3.30)$$

この式を用いると，データの総和と2乗和から分散が求められる。(3.30)式の導き方はきわめて簡単である。ただし，この式で計算する場合には，2乗和の桁が大きくなるので，電卓の場合にはよいが，手計算で求める場合には不都合である。

b 簡便法による計算

さきに説明した分散のはじめの2つの性質を使うと，別の形で分散を計算することができる。そのために，いま，データ x_i の中心を a だけ動かし，目盛りを $1/b$ にしたものを y_i とすると

$$y_i = (x_i - a)/b \tag{3.31}$$

となる。

こうして変換された y_i の分散 $\sigma_y{}^2$ ともとの x_i の分散 $\sigma_x{}^2$ との間には，分散の性質から

$$\sigma_y{}^2 = \frac{1}{b^2}\sigma_x{}^2 \tag{3.32}$$

の関係がある。したがって，x_i の分散は

$$\sigma_x{}^2 = b^2 \sigma_y{}^2 \tag{3.33}$$

という形で y_i の分散から求められる。

3.9 変動係数

これまでとりあげてきた散らばりの統計量は，いずれも散らばりの絶対的な大きさを測るもので，もとのデータと同じ単位か，それを2乗した単位で散らばりを測っている。

ところが，こうした絶対的な測度だけでは，平均値がかなり違っていたり，データの単位が異なるようなデータの間での散らばりを適切に比較できない場合がある。

表3.15 は，2007（平成19）年の『家計調査年報』によって，全国の単身者世帯を除く2人以上の世帯が1世帯当たりで，毎月，ビールと日本酒（清酒）をどれだけ購入したかを示したものである。

このデータから月当たりの平均値とその標準偏差を計算すると，日本酒については606と285，ビールについては1435と437である。この結果からビールと日本酒の標準偏差をそのまま比較して，ビールの方が日本酒よりも，購入金額が月によって大きく変動するということは適当ではない。というのは，多くのデータには，平均が大きくなるにつれて散らばりも大きくなるという傾向があるので，平均値が606と1435というようにかなり開いている

表 3.15　勤労者世帯の酒類購入年間支出金額：2007 年

(単位：円)

月	ビール	日本酒
1	947	585
2	879	515
3	1104	579
4	1288	522
5	1309	492
6	1648	441
7	1983	512
8	2255	437
9	1417	409
10	1172	551
11	1134	708
12	2080	1516
平　　均	1435	606
標準偏差	437	285
変動係数	30.5	47.0

場合には，平均との開きを無視して散らばりだけを比較しても意味がないからである．

そこで，このような場合の散らばりの測度としては，平均値の開きを調整するために標準偏差を平均値で割ったもの，すなわち

$$CV = (\sigma/\bar{x}) \times 100 \tag{3.34}$$

が用いられる．この CV が**変動係数**（coefficient of variation）である．

表 3.15 のデータで変動係数を計算すると，日本酒の場合が 47.0，ビールの場合が 30.5 となり，変動の度合いはビールの方が小さい，ということになる．

3.10　ゆがみを表す統計量

データの分布の特徴を表す代表値として，位置や散らばりに関するもののほかに，分布のゆがみの程度を表す統計量が用いられる．

この統計量は，個々のデータが平均値を中心にして対称的に分布しているかを測るもので，**非対称度**ないし**歪度**（skewness）とよばれる．計算式は

$$SK = \frac{\sum(x_i - \bar{x})^3}{n\sigma^3} \qquad (3.35)$$

である．偏差の3乗の平均を標準偏差の3乗で割ったものである．非対称度は，データが左右対称的に分布しているとき0となり，右の方にゆがんでいればプラス，左の方にゆがんでいればマイナスの値をとる．

3.11 時系列データのまとめ方
a 時系列変動の特徴

統計データのなかでは，日，月，四半期，年という時間の単位で調査され，公表されるものが多い．それらは一般に**時系列データ**（time series data）といわれる．2，3の具体的な例をあげると，

「日」単位——為替相場，株価水準，気温
「月」単位——生産指数，消費者物価指数，完全失業率
「四半期」単位——国民総生産，国内総生産
「年」単位——人口，工業生産高，対外投資

などである．いうまでもなく，「月」単位のデータであればそれを合計し，あるいは平均をとって四半期単位や年単位のデータを求めることができる．

このような時系列データは通常，いくつかの共通要因の影響を受けて変動するので，その特徴は，平均や分散などの統計量だけでは十分につかむことは難しい．ここで共通要因というのは，つぎの4つである．

①**趨勢変動**（trend）：8ないし10年以上の長期にわたる上昇ないし下降の傾向
②**循環変動**（cycle）：景気変動などによる3～8年を周期とする循環的な変動
③**季節変動**（seasonality）：気候や慣習・制度にもとづく1年を周期とする変動
④**不規則変動**（irregularity）：周期性のない変動

である．

図3.8は，2005（平成17）年から2007（平成19）年までの毎月の百貨店の売上高と家計の消費支出のデータを図示したものである．これでみると，両

図 3.8 百貨店売上高と家計消費

百貨店売上高：全国

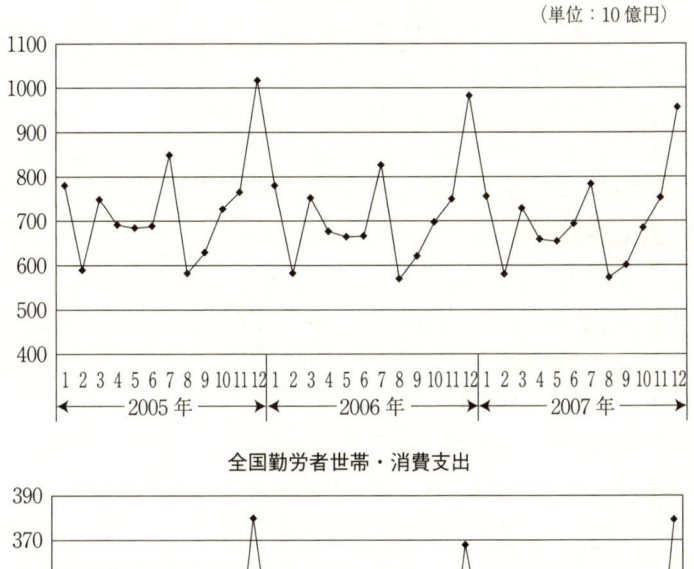

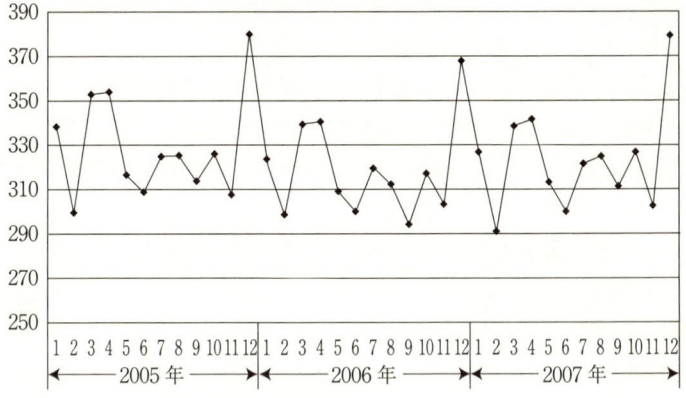

(単位：10億円)

全国勤労者世帯・消費支出

　系列ともに、1年のなかで決まった変動を繰り返していることがわかる。百貨店売上高でいえば、2月と8月の売上高が少なく、反対に7月と12月が多くなっている。家計の消費支出の場合は、3月、4月、12月が多く、2月、6月、9月、11月が少なくなっている。両系列ともとくに12月が多くなっているのは、ボーナスの支給による特別の消費が増え、お歳暮のための買い物が集中するためであろう。

また，こうした季節的な変動を示しながら年間でみた百貨店の売上や家計の消費が伸び悩んでいるが，これは，上昇トレンドが小さくなり，景気が低迷しているためである。

こうした時系列データの変動の特徴を浮き彫りにするためには，全体の変動のうちのどれだけが，特定の要因によるものであるかを明らかにすることが必要である。

その際，上の4つの要因による変動の相互関係について，2つの見方がある。1つは**加法モデル**といわれ，全体の変動を4つの変動の和として，

全体の変動 ＝ 趨勢変動＋循環変動＋季節変動＋不規則変動

のようにとらえるもので，個々の変動は他の変動と関係なく，いつも同じ大きさであると考える。それに対して，もう1つは**乗法モデル**と名づけられ，全体を4つの変動を掛け合わせたものとして，

全体の変動 ＝ 趨勢変動×循環変動×季節変動×不規則変動

のようにとらえる。この場合は，個々の変動の大きさは全体の一定比率であると考える。そのために，たとえば季節要因による変動の大きさは，データが趨勢的に増えている場合には，しだいに大きくなる。

時間単位が1年以内のデータでは，季節要因による変動部分とそうでない部分とを見分けることが重要であるので，ここでは季節変動部分を分離する方法について説明する。

b 季節変動の調整方法

気温や雨量などの自然・天然資源に関するデータでは，季節変動の型は毎年同じであるのが原則である。しかし，経済・社会現象に関するデータのなかには，季節変動の型が時とともに変化しているものがある。たとえば，ビールやアイスクリームでは，時代とともに冬期の消費量が相対的に増えているし，トマトやきゅうりも栽培方法も変わって季節性が弱くなりつつある。

そのために，季節変動を調整する方法は，各年について共通する固定型の季節変動を仮定するものと，時とともに徐々に変化する可変型の季節変動を考えるものに分けられる。前者の方法の代表的なものは，**期別**（月別，四半期別）**平均法**，**連関比率法**である。また後者を代表するものは，**移動平均法**（moving average method）やそれを基礎として開発された**センサス局法**などの

表 3.16　百貨店売上高に対する月別平均法の計算手順

(単位：10 億円)

	2004 年	05 年	06 年	07 年	合計	月平均	季節変動
1 月	776	782	771	764	3094	773	50
2 月	634	588	585	584	2391	598	−126
3 月	780	749	759	735	3023	756	32
4 月	702	691	680	660	2732	683	−40
5 月	697	684	672	657	2710	677	−46
6 月	688	686	673	696	2743	686	−38
7 月	854	851	838	791	3334	834	110
8 月	594	583	577	574	2329	582	−141
9 月	626	626	628	603	2484	621	−103
10 月	732	728	706	686	2852	713	−10
11 月	749	769	760	756	3035	759	35
12 月	1021	1024	995	959	3999	1000	276
年合計	8854	8763	8644	8465		8681	7958
年平均	738	730	720	705		723	0

より精密な方法がある．ここでは，実際のデータを使って，期別平均法と移動平均法について説明する．

(1) 期別平均法

表 3.16 は，月別の百貨店売上高を例にとって，期別平均法の計算手順をまとめたものである．

この方法では，まず，月別に不規則要因による変動をならすために，4 年間の売上高の和を求め，その平均を計算する．表の「月平均」がその値である．つぎに，季節要因による変動をならすために，12 カ月の「月平均」の和を求め，その平均を計算する．これは 48 カ月（12 カ月×4 年）の月別売上高の総平均であり，この例では 723 である．最後に，各月の「月平均」から総平均を引くと，表の右端の「季節変動」が求められる．したがって，この値を原系列から引算すれば，季節変動調整済みの系列（趨勢と循環による変動）が求められる．2004 年 12 月についてみると，売上高 1021 から季節変動分の 276 を引いた 745 が，季節要因を除いた売上高である．

この方法は，時系列の変動が加法モデルに従う場合で，しかも上昇や下降の趨勢が小さい場合に適している．上昇趨勢や景気の要因が 1 月から 12 月

にかけて上昇傾向が強い場合には，上昇傾向が「月平均」に入ってくるので，年の後半の月の季節変動部分が過大に計算される恐れがある。

(2) 移動平均法

季節移動の型が必ずしも固定しておらず，趨勢変動がある長い時系列データでは，移動平均法にもとづく方法が利用される。最初に移動平均法の考え方を説明し，その後で具体例を使って計算手順を説明する。

まず，季節変動は1年（12カ月）を周期とする変動であるから，1年分（月データの場合は12カ月分，四半期データでは4四半期分）の値を平均すれば季節変動は消去されるはずである。いま $X(t)$ を四半期データの t 期の系列とし，$X(t+1)$ から $X(t+4)$ までの期間の平均を求めると，

$$XMA(t+2.5) = (1/4)\{X(t+1)+X(t+2)+\cdots+X(t+4)\}$$
$$t = 1, 2, \cdots, k \qquad (3.36)$$

となる。ここで（3.36）式の左辺のカッコ内が $t+2.5$ となっているのは，右辺の平均値が平均した4期間の中央（この場合は t から2期目と3期目の中間）の値となることを示している。しかし，これでは平均した値がすべて実際の時点の中間におちて不便であるので，継続する2つの期の XMA をさらに平均した値を実際の時点の値に対応させる。これが季節変動調整済みの値であり，

$$Xma(t+3) = (1/2)\{XMA(t+2.5)+XMA(t+3.5)\} \quad (3.37)$$

で与えられる。$X(t+3)$ を（3.37）式の移動平均値で割った値をパーセントで表したものが季節指数であり，季節要因による変動の大きさが示される。ただ，原系列に不規則変動がある場合には，その部分も計算の過程でならされてしまうので，Xma は季節要因と不規則要因を調整したものとなり，季節指数のなかに不規則変動が含まれることに注意する必要がある。

表3.17は2001年から07年までのビール出荷量（単位1000 kℓ）の四半期別データに移動平均法を適用したものである。計算手順は以下のようになる。

① 2001年第1四半期からスタートして，1期ずつ移動させながら4期分の平均値を求め，それらを，2.5期の値（1220）は第3四半期に，3.5期の値（1189）は第4四半期月という具合で，実際の時点のところに書き入れる。

② 2001年第3四半期から，1期ずつ移動させながら，隣接する2つの期の

表 3.17　季節変動：四半期移動平均

(単位：1000 kℓ)

年	四半期	原系列	4期移動平均値	中心化された移動平均値	季節指数
2001	1	950			
	2	1378			
	3	1306	1220	1204	108.5
	4	1244	1189	1164	106.9
2002	1	827	1139	1127	73.3
	2	1177	1116	1101	106.9
	3	1217	1086	1074	113.4
	4	1122	1062	1045	107.3
2003	1	732	1029	1013	72.2
	2	1044	998	991	105.4
	3	1094	984	980	111.6
	4	1065	977	973	109.4
2004	1	705	968	969	72.7
	2	1011	969	968	104.4
	3	1097	967	957	114.6
	4	1057	947	940	112.5
2005	1	624	933	924	67.5
	2	953	915	903	105.6
	3	1027	890	895	114.8
	4	957	899	895	106.9
2006	1	660	891	885	74.6
	2	922	879	875	105.3
	3	975	872	872	111.9
	4	931	871	866	107.5
2007	1	656	861	861	76.2
	2	883	861	863	102.4
	3	975	865	900	108.4
	4	945	934		

　移動平均値を平均して，それを前の期に対応させる。例えば3期，4期の移動平均値を平均したものを第3四半期の値とする。

③原系列を，こうして求めた**中心化された移動平均値**で割って，季節指数

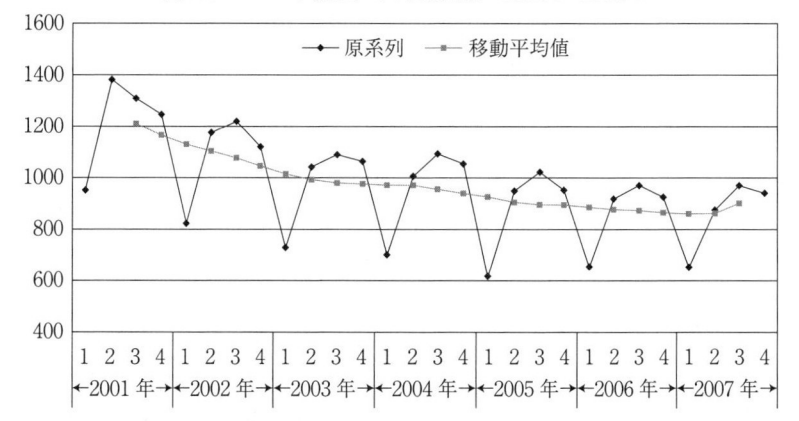

図 3.9 ビール出荷量の四半期変動：2001.1〜2007.4

を作る。例えば，2001 年第 3 四半期の季節指数 108.5 は，1306 を 1204 で割って 100 倍したものである。

図 3.9 は，こうした手順で計算された移動平均系列を原系列と比べたものである。これから，移動平均系列では第 3 四半期を山とし，第 1 四半期月を谷とする季節的変動はきれいに調整されており，季節要因を別にすると，取り上げた期間の四半期別のビールの出荷量はスムースに推移していることがわかる。

以上に説明した移動平均法の考え方をより精密にしたものがセンサス局法 X-11 であり，最近までわが国の官庁のほぼ全部について 広く用いられてきたが，現在ではそれを改良した X-12-ARIMA が採用されている。それらが国民経済計算や生産統計，労働統計，金融統計での季節変動調整に用いられている。

また，移動平均法は 1 年周期の季節変動だけでなく，在庫変動や設備投資変動で起こる一定周期の景気変動を調整するために利用することができる。例えば生産量の時系列データから在庫変動（周期を 3 年と仮定する）にもとづく景気変動を調整する場合には，原系列に 3 カ年の移動平均を行えばよい。

練習問題

1. （度数分布の作成）2004 年度の都道府県別 1 人当たり県民所得は次の表の通り

である．これから，級間隔を20万円とする度数分布表を作れ．さらにそれから相対累積度数分布表を作り，図示せよ．

北海道	2577千円	青 森	2184千円	岩 手	2363千円	宮 城	2620千円	秋 田	2295千円
山 形	2427	福 島	2728	茨 城	2838	栃 木	3101	群 馬	2859
埼 玉	2955	千 葉	3000	東 京	4778	神奈川	3204	山 梨	2772
新 潟	3097	長 野	2852	富 山	2869	石 川	2729	福 井	2838
岐 阜	2794	静 岡	3344	愛 知	3524	三 重	3068	滋 賀	3275
京 都	2895	大 阪	3048	兵 庫	2731	奈 良	2654	和歌山	2708
鳥 取	2308	島 根	2453	岡 山	2653	広 島	3038	山 口	3001
徳 島	2757	香 川	2616	愛 媛	2357	高 知	2146	福 岡	2661
佐 賀	2507	長 崎	2222	熊 本	2384	大 分	2608	宮 崎	2212
鹿児島	2272	沖 縄	2021						

出所：内閣府経済社会総合研究所『県民経済計算年報』．

2.（ウェイトつきの平均と分散の計算）次のデータは，着工新設住宅の種類別戸数とその広さ（1住宅当たり面積）である．これから新設住宅全体の広さの平均と分散を求めよ．

種 類	2004年		2007年	
	戸数（1000）	床面積（m²）	戸数（1000）	床面積（m²）
持　家	369.8	134.4	314.9	132.0
貸　家	465.0	47.9	441.7	45.9
給与住宅	8.7	66.5	9.4	66.5
分譲住宅	345.5	95.4	294.8	95.6

出所：国土交通省『建築着工統計調査』．

3.（変動係数の計算）1997〜2006年の法人企業の売上高と利益は，下の表の通りである．これから売上高と利益の変動係数を計算し，比較せよ．

年度	売上高（10億円）	経常利益（10億円）
1997	1,467,424	27,806
1998	1,381,338	21,164
1999	1,383,464	26,923
2000	1,435,028	35,866
2001	1,338,207	28,247
2002	1,326,802	31,005
2003	1,334,674	36,199
2004	1,420,356	44,703
2005	1,508,121	51,693
2006	1,566,433	54,379

出所：財務省『法人企業統計調査』．

4.（平均成長率の計算）世界のパソコン生産台数は，次の通りである．これから，期間別（5年間）および全期間（10年間）の年平均成長率を求めよ．

1995 年	68.1 百万台
2000	143.1
2005	217.0

5.（移動平均の計算）下の表に示した四半期別の新車（乗用車）の登録台数のデータに移動平均法を適用し，季節変動を調整した系列を求めよ．

年・四半期		台　数	年・四半期		台　数
2002	1	1,657,551	2005	1	1,756,344
	2	1,324,610		2	1,347,520
	3	1,455,881		3	1,450,402
	4	1,354,061		4	1,298,801
2003	1	1,729,118	2006	1	1,764,822
	2	1,294,722		2	1,306,176
	3	1,450,657		3	1,396,346
	4	1,353,681		4	1,272,162
2004	1	1,788,004	2007	1	1,643,861
	2	1,254,431		2	1,198,657
	3	1,449,457		3	1,286,040
	4	1,361,490		4	1,225,090

出所：日本自動車工業会『自動車統計月報』．

6. 練習問題1のデータを使って，東京都と沖縄県の1人当たり県民所得を偏差値に直すとどうなるか．

第 4 章 データの整理（その 2）
——2 変量の場合

　第 3 章では分析の第一歩として 1 変量の統計データに関する整理の方法について述べた。1 変量のデータの集まりをさまざまな角度からまとめることにより，その集団としての性質が浮かび上がってくることがわかった。ある変量のデータにばらつきがあることが観察されるとき，その原因として別の変量が関わっている場合がある。例えば，家計の支出に関するデータをみると支出額の多い家計もあれば少ない家計もある。しかし，一般に収入の多い家計は支出額も多い。勤続年数の長い人は年間収入も多い。また，ある商品の価格が割高になると，その商品の販売量は減少するという傾向がみられる。このように，ある変量の動きは別の変量の動きと密接な関係があることが多く，これらの変量の間の関係を明らかにすることが重要となる。この章では，このような複数のデータの整理について述べよう。

4.1　相関と連関
a　量的データに基づく関係

　図 4.1 は，都道府県別の人口当たりの大型小売店と中小小売店の年間販売額の関係を図にしたものである。この図から全体の関係は必ずしも明確ではないが，東京と沖縄を除けばやや右下がりの関係がうかがわれよう。つまり人口当たりの大型小売店の年間販売額の多い県ほど中小小売店の年間販売額が少なくなっている。第 3 章では，1 変量のデータを度数分布表として整理したが，この考えを 2 変量について拡張してみよう。つまり 2 変量の同時度数分布表である。図 4.1 で使った大型小売店と中小小売店の年間販売額の関係をまとめると表 4.1 のようになる。この表を**分割表**（contingency table）と

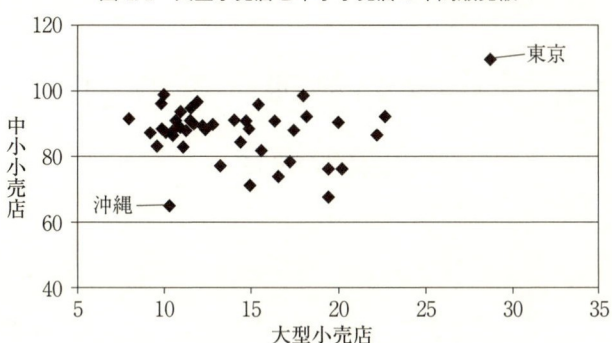

図 4.1 大型小売店と中小小売店の年間販売額

表 4.1 大型小売店と中小小売店の年間販売額

(単位：万円／人口)

大型小売店	中 小 小 売 店					合 計
	60〜70	70〜80	80〜90	90〜100	100〜110	
5〜 9	0	0	0	1	0	1
9〜13	0	0	16	8	0	24
13〜17	0	3	3	4	0	10
17〜21	1	3	1	3	0	8
21〜25	0	0	1	1	0	2
25〜29	0	0	0	0	0	0
合 計	1	6	21	17	0	45

注：商業販売統計の大型小売店年間販売額を商業統計の小売販売額から除いて中小小売店の販売額とした。東京と沖縄を除く。
出所：経済産業省「平成16年商業統計」「平成16年商業販売統計年報」より作成。

いう．分割表を作成することにより2変量（ここでは大型小売店と中小小売店の年間販売額）間の相互の関係がわかる．データは表4.1の右上から左下の対角線上のセルに多く集まっており，人口当たりの大型小売店の年間販売額の多い県では，中小小売店の年間販売額が少ない．

一般に，表の各セルの中で左上と右下を結ぶ対角線上もしくはそれに近いセルの度数が大きくなる場合，2つの変量の間に正の関係がある．また逆に，右上と左下を結ぶ対角線の近くに集まる場合，負の関係がある．このような分割表は**相関表**（correlation table）ともよばれる．この分割表では，各行，各

表 4.2　世帯主の年齢と貯蓄動機

(単位：人，%)

世帯主年齢	総数（貯蓄を保有している回答者）	病気や不時の災害への備え	老後の生活資金	子どもの教育資金
20・30 歳代	306	48.4	22.6	61.3
40・50 歳代	1670	65.8	56.7	39.8
60 歳以上	3378	80.0	72.8	2.9
合　計	5354	67.8	56.6	30.8

出所：金融広報中央委員会「平成 18 年家計の金融資産に関する世論調査」より作成．

列の和がそれぞれ右端の列，下端の行にまとめられている．これは**周辺度数分布**（marginal frequency distribution）とよばれ，1 変量の度数分布に対応する．

b　質的データに基づく関係

扱うデータが量的な変化ではなく質的な相違を表す場合もある．表 4.2 は，「平成 18 年家計の金融資産に関する世論調査」（貯蓄広報中央委員会）から，世帯主年齢別に貯蓄動機（の主要な 3 項目）を取り出し，分割表としてまとめたものである．この表をみると 20・30 歳代の若い世代は「老後の生活資金」のためというより，「病気や不時の災害への備え」や「子どもの教育資金」のために貯蓄している．40・50 歳代の世代では「病気や不時の災害への備え」や「老後の生活資金」が大きなウェイトをしめ，60 歳以上では，当然のことながら「子どもの教育資金」という動機は薄れることがわかる．

この分割表の列の方は貯蓄動機という質的なデータの分類を表している．このような分割表を**連関表**ともよぶ．この場合には，列の順序には特別の意味があるわけではない．したがって，対角線上にデータが集まるかどうかという見方はできないが，特定のセルが大きいかなど一定の傾向があるかどうかを調べることができる．

行と列とがともに質的な分類となるデータの例としては，表 4.3 の平成 18 年度の大卒者の学部別の就職状況が示されている．ここから専門職，事務職，販売職，その他に区分された職業別分類の学部間の差を調べることができる．学部別では，理系学部（理学，工学，農学，保健）や，その他学部（教育，芸術，その他）の学生は専門技術職に就くこと，それに対して，社会科学や人文科学系の学生は事務職ないし販売職に就くことが多いことがわかる．

表 4.3　大卒者の学部別就職状況：平成 18 年度

(単位：千人)

	専門職従事者	事務職従事者	販売職従事者	その他
人 文 科 学	6.1	29.0	16.4	8.0
社 会 科 学	16.4	67.8	48.9	20.2
理 系 学 部	67.8	6.6	10.2	8.2
その他学部	23.1	12.7	9.1	5.4
合　計	113.3	116.1	84.5	41.9

出所：文部科学省『文部科学要覧・平成 19 年版』。

4.2　共分散と相関係数

a　共分散の考え方

これまで図や表で示した 2 変量の間の関係の強さを測る尺度として，**共分散**と**相関係数**がある。表 4.4 は，1988 年から 2007 年までの失業率と賃金上昇率を表したものである。また，それぞれの平均値と標準偏差を用いて標準化した値がその右の欄に計算してある。標準化変量の平均は 0 で，標準偏差は 1 であった。

失業率と物価上昇率の関係を図に表すと，図 4.2 のように右下がりの関係がみられる。失業率の値が大きいときには，賃金上昇率の値は負となり，失業率の値が小さくなると，賃金上昇率の値は正となる。これは，失業率の変化が労働市場の需給関係の善し悪しを表し，労働市場の需給関係が悪化しているときは，賃金は下がり気味となる一方，労働市場の改善が賃金上昇率の拡大をもたらすことを意味する。

このような 2 変量の一般的な関係を，図式的に示したのが図 4.3 である。図 4.3 の A 点の変量 x と変量 y は平均より大きな値であり，平均からの差（平均偏差）はともに正となる。また，逆に B 点は両方とも平均値より小さく，その平均偏差はともに負となる。データが平均以上の値となるとき，その平均偏差は正，平均以下の値のときは負となる。2 変量 x と y の平均偏差が同符号の場合には，その積の値は正，異符号の場合には負となる。

図 4.3 のように，データが全体として右上がりの傾向がある場合には，2 つの変量の平均偏差の積の値は正となるものの方が多い。また，逆に図 4.2

第4章 データの整理(その2)——2変量の場合

表 4.4 失業率と賃金上昇率

	変化率（％）		標準化変量	
	失業率	賃金上昇率	失業率	賃金上昇率
1988 年	2.53	3.43	− 1.00	1.28
1989	2.27	4.09	− 1.24	1.63
1990	2.11	4.44	− 1.38	1.81
1991	2.10	3.55	− 1.39	1.35
1992	2.15	1.96	− 1.35	0.51
1993	2.50	0.89	− 1.03	− 0.05
1994	2.89	1.67	− 0.68	0.36
1995	3.15	1.78	− 0.44	0.42
1996	3.35	1.71	− 0.26	0.38
1997	3.40	1.88	− 0.22	0.47
1998	4.11	− 1.13	0.43	− 1.11
1999	4.68	− 1.19	0.95	− 1.14
2000	4.72	− 0.34	0.98	− 0.69
2001	5.03	− 0.91	1.26	− 0.99
2002	5.38	− 2.90	1.57	− 2.03
2003	5.26	− 0.29	1.47	− 0.67
2004	4.72	− 0.73	0.98	− 0.89
2005	4.43	0.87	0.71	− 0.06
2006	4.14	0.93	0.46	− 0.03
2007	3.84	− 0.09	0.18	− 0.56
平　均	3.64	0.98	0.00	0.00
標準偏差	1.10	1.91	1.00	1.00

出所：総務省統計局「労働力調査」，厚生労働省「毎月勤労統計調査」より作成。

図 4.2 失業率と賃金上昇率

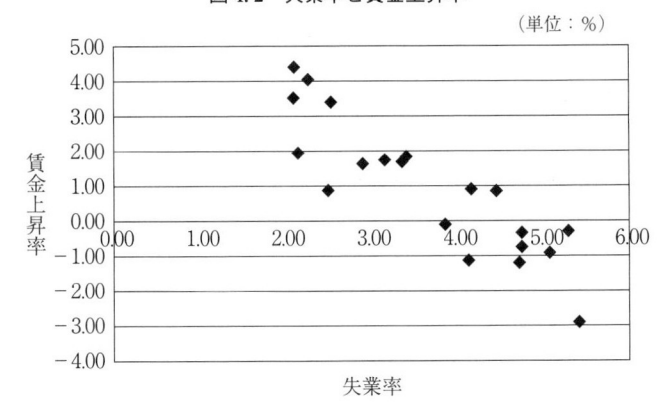

(単位：％)

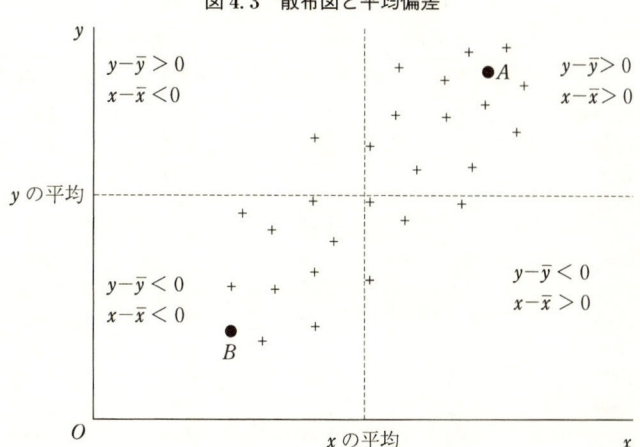

図 4.3 散布図と平均偏差

のように，全体として右下がりの傾向があるときには，2つの変量の平均偏差の積は負となるものの方が多い。そこで，この積の平均値を取ることによって，全体としての関係の強さと向きを測る尺度を得ることができる。この平均値を**共分散**（covariance）という。共分散は，その値が正となれば全体として右上がりの傾向，負となれば右下がりの傾向を示す。表 4.4 の失業率と賃金上昇率の変化率の関係を示す共分散を計算すると，表 4.5 のように -1.86 となる。

一般に，変量 x と y の共分散は，

$$Cov(x, y) = \frac{1}{n} \sum_{i=1}^{n} (x_i - \bar{x})(y_i - \bar{y}) = S_{xy}$$

のように定義される。

b 相関係数とは

共分散は 2 変量の関係の強さと向きを測る尺度ではあるが，それぞれの変量の単位に依存している。しかし，それぞれの変量の標準化変量を求め，その共分散を計算すると，単位に影響されない尺度となる。表 4.6 には，失業率と賃金上昇率の変化率に関する標準化変量の（平均偏差の）積の平均値を求めている。これより，標準化変量の共分散を計算すると -0.88 となる。

標準化変量の共分散は，

表 4.5 共分散の計算

	変化率（％）		平均からの偏差		平均からの偏差の積
	失業率	賃金上昇率	失業率	賃金上昇率	
1988年	2.53	3.43	−1.10	2.45	−2.71
1989	2.27	4.09	−1.37	3.10	−4.26
1990	2.11	4.44	−1.53	3.46	−5.28
1991	2.10	3.55	−1.54	2.57	−3.96
1992	2.15	1.96	−1.49	0.98	−1.46
1993	2.50	0.89	−1.14	−0.10	0.11
1994	2.89	1.67	−0.75	0.69	−0.52
1995	3.15	1.78	−0.49	0.80	−0.39
1996	3.35	1.71	−0.29	0.73	−0.21
1997	3.40	1.88	−0.24	0.90	−0.21
1998	4.11	−1.13	0.47	−2.11	−0.99
1999	4.68	−1.19	1.05	−2.17	−2.27
2000	4.72	−0.34	1.08	−1.32	−1.43
2001	5.03	0.91	1.40	−1.89	−2.64
2002	5.38	−2.90	1.74	−3.88	−6.75
2003	5.26	−0.29	1.62	−1.27	−2.06
2004	4.72	−0.73	1.08	−1.71	−1.84
2005	4.43	0.87	0.79	−0.11	−0.08
2006	4.14	0.93	0.50	−0.06	−0.03
2007	3.84	−0.09	0.20	−1.07	−0.22
平　均	3.64	0.98	0.00	0.00	−1.86

$$\frac{1}{n}\sum_{i=1}^{n}\frac{(x_i-\bar{x})}{S_x}\cdot\frac{(y_i-\bar{y})}{S_y}=\frac{S_{xy}}{S_xS_y}$$

と表される．ただし，

$$S_x=\sqrt{\sum_{i=1}^{n}(x_i-\bar{x})^2/n}$$

$$S_y=\sqrt{\sum_{i=1}^{n}(y_i-\bar{y})^2/n}$$

である．これを**相関係数**（correlation coefficient）といい，r と表す．x と y との相関係数であることを強調する場合には r_{xy} とも表す．つまり，

表 4.6 標準化変量の共分散の計算

	標準化変量		平均からの偏差		平均からの偏差の積
	失業率	賃金上昇率	失業率	賃金上昇率	
1988 年	−1.00	1.28	−1.00	1.28	−1.28
1989	−1.24	1.63	−1.24	1.63	−2.02
1990	−1.38	1.81	−1.38	1.81	−2.51
1991	−1.39	1.35	−1.39	1.35	−1.88
1992	−1.35	0.51	−1.35	0.51	−0.69
1993	−1.03	−0.05	−1.03	−0.05	0.05
1994	−0.68	0.36	−0.68	0.36	−0.24
1995	−0.44	0.42	−0.44	0.42	−0.19
1996	−0.26	0.38	−0.26	0.38	−0.10
1997	−0.22	0.47	−0.22	0.47	−0.10
1998	0.43	−1.11	0.43	−1.11	−0.47
1999	0.95	−1.14	0.95	−1.14	−1.08
2000	0.98	−0.69	0.98	−0.69	−0.68
2001	1.26	−0.99	1.26	−0.99	−1.25
2002	1.57	−2.03	1.57	−2.03	−3.20
2003	1.47	−0.67	1.47	−0.67	−0.98
2004	0.98	−0.89	0.98	−0.89	−0.87
2005	0.71	−0.06	0.71	−0.06	−0.04
2006	0.46	−0.03	0.46	−0.03	−0.01
2007	0.18	−0.56	0.18	−0.56	−0.10
平　均	0.00	0.00	0.00	0.00	−0.88

$$r_{xy} = \frac{S_{xy}}{S_x S_y} = \frac{\sum\limits_{i=1}^{n}(x_i-\bar{x})(y_i-\bar{y})}{\sqrt{\sum\limits_{i=1}^{n}(x_i-\bar{x})^2}\sqrt{\sum\limits_{i=1}^{n}(y_i-\bar{y})^2}}$$

である．標準偏差 S_x, S_y が正の値であることを考慮すると，相関係数 r_{xy} と共分散 S_{xy} とは同じ符号となることがわかる．

4.3 相関係数の性質

相関係数は，−1 から 1 の間の値をとる．相関係数が 1 のとき，2 変量の間には**完全な正の相関**があるといい，図 4.4a のようにすべてのデータが右上

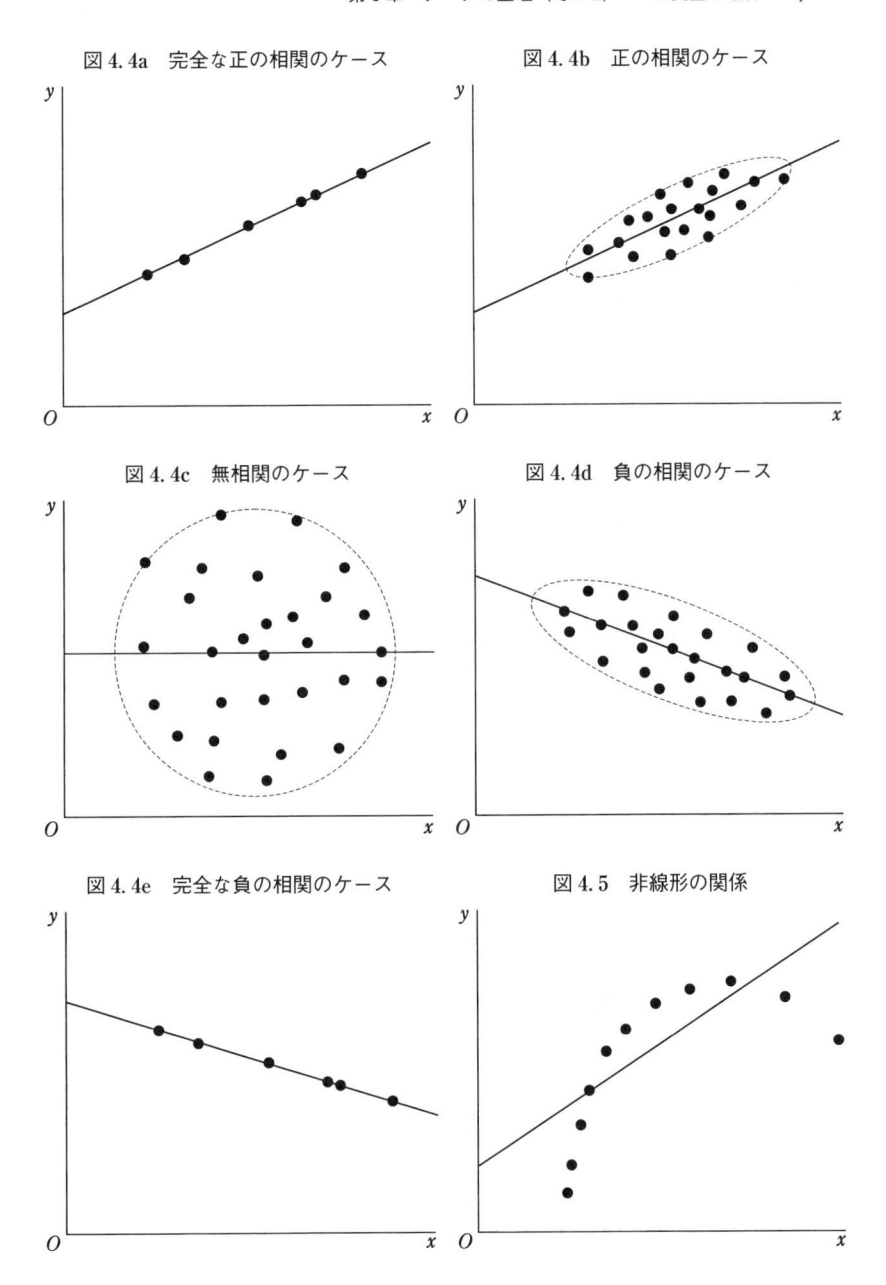

図 4.4a 完全な正の相関のケース

図 4.4b 正の相関のケース

図 4.4c 無相関のケース

図 4.4d 負の相関のケース

図 4.4e 完全な負の相関のケース

図 4.5 非線形の関係

がりで一直線に並ぶ。また，相関が-1のときは**完全な負の相関**があるといい，図4.4eのように右下がりで一直線に並ぶ。

われわれが実際に扱うデータは，このような完全な相関があることはまれである。むしろ，ある程度の幅をもって図4.4bのような右上がりの関係や，図4.4dのように右下がりの関係が見られることが多い。前者の相関係数は0から1の間の値となり，これを**正の相関**があるという。また，後者の相関係数は0から-1の間の値となり，これを**負の相関**があるという。相関係数が0のときは**相関がない**，あるいは**無相関**であるという。これはちょうど図4.4cのように，データが四方八方に散らばって，一定の方向性が見られないような場合である。

第 *11* 章で述べるように，相関係数は2変量 x, y の間の線形関係の強さをはかる尺度である。線形関係の強さを示す尺度であるから，例えば図4.5のようにデータにかなり強い非線形（たとえば2次関数などの曲線）の関係があっても，相関係数の値はそれほど大きくならないこともある。

また，データの数値をその大小関係の順序を表す数値に置き換えて，その相関係数をとる場合がある。これを**順位相関係数**という。順位相関係数を計測することにより線形関係という枠をはずすことができる。

4.4 質的データと連関係数

共分散や相関係数は，量を表す2変量の間の関係の強さを測る尺度である。それに対して，質を表す2変量の関係の強さを表す尺度として，連関係数がある。ここでは，最も簡単な2×2の場合を考えることにしよう。

表4.7は，2つの性質を表す変量についてそれぞれ2種類の質のカテゴリーがあるとき，その相互の関係を分割表（連関表）として整理したものである。ここで，性質1については A と $\bar{A}$ があり，性質2には B と $\bar{B}$ とがあるとする。この表では，性質1が A で性質2が B である個体数は a 個であることを示す。また，性質1が A であり性質2が $\bar{B}$ である個体数は b 個，性質2いかんに関わらず性質1が A であるものは全体で $(a+b)$ 個あることを示す。

ここで， A であることと B であることとが無関係であれば， B であるグル

表 4.7 2変量の質を表す分割表

性質1 \ 性質2	B	$\bar{B}$	計
A	a	b	$a+b$
$\bar{A}$	c	d	$c+d$
計	$a+c$	$b+d$	n

ただし,$n=a+b+c+d$

ープの中で A である割合は,B でないグループの中で A である割合と同じとなるはずである.同様に,この比率は B であるかどうかに関わらず A である割合(周辺分布の相対度数)とも同じになる.すなわち,

$$\frac{a}{a+c} = \frac{b}{b+d} = \frac{a+b}{n}$$

が成り立つ.これは,$ad - bc = 0$ であることと同値である.

この等式が満たされないとき,A と B の間には一定の関係があることになる.

(1) $\dfrac{a}{a+c} > \dfrac{b}{b+d}$ のとき($\leftrightarrows ad > bc$)

これは B に属しているものの中で A の性質をもつものの比率は,B に属さないもので A の性質をもつものの比率より大きいことを意味する.このとき A と B とは正の連関があるという.

なお,$(a+b)/n$ は,ウェイトをそれぞれ $(a+c)/n$ と $(b+d)/n$ とする $a/(a+c)$ と $b/(b+d)$ の加重平均だから,この場合には,

$$\frac{a}{a+c} > \frac{a+b}{n} > \frac{b}{b+d}$$

となる.

(2) $\dfrac{a}{a+c} < \dfrac{b}{b+d}$ のとき($\leftrightarrows ad < bc$)

これは B に属しているものの中で A の性質をもつものの比率が,B に属さないもので A の性質をもつものの比率より小さいことを意味する.このとき A と B とは負の連関があるという.

ところで,いま A と B の性質を兼ね備えるものは a 個だけあり,全体に

対する比率は a/n となる。しかし，もし A と B とがまったく連関がないとすれば，その比率は，全体の中で A の性質をもつ比率：$(a+b)/n$ と全体の中で B の性質をもつ比率：$(a+c)/n$ の積：$(a+b)(a+c)/n^2$ と一致するはずである。この比率に n をかけた値：$(a+b)(a+c)/n$ は，連関がないとしたとき A, B の性質をともにもつものの数を表す。そこでこの差を，

$$\delta = a - \frac{(a+b)(a+c)}{n} = \frac{ad-bc}{n}$$

とすると，δ の大きさで連関の有無がわかる（第2の等号は $n = a+b+c+d$ より明らか）。ただし，このままでは δ の値の取りうる範囲が限定されないので，次のように修正したものを連関の程度を測る尺度として利用している。

$$Q = \frac{n}{ad+bc}\delta = \frac{ad-bc}{ad+bc}$$

である。これを**連関係数** (coefficient of association) という。Q は定義から明らかなように，-1 と $+1$ の間の値となる。

(1) $bc=0$（つまり，$b=0$ または $c=0$）のとき $Q=1$（A と B とは正の連関）となる。$b=0$ とは，A という性質をもつものはすべて B の性質をもつことを意味する。また，$c=0$ とは，性質 B をもつものはすべて性質 A をもつことを意味する。

(2) $ad=0$（つまり，$a=0$ または $d=0$）のとき $Q=-1$（A と B とは負の連関）となる。$a=0$ とは，A という性質をもつものはすべて B の性質をもたないことを意味する。また，$d=0$ とは，B でない性質をもつものはすべて性質 A をもつことを意味する。

(3) $ad=bc$ のとき，$Q=0$（A と B とは連関がない）となる。

表4.8の大卒者の就職状況について連関係数を測ってみよう。男子学生と専門職との連関係数を計算すると，

$$Q = \frac{62.6 \times 112.2 - 130.3 \times 50.7}{62.6 \times 112.2 + 130.3 \times 50.7} = 0.03063$$

また，人文社会系と理系に分けたときの連関係数は，

$$Q = \frac{22.5 \times 25.1 - 190.3 \times 67.8}{22.5 \times 25.1 + 190.3 \times 67.8} = -0.91613$$

つまり，男女間（性別）では専門職に就く違いはあまりないが，学部別には

表 4.8 大卒者の就職状況：平成 18 年度

(単位：千人)

	専門家	その他	計
男	62.6	130.3	192.8
女	50.7	112.2	163.0
計	113.3	242.5	355.8
人文社会系	22.5	190.3	212.7
理系	67.8	25.1	92.9
計	90.3	215.3	305.6

出所：文部科学省『文部科学要覧・平成19年版』。

大きな差があり，人文社会系学生は，専門職と負の連関があることがわかる．文科系学生が専門職につく可能性は低いということになる．

4.5 相関関係と因果関係

相関係数は，観察する2つの変量の間の線形関係の強さを表すが，それだけではどちらが原因でどちらが結果という因果関係とは直接つながらない．私たちが観察しデータとして得る経済・社会現象の多くは，管理された状況のもとで行う自然科学の実験の結果とは異なり，受動的に観察した結果である．管理された実験では，実験に関わりのある変量をコントロールして，ある変量のみを変化させたときの当該現象への影響をみることができるので，観察される相関関係から一定の因果関係を読みとることができる．しかし，一般に関わりのある変量をコントロールできないという経済・社会現象のデータからは因果関係を特定することはむずかしい．ある変量 x と他の変量 y に一定の関係が観察されても，それは因果関係の結果かもしれないし，見せかけのものかもしれない．

ただ，最近ではさまざまな調査の個票データをもとに，対象となる変量以外の項目の状況が同じデータだけを抜き取って，その関係を調べる方法が開発されている．この方法では明らかに特定の変量をコントロールすることができるが，このような個票データの利用には一定の制限があり，また扱うデータも多くなることから，だれでもが容易に利用できるものではない．

一般的に，2変量xとyについて，xからyへの因果関係があり，xが増えるとyが増える（または減る）場合には，xとyの相関係数の絶対値は大きくなる（ただし，この場合でもすでに述べたように相関係数は変量間の線形関係の強さを測るものであるから，いつも大きくなるとはかぎらない）。しかし，逆にxとyの間に一定の相関関係がある場合に，xからyまたはyからxへの因果関係があるとは断言できない。これは因果関係が両方向の可能性があるというだけでなく，実は両者の間にはまったく因果関係がなくても相関関係が表れることがあるためである。例えば，zとxの間に因果関係があり，同時にzとyの間にも因果関係がある場合には，xとyの間には直接の因果関係がなくとも，両者の間には一定の相関関係がうまれる。これを「見せかけの相関」という。

　このように観察されたデータから因果関係を求めるのはむずかしいので，ある変量と他の変量の因果関係は，データからではなく例えば経済学など社会科学の理論的基礎によりどころを求めざるをえない。理論が想定する因果関係でどの程度実際の現象を説明できるかを統計的に明らかにすることになる。しかし，経済・社会現象の多くは相互依存的に，つまりお互いに原因となり結果ともなるという関係が考えられ，このような場合には，より複雑な問題が発生する。

　因果関係がまったく統計的に説明できないかというとそうではない。原因となる変量の変化と結果となる変量の変化に一定の時間の遅れが伴う場合には，時間の遅れを考慮した相関関係を調べることができる。いま，変量xの過去の値と変量yの現在の値との間の相関が高く，逆に変量yの過去の値と変量xの現在の値の間の相関が低いとすると，因果の方向はxからyであって，yからxではないと考えることができる。もっとも，この場合でも，因果の時間の遅れが観察する時間単位（年，四半期，月，週など）に比べて短いと，この方法で原因結果を特定することはできなくなってしまう。

　このように，相関関係の強さと因果関係とは必ずしも対応しないので十分注意してその意味づけをする必要がある。

練習問題

1.（量的データの関係）下の表は総合スーパー1事業所当たりの売場面積と年間商業販売額の関係を示したものである。これを図示して，両者の関係を調べよ。

総合スーパー1事業所当たりの売場面積と年間商業販売額

事業所当たりの売場面積(千m²)	事業所当たり年間商業販売額（億円）						
	25〜33	33〜41	41〜49	49〜57	57〜65	65〜73	合計
6〜 7	1	0	0	0	0	0	1
7〜 8	1	3	3	0	1	0	8
8〜 9	1	6	2	4	1	0	14
9〜10	0	4	7	3	0	2	16
10〜11	0	1	0	3	1	0	5
11〜12	0	0	0	2	1	0	3
合計	3	14	12	12	4	2	47

出所：「平成16年商業統計」より作成。

2.（量的データの関係）貯蓄と消費に関する世論調査によれば，調べた2139世帯の年間所得階級別の貯蓄保有額の分布は下の表のようである。両者にどのような関係が見られるか。

年間所得と貯蓄保有額

		貯　蓄　保　有　額									
		100万円未満	100万〜200万	200万〜300万	300万〜400万	400万〜500万	500万〜700万	700万〜1000万	1000万〜1500万	1500万〜2000万	2000万〜3000万	3000万円以上	合計
年間所得	300万円未満	67	44	37	34	18	44	51	49	20	32	38	434
	300万〜500万円未満	71	67	48	45	32	60	64	68	53	51	69	628
	500万〜750万円未満	32	33	31	35	24	65	76	75	40	47	62	520
	750万〜1000万円未満	10	14	13	14	18	35	29	57	40	37	43	310
	1000万〜1200万円未満	5	3	5	3	5	14	10	13	14	25	26	123
	1200万円以上	2	4	2	4	3	6	8	14	10	14	57	124
	合　計	187	165	136	135	100	224	238	276	177	206	295	2139

出所：金融広報中央委員会「家計の金融資産に関する世論調査」平成18年より作成。

3.（相関係数の計算）次のデータは1988年以降の輸入物価指数と国内企業物価指数の変化率である。散布図を描いて両者の関係を調べよ。また，相関係数を求めよ。

	輸入物価指数 (対前年変化率)	国内企業物価指数 (対前年変化率)		輸入物価指数 (対前年変化率)	国内企業物価指数 (対前年変化率)
1988年	−4.63%	−0.54%	1998年	−4.89%	−1.51%
1989	7.55	1.88	1999	−9.26	−1.47
1990	8.68	1.50	2000	4.68	0.05
1991	−8.19	1.05	2001	2.48	−2.28
1992	−6.12	−0.91	2002	−1.43	−2.08
1993	−10.36	−1.55	2003	−0.89	−0.83
1994	−5.52	−1.64	2004	4.18	1.27
1995	−0.13	−0.85	2005	13.12	1.66
1996	9.72	−1.66	2006	13.71	2.17
1997	7.44	0.66	2007	7.63	1.76

4. (順位相関係数の計算) 下の表は関東以北 14 都道県の教員 1 人当たり児童・生徒数と児童・生徒 1000 人当たりの長期欠席者のデータである。両系列について大きい方から 1 から 14 までの順位をつけ、散布図を描け。また、2 つの順位の間の相関係数を求め、それが次の式で計算したものに等しくなることを確かめよ。

$$r = 1 - \frac{6\sum_{i=1}^{n} k_i^2}{n(n^2-1)}$$

ただし、$n =$ データの個数, $k_i =$ 順位差である。

	教員 1 人当たり 児童・生徒数	児童・生徒 1000 人当たり 長期欠席者数
北海道	13.30 人	16.69 人
青 森	13.11	13.42
岩 手	12.45	13.48
宮 城	14.58	18.29
秋 田	12.77	15.19
山 形	13.43	12.76
福 島	14.20	17.37
茨 城	15.22	20.15
栃 木	14.72	20.92
群 馬	14.63	16.74
埼 玉	18.62	16.10
千 葉	16.93	20.57
東 京	16.28	15.81
神奈川	18.04	20.59

出所：文部科学省「平成 19 年学校基本調査」。

5. (連関係数の計算) 次の表はわが国の海外直接投資 (2005 年から 2007 年の合計値) を、業種別、地域別に示したものである。これから、業種と地域の間の連

関係数を求めよ。

(単位：億円)

	アジア	その他	世界計
製造業	42,954	72,800	115,754
非製造業	17,858	61,913	79,771
合　計	60,812	134,713	195,525

出所：財務省「対外・対内直接投資（地域別かつ業種別，暦年計）」より 2005〜2007 年値を合計した。

第5章 確　　率

　これまでの章では，観察されたデータの集まりをいかに整理して，データ全体としての特徴をつかむかということを考えてきた。そこでは観察されたデータが出発点であり，そのすべてであった。これからの章では，観察されたデータはいろいろな可能性からなる全体の中の1つの結果であるという見方をする。つまり，観察データの背後にデータを生成するメカニズムを考える。これは第7章以降で説明する。このメカニズムを理解するためには確率の考え方が基本的に重要な役割を果たすので，この章では確率に関する基本的な概念や定理について説明する。

5.1　順列と組合せ

　確率の計算を行うときに，場合分けを考えながら該当するケースを数え上げていくことが多い。最初に，確率の計算のための準備として**順列**（permutation）と**組合せ**（combination）について説明する。

a　順　列

　いま，尾崎さん，片岡さん，木下さん，根本さん，山田さんの5人がいる。この5人を1列に並べる方法はいく通りあるかを考えよう。これは次のように考えればよい。まず，5人の中から最前列にくる人を決める。これは5人の中から1人を選べばよいので5通りの方法がある。ここで例えば木下さんを選んだとしよう。次に残りの4人から木下さんの後に並ぶ人を選ぶ。これは残りの4人の中から1人を選ぶことになる。4通りの方法があり，山田さんを選んだとしよう。3列目は，残りの3人から1人を選ぶことなので3通りある。例えば，これは片岡さんとする。4列目は残り尾崎さんと根本さん

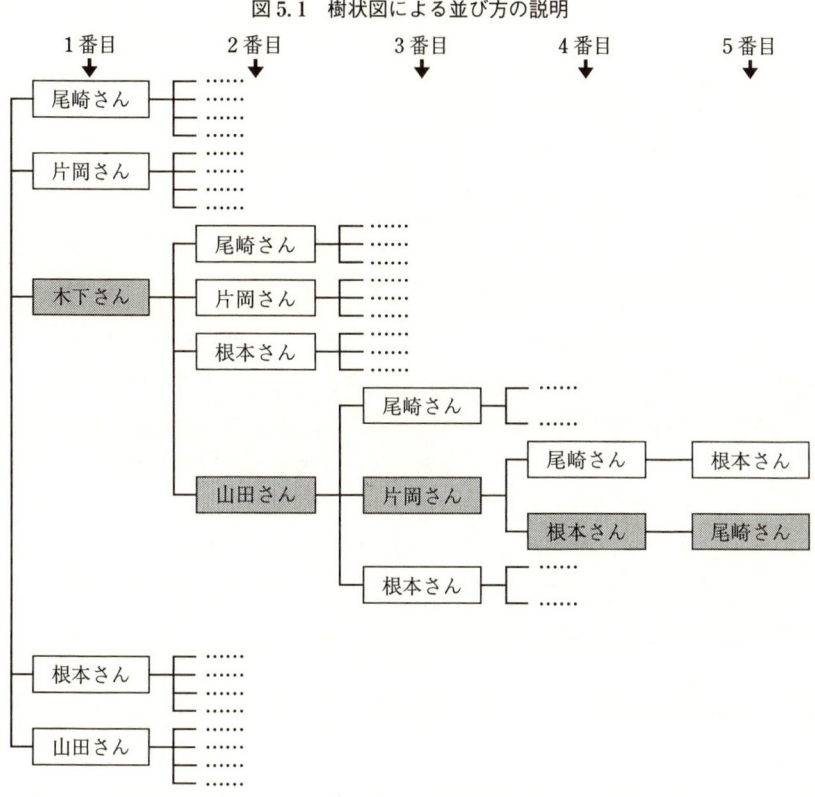

図5.1 樹状図による並び方の説明

のいずれかであるから，2通りの方法がある。これを根本さんとすると，最後に尾崎さんが並ぶことになる。これで，

　　　　　（木下さん，山田さん，片岡さん，根本さん，尾崎さん）

という並び方が確定する。このような並び方は，結局5×4×3×2×1＝120通りのなかの1つである。

これを一般化すると，n人を1列に並べる方法は，

$$n! = n \times (n-1) \times (n-2) \times \cdots \times 2 \times 1$$

より求められる。ここで！は階乗とよぶ。1!＝1, 2!＝2×1＝2, 3!＝3×2×1＝6 である。

5人の中から2人を選び，これを1列に並べる方法は，先ほどと同様に最

初と次に並ぶ人を順に選択すればよい。つまり、この場合は 5×4＝20 通りということになる。

一般的に、n 人の中から r 人の人を選び、これを 1 列に並べる順列の数は $_nP_r$ と表し、

$$_nP_r = n\times(n-1)\times(n-2)\times\cdots\times(n-r+1)$$

$$= \frac{n!}{(n-r)!} \qquad r \leq n$$

として求めることができる。なお、0 人の人を並べる方法は 1 通り（0!＝1）あると数えることになっている。また、$_nP_0=1$ も容易にわかる。

b 組合せ

再び、尾崎さん、片岡さん、木下さん、根本さん、山田さんの 5 人の中から 2 人を選ぶ場合を考えよう。順列の考え方では、並び順を区別するので、このような選び方は 5×4＝20 通りある。ところが、選ぶ組合せだけで並び順は問題にしないとすると、20 通りの中に含まれる（根本さん、尾崎さん）という並び方も（尾崎さん、根本さん）という並び方も同じ組合せということになる。したがって、5 人の中から 2 人を選ぶ組合せは、20÷2＝10 通りだけとなる。

このように、順列は n 人の中から r 人を選び、それに順序をつけて 1 列に並べる場合の数であるが、組合せはただ選ぶだけで、選んだ人の順番は問題にしない。したがって、組合せの数の方が順列の数より少なくなることは容易に理解できる。

n 人の中から r 人を選ぶ**組合せ**の数を $_nC_r$ と表す。これは、n 人の中から r 人を選んで並べる順列 $_nP_r$ を、r 人を 1 列に並べる場合の数である $r!$ で割ったものとして表される。つまり、

$$_nC_r = \frac{_nP_r}{r!} = \frac{n!}{r!\times(n-r)!} \qquad r \leq n$$

である。また、$_nC_0=_nC_n=1$ であることは容易に確認できる。

5.2 確率の概念

a 標本空間と事象

ひとつのサイコロを投げる場合を考えると，出る目は1から6までのいずれかであり，6種類の可能性しかない．正しいサイコロならば，そのうちどの目が出るかは事前にはわからないので，どの目が出ることもまったく「同様に確からしい」ということになる．サイコロ投げのように，その結果が偶然によって支配されている実験や一定の操作を行うことを**試行**（trial）とよぶ．試行によって生じる結果の1つひとつの可能性を**根元事象**とよぶ．サイコロを投げるという試行の根元事象は1から6までの6つである．

図5.2のように，根元事象で作られる空間の全体を**標本空間**（sample space）とよぶ．サイコロ投げの根元事象は「1の目が出る」，「2の目が出る」，「3の目が出る」，「4の目が出る」，「5の目が出る」，「6の目が出る」の6種類であるから，これらを $\{1\}$, $\{2\}$, $\{3\}$, $\{4\}$, $\{5\}$, $\{6\}$ のように表す．この全体が標本空間 $S=\{1,2,3,4,5,6\}$ を構成する．標本空間の任意の部分集合を**事象**（event）とよぶ．$\{1\}$, $\{1,2\}$, $\{2,4,6\}$, $\{1,2,3,4,5,6\}$ などはいずれも，1つの事象である．

いま，2つの事象を A_1 と A_2 とする．A_1 または A_2 が生じるという事象を A_1, A_2 の**和事象**（union）といい，$A_1 \cup A_2$（または A_1+A_2）と表す．サイコロ投げの場合，事象 A_1 として $\{$奇数の目が出る$\}=\{1,3,5\}$ と事象 A_2 として $\{4$以上の目が出る$\}=\{4,5,6\}$ の2つを考えると，この和事象 $A_1 \cup A_2$ は $\{$奇数または4以上の目が出る$\}=\{1,3,4,5,6\}$ となる．このような関係は図5.3aのような集合関係を考えれば明らかである．この図をベン図とよぶ．

また，2つの事象 A_1 と A_2 について，A_1 かつ A_2 が生じるという事象を A_1, A_2 の**積事象**（intersection）といい，$A_1 \cap A_2$（または $A_1 A_2$）と表す．事象 $A_1=\{$奇数の目が出る$\}=\{1,3,5\}$ と事象 $A_2=\{4$以上の目が出る$\}=\{4,5,6\}$ の積事象 $A_1 \cap A_2$ は $\{$奇数かつ4以上の目が出る$\}=\{5\}$ となる．これも図5.3bをみれば明らかである．

事象 A が生じないという事象を A の**余事象**（complementary event）といい，A^c（または $\overline{A}$）と表す．事象 $A=\{$奇数の目が出る$\}=\{1,3,5\}$ の余事象は $A^c=\{$奇数の目以外が出る$\}=\{2,4,6\}$ となる．この関係は図5.3cによって表

図 5.2 標本空間と根元事象

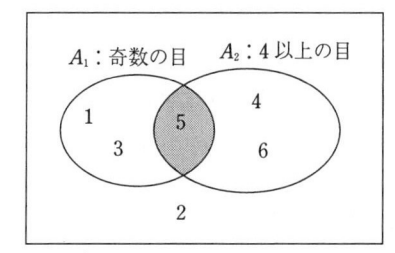

図 5.3a 和事象の例

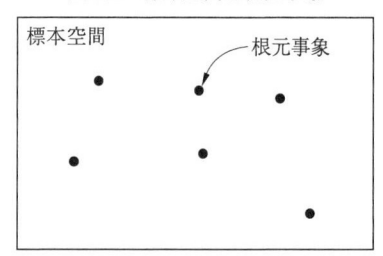

図 5.3b 積事象の例

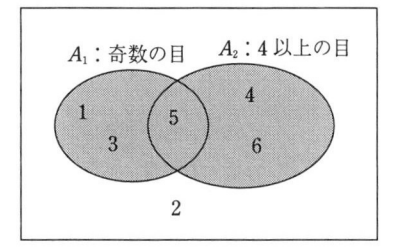

図 5.3c 余事象の例

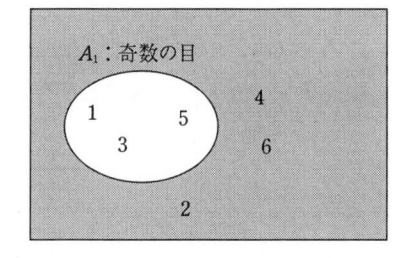

される.あらゆることが生じる事象を**全事象**といい S と表す.逆に,なにも起こらない事象を**空事象**といい ϕ と表す.したがって,全事象 S の余事象は空事象,つまり $S^c = \phi$ ということになる.

事象 A_1 と A_2 の積事象が空 ($A_1 \cap A_2 = \phi$) のとき,**互いに排反**(mutually exclusive)であるという.当然,事象 A とその余事象 A^c とは互いに排反ということになる.

b 確率とは

確率とは,ある事柄が生じるかどうか明らかでない場合に,その事柄が生じる確からしさの程度を表す尺度であり,0から1の数値で表される.1に近い程,その事柄が生じる可能性が高いことを示し,確率1は確実にその事柄が生じることを意味する.また,確率0は確実にその事柄が生じないことを意味する.しかし,確率そのものの定義については,以下に示すように4つの考え方がある.

先験的確率

サイコロ投げのように,標本空間に n 個の根元事象があり,そのどれもが

「同程度の確からしさ」で出現するというとき，ある事象 A の生じる確率 $Pr(A)$ は，その事象の中に含まれる根元事象の数 n_A と根元事象の全体の数 n の比率として定義することができる．つまり，

$$Pr(A) = \frac{n_A}{n}$$

である．これは根元事象の確率がどれも同じであり，異なる根元事象は互いに排反であるため，ある事象に含まれる根元事象の数だけその確率を足せばよいということである．このような確率の定義を**先験的確率**（*a priori* probability）あるいは**古典的確率**（classical probability）という．

この考え方によれば，サイコロ投げの例では{1 の目が出る}などそれぞれの根元事象の確率はすべて 1/6 となる．{偶数の目が出る}という事象の確率は，その事象が {2, 4, 6} と 3 つの根元事象を含んでいるので，3/6=1/2 となる．しかし，あらゆる確率の問題が，このような考え方により説明できるわけではない．先験的確率では根元事象が有限個で，その生起の可能性が同程度に確からしいという 2 つの条件を満たす必要があり，サイコロ投げ，コイン投げ，トランプのカードを引く問題などでは適用することができる．ゆがんだサイコロを投げた場合の確率や生まれた子どもが男である確率は，どのように考えたらよいのだろうか．

経験的確率

もし，正しいサイコロかどうかわからない場合には，どの目も「同程度の確からしさ」で出現するということが保証されないので，先験的確率が定義できない．その場合には，実際にそのサイコロで試行をするとよい．いま n 回試行して，事象 A（例えば 1 の目が出る）が出現した回数を n_a とすると，その相対頻度 n_a/n を求めることができる．

この相対頻度は，正しいサイコロであっても先験的確率で定義される値（つまり 1/6）と一致するとは限らない．しかし，試行回数 n を増加させていけば，しだいにそれに近い値となるはずである．したがって，相対頻度の極限値として確率を定義すればよいということになる．つまり，

$$Pr(A) = \lim_{n \to \infty} \frac{n_a}{n}$$

である。これが**経験的確率**（empirical probability）の考え方である。

経験的確率の考え方は，サイコロ投げやルーレットのゲーム，死亡率，出生率などの人口統計や，事故発生の比率の問題などを説明するのに適用できる。これらは試行実験ができるか，繰り返し観察ができ，しかもその回数が非常に大きいことが前提となる。これが満たされないものについては，経験的な確率の考え方を適用することはできない。

主観的確率

主観的確率（subjective probability）は，ある事象の生起について，個人がどの程度の確信をもっているかを示すものである。これは個人的経験や価値判断に基づいて行われる一種の総合的判断の表現である。したがって，その確率がどのような根拠から形成されるかについての一般的説明はあまり問題としない。それは必ずしも他人に説得できるだけの客観的根拠がないかもしれないが，個人的な経験や価値判断などを総合して，確率の値を与えると考える。もし，ある事象が生起しないと考えるならばその確率は 0 であり，ほぼ確実に起こると確信すればその確率は 1 に近くなる。

マリナーズのイチローが次の打席でヒットを打つ確率は，今期のそれまでの平均打率（例えば 2008 年の 0.310 など）という客観的な資料があるにも関わらず，イチローのファンならばその確率はかなり高い（例えば 0.5 とか 0.8 というように）値となる。

このような主観的確率を定義することで，例えば 1 回しか生じないことについても確率を考えることができるようになる。

公理論的確率

確率の最も一般的な定義は，次のような条件を満たす**公理論的確率**（axiomatic probability）の定義であり，これは今までのすべての確率の定義を含むものである。標本空間 S に属する事象を A として，実数 $Pr(A)$ が次の条件を満たすとき，$Pr(A)$ を事象 A の確率とよぶ。

公理 1　$Pr(A) \geq 0$

公理 2　$Pr(S) = 1$

公理 3　S の事象 $A_1, A_2, \cdots$ が互いに排反ならば，
$$Pr(A_1 \cup A_2 \cup \cdots) = Pr(A_1) + Pr(A_2) + \cdots$$

第1の条件は，確率は非負の値をとるということである。第2は，「いずれかが生起する」という確率は1であることを示す。1を超える確率はない。第3は，共通部分をもたない事象の和の確率は，それぞれの事象の確率の和でよいことを示す。この3つの条件を確率の公理という。

5.3 確率の計算（加法，乗法）
a 加法定理

2つの事象 A_1 と A_2 について，A_1 または A_2 すなわち和事象 $A_1 \cup A_2$ が生じる確率は，それぞれの生じる確率の和から，A_1 と A_2 が同時に生じる確率を引けばよい。すなわち，

$$Pr\{A_1 \cup A_2\} = Pr\{A_1\} + Pr\{A_2\} - Pr\{A_1 \cap A_2\}$$

である。これを確率の**加法定理**という。これは，図5.4をみれば明らかなように，事象 A_1 と A_2 の一部が重なっている場合には，A_1, A_2 の生じる確率をたすと，A_1 と A_2 の重複部分が二重に計算されることになるから，その分を引いておかなければならないということである。

もし2つの事象 A_1 と A_2 が互いに排反で $A_1 \cap A_2 = \phi$ ならば，$Pr\{A_1 \cap A_2\} = 0$ となり，

$$Pr\{A_1 \cup A_2\} = Pr\{A_1\} + Pr\{A_2\}$$

となる。

また，A_2 を A_1 の余事象 ($A_2 = A_1^c$) とすると，$A_1 \cup A_1^c = S$ だから $Pr\{A_1 \cup A_1^c\} = 1$，また $A_1 \cap A_1^c = \phi$ だから $Pr\{A_1 \cap A_1^c\} = 0$ となる。したがって，余事象の確率は，

$$Pr\{A_1^c\} = 1 - Pr\{A_1\}$$

と表される。

トランプのカードを1枚ひくときに，それがスペードのキングまたはダイヤのカードである確率を考えることにしよう。「スペードのキングのカードをひく」を事象 A，「ダイヤのカードをひく」を事象 B としよう。2つの事象は同時に生じない，つまり排反な事象であるので，これらの和事象の確率の計算は，

$$Pr\{A \cup B\} = Pr\{A\} + Pr\{B\} = 1/52 + 13/52 = 14/52$$

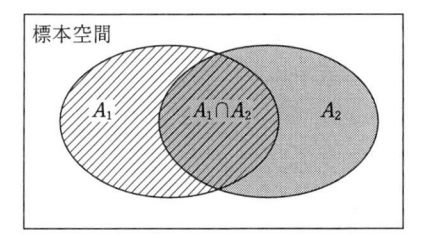

図5.4 加法定理の図解　　　　　図5.5 条件付き確率の図解

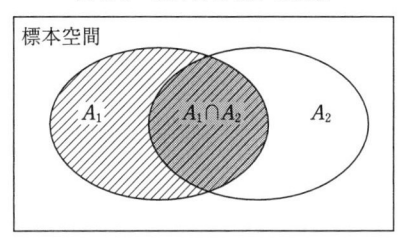

$$= 7/26 = 0.269$$

となる。

　しかし，ダイヤまたはキングのカードをひく確率は，「ダイヤのカードをひく」を事象 A, 「キングのカードをひく」を事象 B としたとき，両者は排反ではなくなる。したがってこの和事象の確率は，

$$Pr\{A\cup B\} = Pr\{A\} + Pr\{B\} - Pr\{A\cap B\}$$
$$= 13/52 + 4/52 - 1/52$$
$$= 16/52 = 4/13 = 0.308$$

ということになる。

　いまトランプのカードを一度に3枚ひくとき，少なくとも1枚が絵札となる確率を求めることにしよう。この場合は直接確率の計算をするよりも，「少なくとも1枚絵札をひく」という事象 A の余事象 A^c である「まったく絵札を含まない」確率から計算した方がよい。つまり，

$$Pr\{A\} = 1 - Pr\{A^c\} = 1 - \frac{{}_{40}C_3}{{}_{52}C_3} = 1 - 0.447 = 0.553$$

となる。

b 条件付き確率

　2つの事象 A_1, A_2 において，ある事象 A_1 が生じたという条件の下で A_2 が生じる確率を**条件付き確率**（conditional probability）といい，$Pr\{A_2|A_1\}$ と表す。この確率は，

$$Pr\{A_2|A_1\} = \frac{Pr\{A_1\cap A_2\}}{Pr\{A_1\}}$$

のように表される。図5.5のように A_2 のすべてではなく，A_1 のもとでの

A_2 の事象を考えるということ，つまり A_1 という枠の中で A_1 と A_2 の共通部分の生じる確率を考えることになる．これは，事象 A_1 と積事象 $A_1 \cap A_2$ に含まれる根元事象の数をそれぞれ n_1，n_{12} と表すと，

$$Pr\{A_2|A_1\} = \frac{n_{12}}{n_1} = \frac{n_{12}}{n} \times \frac{n}{n_1}$$

$$= Pr\{A_1 \cap A_2\} \times \frac{1}{Pr\{A_1\}}$$

となることから，容易に理解されよう．

同様に，事象 A_2 を条件として，A_1 が生じる確率を考えることができ，それは，

$$Pr\{A_1|A_2\} = \frac{Pr\{A_1 \cap A_2\}}{Pr\{A_2\}}$$

と表される．

トランプのカードを1枚ひくとき，それがキングである確率は 4/52=1/13 であることは容易にわかる．これが絵札の中からキングを抜きとる確率となると，絵札は全部で12枚であるので，4/12=1/3 となる．これは，絵札が条件となり標本空間を限定することを意味する．もとの標本空間との関係を考えると，絵札をとる確率が 12/52=3/13 より，(1/13)/(3/13)=1/3 ということになる．

c 乗法定理

2つの事象 A_1 と A_2 が同時に生じる確率は，事象 A_1 が生じる確率 $Pr\{A_1\}$ と，A_1 のもとで A_2 が生じる条件付き確率 $Pr\{A_2|A_1\}$ の積として表される．これは，条件付き確率の定義式から明らかである．

$$Pr\{A_1 \cap A_2\} = Pr\{A_1\}Pr\{A_2|A_1\}$$

また，同じ確率は次のようにも表される．

$$Pr\{A_1 \cap A_2\} = Pr\{A_2\}Pr\{A_1|A_2\}$$

これも条件付き確率の定義から導かれる．この関係を確率の**乗法定理**という．

トランプのカードを1枚ひくとき，絵札である（これを事象 A_1 とする）事象と，ハートである（これを事象 A_2 とする）事象の積事象を考える．絵札であるという確率は $Pr\{A_1\}$=12/52=3/13 であり，絵札の中でハートのカード

は $Pr\{A_2|A_1\}=3/12=1/4$ であるから,絵札でかつハートである事象の確率は,

$$Pr\{A_1 \cap A_2\} = Pr\{A_1\}Pr\{A_2|A_1\} = (3/13) \times (1/4) = 3/52$$

となる。これは,ハートである確率が $Pr\{A_2\}=13/52=1/4$ であり,ハートの中で絵札のカードは $Pr\{A_1|A_{12}\}=3/13$ であるので,

$$Pr\{A_1 \cap A_2\} = Pr\{A_2\}Pr\{A_1|A_2\} = (1/4) \times (3/13) = 3/52$$

としても求められる。

d 独 立

2つの事象 A_1 と A_2 について,A_1 が生じたかどうかとは無関係に A_2 が生じるとき,A_1 と A_2 とは**独立**(independent)であるという。それは,A_1 が生じるという条件のもとで A_2 が生じる条件付き確率 $Pr\{A_2|A_1\}$ が $Pr\{A_2\}$ に等しいことを意味する。したがって,独立な事象に関する乗法定理は次のように表される。

$$Pr\{A_1 \cap A_2\} = Pr\{A_1\}Pr\{A_2\}$$

である。独立な事象の積事象の確率はそれぞれの確率の積として求めればよい。

いま男子と女子の生まれる確率がそれぞれ1/2だとする(厳密には男女の性比は男子:女子=105:100と男子の方がわずかに多いことがわかっている)。2人の子どもが,男子ばかりとなる確率と一姫二太郎となる確率は異なるであろうか。それぞれの子どもの出生は独立であるとすると,事象 A「男子ばかり2人生まれる」確率は,

$$Pr\{A\} = (1/2)(1/2) = (1/2)^2 = 0.25$$

となる。また,事象 B「一姫二太郎となる」の確率は,最初に女子が生まれ次に男子が生まれるので

$$Pr\{B\} = (1/2)(1/2) = (1/2)^2 = 0.25$$

となり,同じ確率となる。

5.4 ベイズの定理

A を原因となる事象,B を結果を表す事象とし,A から B という因果関係がある場合を考える。A には事象 A_1 と A_2,B には事象 B_1 と B_2 の2種類の

表5.1　因果関係

原因/結果	B_1	B_2	周辺確率
A_1	$Pr\{A_1 \cap B_1\}$	$Pr\{A_1 \cap B_2\}$	$Pr\{A_1\}$
A_2	$Pr\{A_2 \cap B_1\}$	$Pr\{A_2 \cap B_2\}$	$Pr\{A_2\}$
周辺確率	$Pr\{B_1\}$	$Pr\{B_2\}$	1.0

可能性しかないとすると，両者の関係は表5.1のようにまとめられる。

ここで，ある結果 B_1 が生じたとき，その原因が A_1 である確率を考えよう。それは，条件付き確率を用いると，つぎのように表される。

$$Pr\{A_1|B_1\} = \frac{Pr\{A_1 \cap B_1\}}{Pr\{B_1\}}$$

$$= \frac{Pr\{A_1 \cap B_1\}}{Pr\{A_1 \cap B_1\} + Pr\{A_2 \cap B_1\}}$$

$$= \frac{Pr\{B_1|A_1\}Pr\{A_1\}}{Pr\{B_1|A_1\}Pr\{A_1\} + Pr\{B_1|A_2\}Pr\{A_2\}}$$

この関係式は，B_1 を条件とする確率が，A_1，A_2 を条件とする確率を用いて表すことができることを示す。これにより，ある結果が生じたときにその原因を推論することができるようになる。

ここで，$Pr\{A_1\}$，$Pr\{A_2\}$ を，結果が生じる前に考えられる確率という意味で**事前確率**（prior probability），$Pr\{A_1|B_1\}$ を結果 B_1 が生じたことにより修正されるという意味で**事後確率**（posterior probability）とよぶ。

【例題5.1】　いま，ある会社に新旧2つの工場があり，新工場では製品の60%，旧工場では40%を作っている。それぞれの不良品率は0.003と0.01であるとする。この会社の1つの製品が不良品であったとき，それが新工場，旧工場で作られた確率をそれぞれ求めよう。

製品が新工場で作られることを A_1，旧工場で作られることを A_2 と表すと，それぞれの工場で製品が作られる確率は，$Pr\{A_1\}=0.6$，$Pr\{A_2\}=0.4$ である。また，不良品を作ることを B_1 で表すと，各工場で不良品を作る確率は $Pr\{B_1|A_1\}=0.003$，$Pr\{B_1|A_2\}=0.01$ である。求めるのは，ある不良品が新工場で作られた確率と，旧工場で作られた確率であるから，それぞれ $Pr\{A_1|B_1\}$，$Pr\{A_2|B_1\}$ と表される。ベイズの定理より，

$$Pr\{A_1|B_1\} = \frac{Pr\{B_1|A_1\}Pr\{A_1\}}{Pr\{B_1|A_1\}Pr\{A_1\} + Pr\{B_1|A_2\}Pr\{A_2\}}$$

$$= \frac{0.003 \times 0.6}{0.003 \times 0.6 + 0.01 \times 0.4} = 0.310$$

また,

$$Pr\{A_2|B_1\} = \frac{Pr\{B_1|A_2\}Pr\{A_2\}}{Pr\{B_1|A_1\}Pr\{A_1\} + Pr\{B_1|A_2\}Pr\{A_2\}}$$

$$= \frac{0.01 \times 0.4}{0.003 \times 0.6 + 0.01 \times 0.4} = 0.690$$

となる.ある製品が新旧工場のどちらで作られたかは,何も情報がなければ6対4ということになるが,その製品が不良品であったという情報が付け加えられると,新旧工場での生産の可能性は約3対7となることがわかる.新工場では不良品率が低いため,生産する確率が事前的には0.6であったが,事後的には約0.3に修正されるのである.

練習問題

1. (事象の確率) 52枚のトランプのカードから4枚を選ぶとき,少なくとも1枚のA(エース)が含まれる確率はどうなるか.余事象の確率を利用する場合と,そうでない場合の2通りで確率を求めよ.
2. (組合せの性質) つぎの組合せの性質が成り立つことを説明せよ.
   (1) $_nC_r = {_nC_{n-r}}$
   (2) $_nC_r = {_{n-1}C_r} + {_{n-1}C_{r-1}}$
3. (事象の独立) 下の表のような2×2の分割表で,2つの項目の賛否の度合いが独立であるとき,$N_{11}N_{22} = N_{12}N_{21}$ が成り立つことを示せ.

カテゴリー		B		合計
		賛成	反対	
A	賛成	N_{11}	N_{12}	$N_{1.}$
	反対	N_{21}	N_{22}	$N_{2.}$
合計		$N_{.1}$	$N_{.2}$	N

4. (期待値と事後確率) 下の表は1枚300円のジャンボ宝くじの賞金と当せん本数である.これから賞金の期待値を求めよ.また,購入した宝くじが当せんしていると知らされたとき,それが1等賞である確率を求めよ.

サマージャンボ第544回全国自治宝くじ

等 級		当せん金	本 数
1	等	200,000,000円	1本
前 後	賞	50,000,000円	2本
組 違 い	賞	100,000円	99本
2	等	100,000,000円	2本
3	等	10,000,000円	10本

4	等	500,000 円	100 本
5	等	10,000 円	10,000 本
6	等	3,000 円	100,000 本
7	等	300 円	1,000,000 本
ジャンボ 30 年記念賞		30,000 円	2,000 本

注：1 ユニット（1000 万通）当たりの当せん金。

5. （乗法定理の応用）いま 10000 個の部品からなる精密機械があり，1 つでも部品が故障すると機械は正常に働かないとする．また，各部品の故障はお互いに独立であるとする．いま，すべての部品の故障確率が 0.0001 としたとき，この機械が正常に働く確率はどれだけか．部品の精度は上がって，故障する確率が今までの 100 分の 1 の 0.000001 になったときはどうか．

6. （ベルヌーイ試行）ゆがみのないコインを 3 回投げたとき，1 回表がでる確率を求めよ．

第 6 章 確率変数と期待値

　第5章では，試行の結果である事象に関して確率が説明された．確率は，ある事象が生じる可能性の程度を0から1の間の数値で表したものであった．ここでは，事象にかわって確率変数という考え方を導入する．確率変数は，事象の1つひとつを数値で代表させ，確率をより抽象化した概念である．確率変数には離散型と連続型の2つがあり，最初に離散型確率変数の概念とその代表的な確率分布の説明を行い，次いで連続型確率変数について説明する．

6.1　離散型確率変数の定義

　はじめに，サイコロ投げを考えることにしよう．第5章で示したように，サイコロの目は1から6まで6種類の根元事象があり，それぞれが出現する確率はどれも同じである．これは，

$$Pr\{1の目が出る\} = Pr\{2の目が出る\} = \cdots$$
$$= Pr\{6の目が出る\} = 1/6$$

と表せた．ここで6つの事象のそれぞれに，1つの数値を割り当てることにしよう．例えば，目の数が問題となっているので，事象{1の目が出る}に対して1という数値，事象{2の目が出る}には2，以下，事象{6の目が出る}には6を対応させる．

　また，2つのサイコロを投げる場合には6×6の36通りの根元事象が考えられるが，サイコロの目の和を問題とするときには，2から12までの11個の事象にまとめることができる．この場合には2から12の数値でそれぞれの事象を表せばよい．

　事象にはそれぞれ確率が与えられているので，事象を表す数値にその事象

がもつ確率を関連づけることができる。確率を伴った数値全体を表す変数を**確率変数**（random variable）とよぶ。この確率変数と確率の対応関係をまとめると，1つのサイコロ投げの場合は表6.1a，また2つのサイコロを投げ，その目の和を考える問題では表6.2aのように表すことができる。

表6.1aや表6.2aのように，数値と確率が対になった表を**確率分布表**という。これは第3章における度数分布に類似しているが，具体的なデータの状況をまとめたものではなく，理論的に導かれるものであるというところが異なる。

また，表6.1aや表6.2aの確率分布表からその確率の累積値を求めると，表6.1bや表6.2bのように表され，これを**累積確率分布表**という。これは，累積度数分布表に対応していることが容易にわかる。確率分布表や累積確率分布表を用いることで，（たとえばサイコロを投げるというような）具体的な事象から解放された抽象的な関係として確率を表すことができる。

一般的に，確率変数 X のとる数値を $x_1, x_2, \cdots, x_n$ で表し，その確率をそれぞれ $p_1, p_2, \cdots, p_n$ と表す。この確率分布表は表6.3aのようになる。また，累積確率分布表は表6.3bのように表される。ここで $Pr(X=x_i)=p_i$ は確率変数 X が x_i の値をとる確率が p_i であることを表す。この x_i と p_i の関係を**確率関数** $p(x)$ という。すなわち，

$$p(x_i) = Pr(X = x_i) = p_i \qquad i = 1, 2, \cdots, n$$

である。また，x_i と累積確率 $p_1+p_2+\cdots+p_i$ の関係を**累積分布関数** $F(x)$ あるいは簡単に**分布関数**とよぶ。すなわち，

$$\begin{aligned}
F(x_i) = Pr(X \leq x_i) &= \sum_{x=1}^{i} p(x_i) \\
&= p(x_1) + p(x_2) + \cdots + p(x_i) \\
&= p_1 + p_2 + \cdots + p_i
\end{aligned}$$

と表される。

サイコロ投げの確率分布の表6.1aは，図6.1のように表される。これは1から6まで1/6という同じ値をとるので，その形状から**一様分布**ともよばれる。また，2つのサイコロを投げて出た目の数の和の確率分布である表6.2aは図6.2のようになる。この場合は，7を頂点とした二等辺三角形の形をし

第6章 確率変数と期待値　97

表6.1a　確率分布表
(1つのサイコロ投げの場合)

事象を表す数値	確率
1	1/6
2	1/6
3	1/6
4	1/6
5	1/6
6	1/6

表6.1b　累積確率分布表
(1つのサイコロ投げの場合)

事象を表す数値	累積確率
1	1/6
2	2/6
3	3/6
4	4/6
5	5/6
6	6/6=1

表6.2a　確率分布表
(2つのサイコロの目の和の場合)

事象を表す数値	確率
2	1/36
3	2/36
4	3/36
5	4/36
6	5/36
7	6/36
8	5/36
9	4/36
10	3/36
11	2/36
12	1/36

表6.2b　累積確率分布表
(2つのサイコロの目の和の場合)

事象を表す数値	累積確率
2	1/36
3	3/36
4	6/36
5	10/36
6	15/36
7	21/36
8	26/36
9	30/36
10	33/36
11	35/36
12	36/36=1

表6.3a　確率分布表
(一般的な場合)

確率変数 X	確率 $P_r(X=x_i)$
x_1	p_1
x_2	p_2
x_3	p_3
⋮	⋮
x_n	p_n
合　計	1

表6.3b　累積確率分布表
(一般的な場合)

確率変数 X	確率 $Pr(X \leq x_i)$
x_1	p_1
x_2	p_1+p_2
x_3	$p_1+p_2+p_3$
⋮	⋮
x_n	$p_1+p_2+\cdots+p_n$

図 6.1 サイコロ投げの確率分布

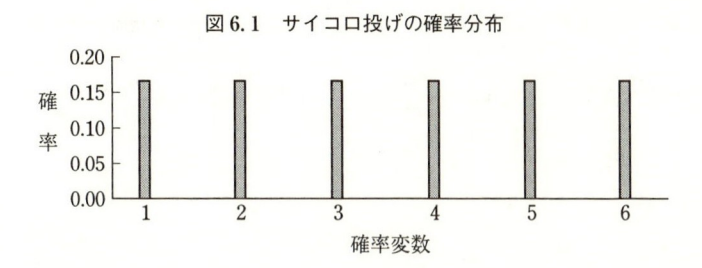

図 6.2 2つのサイコロの目の和の確率分布

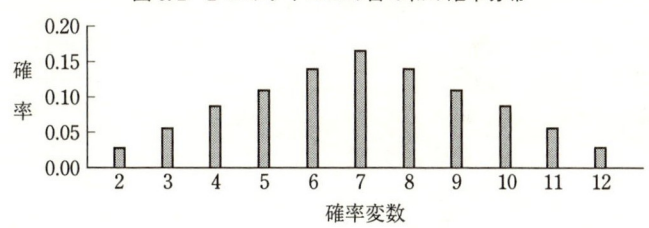

ているので，三角分布ともよばれる。これらの分布の確率変数は，とりうる値が 1, 2, 3, … のように数えられる数値（無限にあってもよい）であるので**離散型確率変数**（discrete random variable）という。

6.2 離散型確率変数の期待値と分散

第 3 章では，データの整理をする方法として，データのかたまりの中心を表す代表値やばらつきの代表値として平均や分散を説明した。確率分布の場合も，その特徴を表す指標として，期待値（平均）と分散が用いられる。期待値と分散は，離散型確率変数と連続型確率変数で定義が異なるので，ここでは離散型確率変数の場合について述べよう。

離散型の期待値は，確率変数の値とその確率の積和で表される。サイコロ投げの確率分布表である表 6.1a を例にすると，この期待値は，

$$E(X) = 1\times(1/6)+2\times(1/6)+3\times(1/6)+4\times(1/6)+5\times(1/6)$$
$$+6\times(1/6)$$
$$= 3.5$$

となる。これは，次のように考えればその意味がわかる。いま，60 回サイコ

ロを投げてみよう. すると, 1の目の出る確率は1/6だから, 理想的には1の出現する回数は10(= 60×1/6) 回となる. 2の目の出る回数も10回, 3, ⋯, 6も10回である. この平均値を求めるには,

$$\text{目の平均} = \frac{1\times 10 + 2\times 10 + 3\times 10 + 4\times 10 + 5\times 10 + 6\times 10}{60}$$
$$= 1\times (1/6) + 2\times (1/6) + 3\times (1/6) + 4\times (1/6)$$
$$\quad + 5\times (1/6) + 6\times (1/6)$$
$$= 7/2 = 3.5$$

となることがわかる. 実際にこの実験をすれば, それぞれの目が出る確率は1/6とはならない. ここで計算した平均値は, 理想的な状態での値ということになる. これが期待値の意味するものである.

一般的には, 離散型確率変数の期待値は次のように定義される.

$$E(X) = \sum_{i=1}^{n} x_i p(x_i) = x_1 p(x_1) + x_2 p(x_2) + \cdots + x_n p(x_n)$$

これは度数分布の平均値が各階級の階級値と相対度数との積和で求められることと対応している. 相対度数が確率の値に代わっているという意味で, 期待値は理論的に導かれる平均値であるといえる. 期待値 $E(x)$ はしばしば μ と表される.

ばらつきの程度を示す尺度として分散があることは既に学んだ. 分散は, データの平均偏差の2乗の平均値である. 度数分布の分散の計算では, 階級値の平均偏差の2乗と相対度数の積和から得られる. この考え方に従って, サイコロ投げを60回行った場合の, 理想的な状態での分散を計算すると,

$$Var(X) = \frac{(1-7/2)^2 \times 10 + (2-7/2)^2 \times 10 + \cdots + (6-7/2)^2 \times 10}{60}$$
$$= (1-7/2)^2 \times (1/6) + (2-7/2)^2 \times (1/6) + \cdots$$
$$\quad + (6-7/2)^2 \times (1/6)$$
$$= 35/12 \fallingdotseq 2.917$$

となる.

確率変数の分散も分布の広がりを示す尺度であり, 確率変数の平均偏差の2乗の期待値と定義される. つまり,

$$Var(X) = E((X-\mu)^2) = \sum_{i=1}^{n}(x_i-\mu)^2 p(x_i)$$
$$= (x_1-\mu)^2 p(x_1) + (x_2-\mu)^2 p(x_2) + \cdots$$
$$+ (x_n-\mu)^2 p(x_n)$$

である。

6.3 代表的な離散型確率分布

ここでは代表的な離散型確率分布として，2項分布とポアソン分布について説明する。

a 2項分布

いま，サイコロ投げを3回繰り返して，1の目が出る回数 X を数えることにしよう。1の目が出る回数は，「まったく出ない」，「1回出る」，「2回出る」，「3回すべて1の目となる」まで，4通りの可能性がある。そのうち3回とも1の目が出る確率は，各回に1の目が出る確率が 1/6 であることから，

$$Pr(X=3) = (1/6) \times (1/6) \times (1/6) = (1/6)^3$$

と表される。

3回のうち2回だけ1の目が出る確率は，例えば，最初と2回目に1の目が出て3回目は出ない場合などであるから，

$$Pr\{1の目が出る\} \times Pr\{1の目が出る\} \times Pr\{1の目が出ない\}$$
$$= (1/6) \times (1/6) \times (5/6) = (1/6)^2 \times (5/6)$$

と表される。ただし，これは3回のうち2回1の目が出る場合のすべてを表しているのではない。というのは，

$$Pr\{1の目が出る\} \times Pr\{1の目が出ない\} \times Pr\{1の目が出る\}$$
$$= (1/6) \times (5/6) \times (1/6) = (1/6)^2 \times (5/6)$$

の場合もあるし，

$$Pr\{1の目が出ない\} \times Pr\{1の目が出る\} \times Pr\{1の目が出る\}$$
$$= (5/6) \times (1/6) \times (1/6) = (1/6)^2 \times (5/6)$$

の場合もある。3回のうち2回1の目が出るのは，このすべての場合である。この確率は，これらがお互いに排反なのでそれぞれの確率の和でよい。つまり，

表6.4 サイコロ投げの確率分布

確率変数	確率
$X=0$	$(1/6)^0 \times (5/6)^3 = 125/216 \fallingdotseq 0.57870$
$X=1$	$3 \times (1/6)^1 \times (5/6)^2 = 75/216 \fallingdotseq 0.34722$
$X=2$	$3 \times (1/6)^2 \times (5/6)^1 = 15/216 \fallingdotseq 0.06944$
$X=3$	$(1/6)^3 \times (5/6)^0 = 1/216 \fallingdotseq 0.00463$
合　　計	1.00000

$$Pr(X=2) = 3 \times (1/6)^2 \times (5/6)$$

となる。

同様に，$X=1$ の場合と，$X=0$ の場合を考えると，
$$Pr(X=1) = 3 \times (1/6) \times (5/6)^2$$
$$Pr(X=0) = (5/6)^3$$
となり，これをまとめると表6.4のようになる。

一般的には，実験など繰り返し観察できる事象において，ある事象が生起する確率が p で一定であり，毎回の観察の結果は他の結果にまったく影響しない，つまり統計的に独立であるとする。いまこの観察を n 回繰り返したとき，その事象が x 回生起する確率 $p(x)$ は，
$$p(x) = {}_nC_x p^x (1-p)^{n-x} \qquad x = 0, 1, 2, \cdots, n$$
と表される。これを **2項分布**（binomial distribution）とよぶ。ただし，${}_nC_x$ は n 個から x 個を選ぶ組合せを表し，
$$ {}_nC_x = \frac{n!}{x!(n-x)!} $$
である。2項分布は，n と p の2つのパラメータをもつ分布であり，$B(n, p)$ と表される場合がある。代表的な2項分布の形は図6.3a, 図6.3b に示される。また，$n=1$ のときの2項分布は，
$$p(x) = p^x (1-p)^{1-x} \qquad x = 0, 1$$
と表されるが，これを**ベルヌーイ分布**とよぶ。

> 2項分布の平均は np，分散は $np(1-p)$ である。

表6.4のサイコロ投げの2項分布の平均は，

図 6.3a　2 項分布の確率分布：$p=0.4$

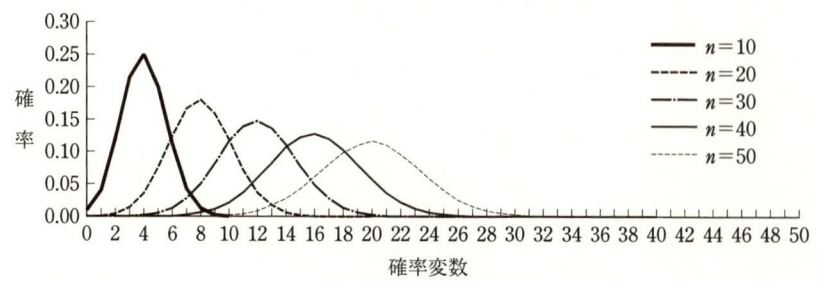

―― $n=10$
------ $n=20$
―・― $n=30$
――― $n=40$
------ $n=50$

図 6.3b　2 項分布の確率分布：$n=50$

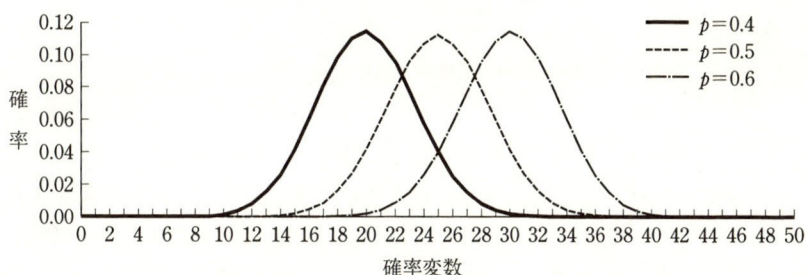

―― $p=0.4$
------ $p=0.5$
―・― $p=0.6$

$$E(X) = 0\times(125/216)+1\times(75/216)+2\times(15/216)$$
$$+3\times(1/216)$$
$$= (1\times75+2\times15+3\times1)/216$$
$$= 1/2 = 0.5$$

となるが，これは簡単に

$$E(X) = np = 3\times(1/6) = 0.5$$

として求められる。

　2 項分布の平均を一般的に計算すれば，

$$E(X) = \sum_{x=0}^{n} x \frac{n!}{x!(n-x)!} p^x (1-p)^{n-x}$$
$$= \sum_{x=1}^{n} \frac{n(n-1)!}{(x-1)!(n-x)!} p^x (1-p)^{n-x}$$
$$= np \sum_{x=1}^{n} \frac{(n-1)!}{(x-1)!(n-1-(x-1))!} p^{x-1} (1-p)^{n-1-(x-1)}$$

となり，最後の$\sum$の中は$n-1$とpをパラメータとする2項分布の確率を示し，その合計値は定義的に1となることがわかっている。したがって，
$$E(X) = np$$
となる。

同様に，サイコロ投げの2項分布の分散についても，
$$\begin{aligned}E((X-\mu)^2) &= (0-1/2)^2 \times (125/216) + (1-1/2)^2 \times (75/216) \\ &\quad + (2-1/2)^2 \times (15/216) + (3-1/2)^2 \times (1/216) \\ &= 5/12 \fallingdotseq 0.41666\end{aligned}$$
となるが，これも
$$\begin{aligned}E((X-\mu)^2) &= np(1-p) = 3 \times (1/6) \times (5/6) = 5/12 \\ &\fallingdotseq 0.41666\end{aligned}$$
のように求められる。

これは，2項分布の分散を一般的に計算するために，まず$X(X-1)$の期待値を求めると，
$$\begin{aligned}E(X(X-1)) &= \sum_{x=0}^{n} x(x-1) \frac{n!}{x!(n-x)!} p^x (1-p)^{n-x} \\ &= \sum_{x=2}^{n} \frac{n(n-1)(n-2)!}{(x-2)!(n-x)!} p^x (1-p)^{n-x} \\ &= n(n-1)p^2 \\ &\quad \times \sum_{x=2}^{n} \frac{(n-2)!}{(x-2)!(n-2-(x-2))!} p^{x-2} (1-p)^{n-2-(x-2)}\end{aligned}$$
となり，最後の$\sum$の中は$n-2$とpをパラメータとする2項分布の確率の合計値を求めることに等しいから1となる。したがって，
$$E(X(X-1)) = n(n-1)p^2$$
となる。この結果を用いると，分散は，
$$\begin{aligned}Var(X) &= E((X-\mu)^2) = E(X^2) - \mu^2 \\ &= E(X(X-1)) + E(X) - \mu^2 \\ &= n(n-1)p^2 + np - (np)^2 \\ &= np\{(n-1)p + 1 - np\} \\ &= np(1-p)\end{aligned}$$

となることがわかる。これらの計算は，どの2項分布でも適用できる。

b ポアソン分布

ポアソン分布は，交通事故や不良品発生などのように，非常にたくさん観察できるものの中で，ごくまれにしか生起することがない事象に適用される分布である。定まった時間間隔内に店に来る客の数，工場における機械の故障，交換台にかかってくる電話のように，パラパラと起こる事象の数を説明するのにも利用される。

いま，ある工場の製造ラインで，1週間当たり10万個の部品が生産され，このうち平均0.02%にあたる20個の不良品ができるとしよう。このとき，ある1週間にx個の不良品ができる確率を求めるにはどうすればよいだろうか。1週間で平均20個の不良品ができる。不良品がまったくできない日もあれば，まとめて4〜5個できるときもあるだろう。しかし，いま1週間を例えば1時間とか1分などさらに細かい時間単位に区切ったとすると，この細かい時間単位の中では，たかだか不良品が1個しかできないと考えることができる。ここで，もし2つ以上の不良品ができるならば，さらに細かい時間単位を考えればよい（図6.4を参照）。

このように，連続的な時間を非常に短い等間隔の時間単位に区切り，その中での離散的なある事象の生起を考えるということをポアソン過程という。ポアソン過程は，つぎの4つの条件が満たされなくてはならない。

①「不良品ができる」という個々の事象は互いに独立である。

②非常に短い時間単位の中では，その事象が2回以上同時に発生する確率はほとんど0である。

③ある時間単位の中で1回事象が生じる確率は，その区間の長さに比例す

図6.4 不良品の発生

④無限回事象が生じることも考えられる。

いま,この非常に短い時間単位の中で不良品ができる確率を p とする。また,時間単位により全体の期間が n 個に区分されたとしよう。すると,この確率の問題は2項分布を適用することができる。つまり,1つの時間単位の中で不良品ができる確率を p として,n 回繰り返し観察したとき,全体で x 個の不良品ができる確率は,

$$p(x) = {}_nC_x p^x (1-p)^{n-x} \quad x = 0, 1, 2, \cdots, n$$

である。不良品の数 x の平均は np で表され,これが一定の値(例では20)となっている。そこで,2項分布の平均 $np=\lambda$ を一定として,繰返しの回数を大きく($n \to \infty$)しよう。この場合,同時に $p \to 0$ となる。2項分布の確率関数は,

$$\frac{n!}{x!(n-x)!} p^x (1-p)^{n-x}$$

$$= \frac{n(n-1)(n-2)\cdots(n-x+1)!}{(1-p)^x} \cdot \frac{p^x}{x!} (1-p)^n$$

$$= \frac{1(1-1/n)(1-2/n)\cdots(1-(x-1)/n)}{(1-p)^x} \cdot \frac{n^x p^x}{x!} (1-p)^n$$

となる。ここで,

$$\lim_{n \to \infty} \frac{1(1-1/n)(1-2/n)\cdots(1-(x-1)/n)}{(1-p)^x} = 1$$

である。また,一般的に $\lim_{z \to 0} (1+z)^{1/z} = e$ であることを考慮すると,

$$\lim_{p \to 0} (1-p)^n = \lim_{p \to 0} (1-p)^{\lambda/p}$$

$$= \left\{ \lim_{p \to 0} (1+p)^{-1/p} \right\}^{-\lambda}$$

$$= e^{-\lambda}$$

となる。ここで,e はネイピアの e という定数で,自然対数の底となる値である。

指数関数 e^x の級数展開は,

$$e^x = 1 + x + x^2/2! + x^3/3! + x^4/4! + \cdots$$

図 6.5a　ポアソン分布の確率分布

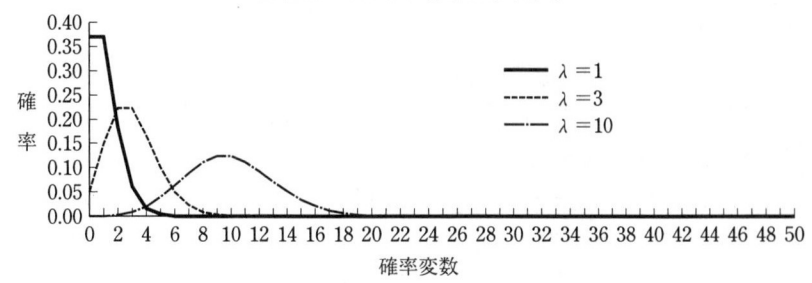

図 6.5b　ポアソン分布と 2 項分布

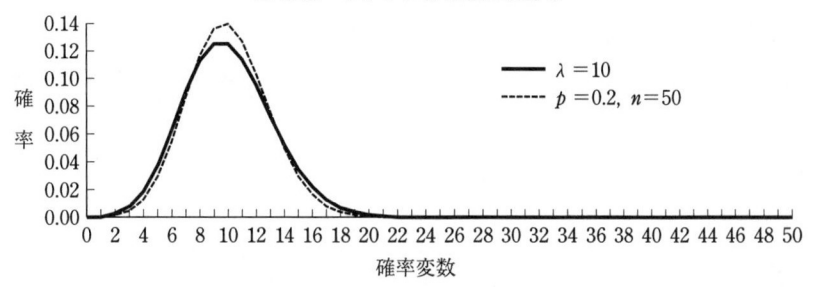

と表されるので，ネイピアの e の値は，

$$\begin{aligned}e^1 &= 1+1+1/2!+1/3!+1/4!+1/5!+1/6!+1/7!+1/8! \\ &\quad +1/9!+\cdots \\ &= 1+1+0.5+0.166667+0.041667+0.008333+0.001389 \\ &\quad +0.000198+0.000025+0.000003+\cdots \\ &\fallingdotseq 2.718282\end{aligned}$$

となる。

極限の確率分布は，

$$p(x) = \frac{\lambda^x e^{-\lambda}}{x!} \qquad x=0,1,2,\cdots$$

となる。これを**ポアソン分布**（Poisson distribution）とよぶ。ポアソン分布は，1 つのパラメータ λ をもつ。図 6.5a のように，その値の大きさにより分布の形が決まる。また，図 6.5b には，ポアソン分布と 2 項分布の近似度が示されている。

> ポアソン分布の平均は λ, 分散は λ となる。

ポアソン分布の平均は,
$$E(X) = \sum_{x=0}^{\infty} x \frac{\lambda^x e^{-\lambda}}{x!} = \lambda \sum_{x=1}^{\infty} \frac{\lambda^{x-1} e^{-\lambda}}{(x-1)!}$$

ここで, $x-1=y$ とおいて,
$$= \lambda \sum_{y=0}^{\infty} \frac{\lambda^y e^{-\lambda}}{y!}$$

となり, $\sum$ の部分はポアソン分布の確率の合計を表すので1となる。したがって,
$$E(X) = \lambda$$

となる。すなわち, 平均は λ である。

ポアソン分布の分散を求めるために, はじめに $X(X-1)$ の期待値を求める。

$$E(X(X-1)) = \sum_{x=0}^{\infty} x(x-1) \frac{\lambda^x e^{-\lambda}}{x!}$$
$$= \lambda^2 \sum_{x=2}^{\infty} \frac{\lambda^{x-2} e^{-\lambda}}{(x-2)!}$$

ここで, $x-2=y$ とおいて,
$$= \lambda^2 \sum_{x=0}^{\infty} \frac{\lambda^y e^{-\lambda}}{y!}$$

となり, 同様に $\sum$ の部分はポアソン分布の確率の合計を表すので1となる。したがって,
$$E(X(X-1)) = \lambda^2$$

となる。分散は,
$$Var(X) = E((X-\lambda)^2) = E(X^2) - \lambda^2$$
$$= E(X(X-1)) + E(X) - \lambda^2$$
$$= \lambda^2 + \lambda - \lambda^2 = \lambda$$

となる。すなわち分散も λ となる。

なお, ポアソン分布が2項分布を $n \to \infty (p \to 0)$ とした極限であることを考えると, 平均は $np = \lambda$, 分散は $np(1-p) \to \lambda$ であることが容易にわかる。

6.4 連続型確率変数の定義

これまで扱ってきた離散型確率変数では，とりうる値は有限ないし1,2,3,…と数えられる無限個の要素に限定しているのに対して，確率変数のとりうる値が連続的となる場合がある。例えば，ダーツで矢を標的に向かって投げたとき，標的の中心から矢の刺さった点までの距離は確率変数となり，計測上の問題を無視すれば連続する正の実数で表される。このような確率変数を**連続型確率変数**（continuous random variable）という。

連続型確率変数の確率はどのように定義されるのだろうか。サイコロ投げのように，確率変数のとりうる値がある範囲に限定されるにしても，連続型の場合には，その中には無限に多くの数値が含まれる。その1つひとつに正の確率を与え，かつすべての確率の和を1にすることができるのであろうか。

いま，小さな球6個を箱の中にいれてよく振り，そこから1つの球を取り

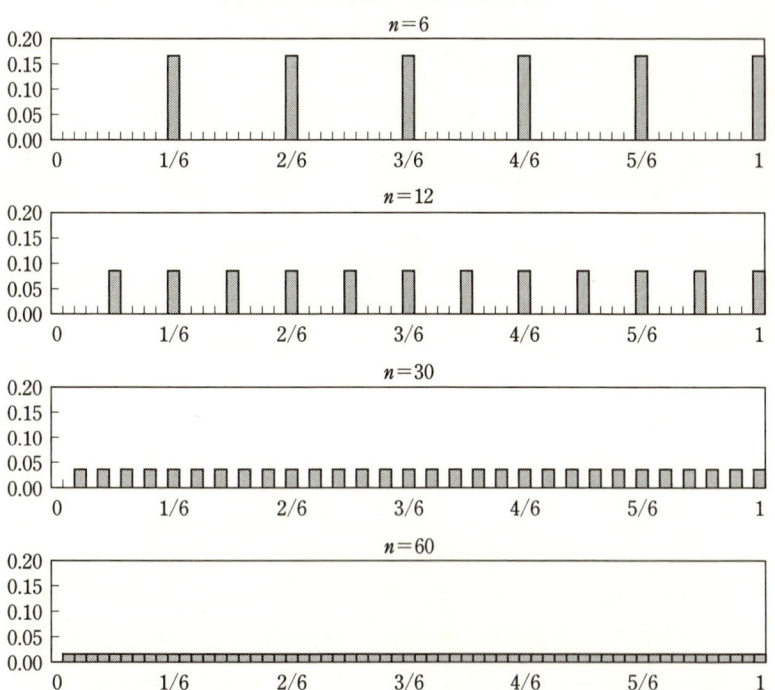

図6.6a　確率関数の変化：球の問題

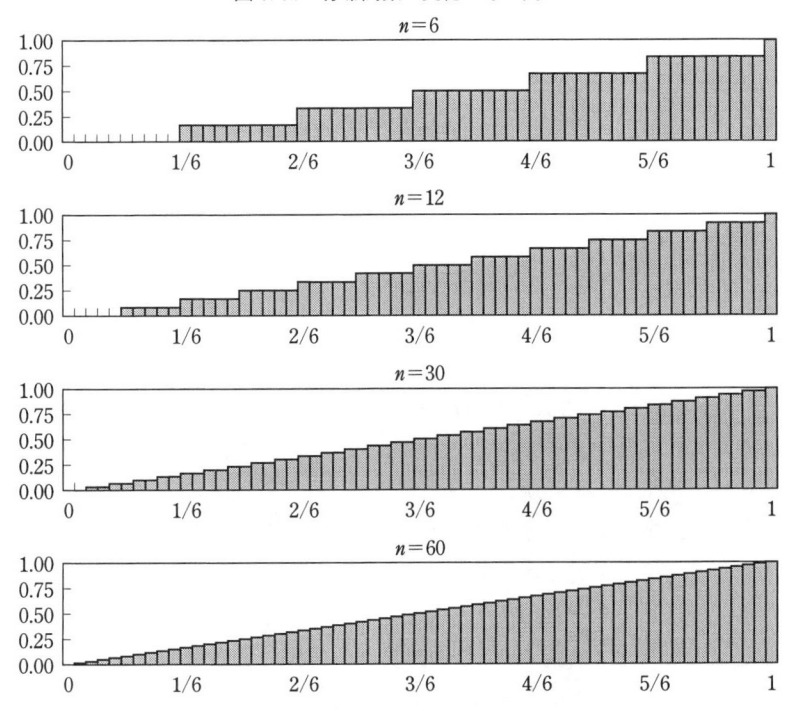

図 6.6b　分布関数の変化：球の問題

出すことを考えよう．6個の球に1から6までの数字が書いてあれば，この問題はサイコロ投げの問題とまったく同じである．また，それぞれの球に 1/6, 2/6, 3/6, 4/6, 5/6, 6/6 の数字が書いてあっても，出現する数字は異なるものの図 6.1 のサイコロ投げの確率分布と同じ形になる．

箱に入れる球の数を n 個，各球に記入する数値を $1/n, 2/n, \cdots, n/n$ として，n をしだいに増やしていくとき，それぞれの確率分布はどのように変化していくかを示したのが図 6.6a である．またそのときの累積確率分布を示したのが図 6.6b である．この図から球の数をしだいに増やしていくと，一様な確率分布の1つひとつの確率の値が小さくなっていく．一方，累積確率分布の形状は階段状のものがなめらかになり，ある直線に近づいていくことがわかる．

ここで扱う連続型確率は無限の数値が存在するわけであるから，この極限

的な場合に対応すると考えられる。したがって，連続型確率の場合は確率変数が1つひとつの値をとる確率はほとんど0であるけれども，ある値以下の値をとる確率（つまり**累積確率分布関数**あるいは簡単に**分布関数**）は離散型の場合と同じように考えることができる。つまり，

$$F(x) = Pr(X \leq x)$$

と表される。$x=+\infty$ のときはあらゆる値をとる確率であるので，

$$F(+\infty) = 1$$

また，$x=-\infty$ のときはどんな値もとらないという確率であるので，

$$F(-\infty) = 0$$

となる。したがって，確率変数 X が区間 $[a, b]$ の間に入る確率は，

$$Pr(a < X \leq b) = F(b) - F(a)$$

のように分布関数の値の差を求めればよい。また，特定の値をとる確率は，

$$Pr(X=a) = 0$$

となるので，連続型の確率を考える場合には，区間の端が等号であるかそうでないかはあまり重要ではなくなる。

分布関数は，それぞれの確率分布に固有な形状をしており，これが分布の特徴を表している。図6.7a は 2 つの異なる確率の分布関数を表す。1 つは確率変数の値が 0 以上で累積確率の値が正となり，以降 1 になるまで直線的に変化している。もう 1 つは，表示されている領域全体の広い範囲で累積確率の値がなめらかに変化している。これらの分布関数の傾きの大きさをグラフに表せば，図6.7bのようになる。これを**確率密度関数**あるいは簡単に**密度関数**といい，$f(x)$ と表す。分布の特徴は，この密度関数によっても表される。

密度関数 $f(x)$ は分布関数 $F(x)$ の傾きを表すので，$F(x)$ を微分したものである。すなわち，

$$f(x) = dF(x)/dx$$

また，逆に分布関数 $F(x)$ は密度関数 $f(x)$ を積分すれば得られる。つまり，

$$F(a) = \int_{-\infty}^{a} f(x)dx$$

と表される。したがって，任意の区間 $[a, b]$ の確率は，

第 6 章 確率変数と期待値 111

図 6.7a 連続型確率の分布関数の例

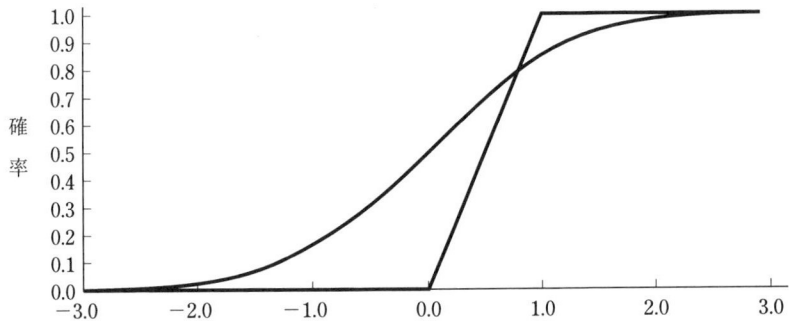

図 6.7b 連続型確率の密度関数の例

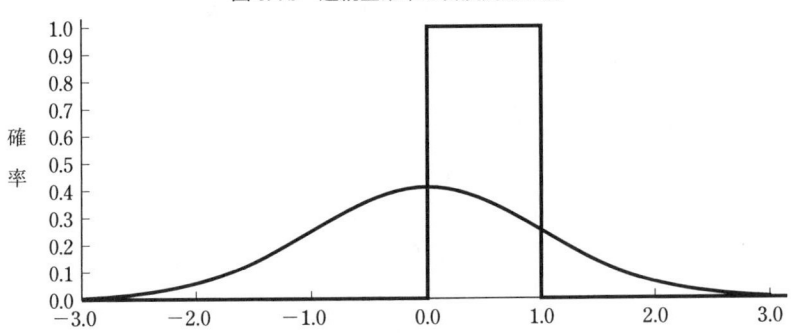

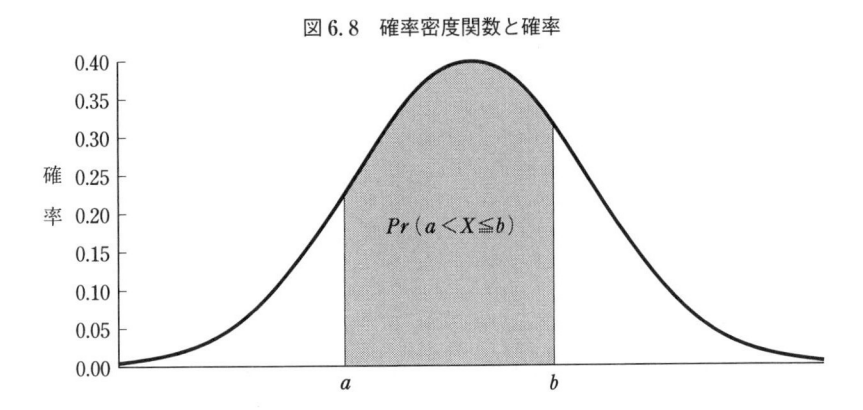

図 6.8 確率密度関数と確率

$Pr(a < X \leqq b)$

$$Pr(a<X\leq b) = F(b)-F(a)$$
$$= \int_a^b f(x)dx$$

となり，図6.8のように区間 $[a,b]$ における密度関数 $f(x)$ の下側の面積に等しい。また，

$$F(+\infty) = \int_{-\infty}^{+\infty} f(x)dx = 1$$

であることに注意しよう。

6.5 連続型確率変数の期待値と分散

連続型確率変数の期待値も離散型確率変数と同様の考えに基づくが，確率の定義が異なるので，期待値の定義も異なる。連続型確率変数の期待値は，

$$E(X) = \int_{-\infty}^{+\infty} xf(x)dx$$

と定義される。すなわち，確率変数 x と確率密度 $f(x)$ の積の積分値である。

連続型確率変数のある微小区間の確率が $f(x)dx$ と表されることを考えると，$f(x)dx \fallingdotseq p(x)$，だから $xf(x)dx \fallingdotseq xp(x)$ となる。また積分は微小区間の面積の和であることを考慮すれば，離散型確率変数の期待値と連続型確率変数の期待値とは同じ考えに基づいていることがわかる。

同様に，連続型確率変数の分散は，

$$Var(X) = E((X-\mu)^2) = \int_{-\infty}^{+\infty} (x-\mu)^2 f(x)dx$$

と定義される。ここでも $\mu = E(X)$ である。

6.6 代表的な連続型確率分布

a 一様分布

いま，針の先をもって堅い床の上に垂直にゆっくり落とす。針が床に落ちたとき，針の先が指す方向はどちらか。針の先が指す方向は，偶然に決まり事前にはわからない。いま，針の先が指す方向を，真北から時計回りに測った角度で表すと，0度から360度までの値となる。このどの方向に落ちることも同様に確からしい。このような確率の分布を一般的に考えてみよう。

図 6.9　一様分布の確率密度

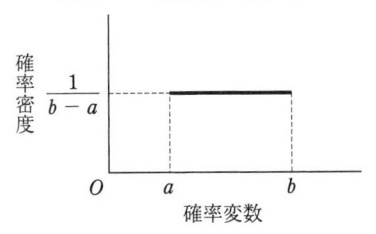

図 6.9 のように，ある区間 $[a, b]$ の中では密度関数の値が一定となり，それ以外の区間では 0 となる分布を**一様分布**（uniform distribution）とよぶ。一様分布の確率密度関数は，

$$f(x) = \begin{cases} \dfrac{1}{b-a} & a < x \leq b \\ 0 & その他 \end{cases}$$

と表される。上の例では，$a=0$，$b=360$ ということになる。

一様分布の平均は $\dfrac{a+b}{2}$，分散は $\dfrac{(b-a)^2}{12}$ となる。

一様分布の平均は，

$$E(X) = \int_a^b x \frac{1}{b-a} dx = \frac{1}{b-a} \int_a^b x\, dx$$

$$= \frac{1}{b-a} \left[\frac{x^2}{2} \right]_a^b = \frac{1}{b-a} \cdot \frac{b^2-a^2}{2} = \frac{a+b}{2}$$

となる。また，分散を求めるには，はじめに，

$$E(X^2) = \int_a^b x^2 \frac{1}{b-a} dx = \frac{1}{b-a} \int_a^b x^2\, dx$$

$$= \frac{1}{b-a} \left[\frac{x^3}{3} \right]_a^b = \frac{1}{b-a} \cdot \frac{(b^3-a^3)}{3} = \frac{a^2+ab+b^2}{3}$$

を求める。分散は，

$$Var(X) = E(X^2) - \mu^2 = \frac{a^2+ab+b^2}{3} - \left(\frac{a+b}{2} \right)^2 = \frac{(b-a)^2}{12}$$

となる。

図 6.10 指数分布の密度関係

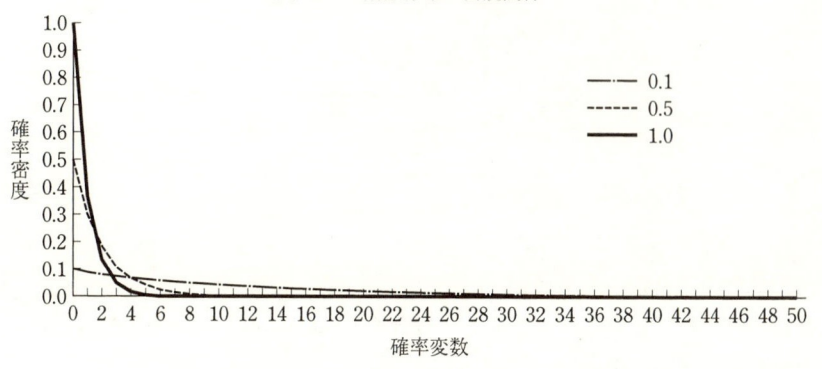

```
—·— 0.1
----- 0.5
——— 1.0
```

したがって,落とした針の角度に関する分布の平均と分散はそれぞれ,

$$E(X) = \frac{0+360}{2} = 180$$

$$Var(X) = \frac{(360-0)^2}{12} = 10800$$

ということになる。

b 指数分布

いま,私の研究室へかかってくる電話の回数を考える。ある一定時間 h の中でかかってくる電話の回数はポアソン分布によって説明することができた。その平均回数を μh とする。あるとき電話がかかってきてから次にかかってくるまでの時間 X は,どのように説明できるだろうか。ポアソン分布で考える非常に短い時間単位を x とすると,$X>x$ は,その中で電話が1回もなかったことを表す。しかし,この間に電話が r 回かかる確率は,$h=x$ として平均 μx のポアソン分布により,

$$p(r) = \frac{(\mu x)^r e^{-\mu x}}{r!} \quad r = 0, 1, 2, \cdots$$

となる。だから,$Pr(X>x) = e^{-\mu x}$ ($r=0$ のとき) となり,したがって,X の分布関数は,

$$F(x) = Pr(X \leq x) = 1 - e^{-\mu x} \quad X>0$$

となる。X の確率密度関数はこれを x で微分すればよい。つまり,

$$f(x) = \mu e^{-\mu x} \qquad X>0$$

と表される。これが**指数分布**（exponential distribution）である。この分布は μ というパラメータをもつ。e はネイピアの e である。

> 指数分布の平均は $1/\mu$，分散は $1/\mu^2$ となる。

この証明は，省略する。

いま，電話がかかってくる回数が1日平均6回であるとする。電話がかかってきてから，次にかかるまでの時間はこの指数分布によって表される。$h=8$ 時間として，$\mu h = \mu 8 = 6$ より，$\mu = 6/8 = 0.75$ となり，平均 $1/\mu = 4/3$ 時間間隔で電話がかかる。2時間の会議で不在となる間に研究室に電話がかかってくる確率は，

$$\begin{aligned}Pr(X<2) &= \int_0^2 \frac{3}{4} e^{-\frac{3}{4}x} dx \\ &= \left[-e^{-\frac{3}{4}x} \right]_0^2 \\ &= -e^{-(3/4)2} + 1 \fallingdotseq 0.77685\end{aligned}$$

となる。不在の間に電話がかかる確率は 77.7% となる。

c 正規分布

正規分布（normal distribution）は，以下の章で説明される現代の統計学の考え方の根底で利用される最も重要な分布である。この分布は，ガウスの誤差法則から見出された分布である。2地点間の距離を測定すると必ず測定誤差があり，測定する度にわずかではあるが異なった値が観測される。このような真の値との測定誤差は0の近くの値を取りやすく，しかも正負バランスよく散らばることがわかっている。測定誤差だけでなく，ある集団に属する人の身長，体重の（3乗根の）値の分布，試験の点数の散らばり，など多くの自然現象や社会現象がこの分布で説明される。

正規分布は，確率密度関数が

$$f(x) = \frac{1}{\sqrt{2\pi}\,\sigma} \exp\left[-\frac{(x-\mu)^2}{2\sigma^2} \right] \qquad -\infty < x < \infty$$

と表される。ここで，$\pi(\fallingdotseq 3.141592654)$ は円周率，μ と σ はパラメータであ

る。また，$\exp[x] = e^x$ を意味する。以下では，指数関数が複雑でわかりにくい場合には $\exp[\ ]$ という表現を用いることにする。

> 正規分布の平均は μ，分散は σ^2 である。

この証明は，省略する。

平均が μ で分散が σ^2 の正規分布を $N(\mu, \sigma^2)$ と表す。

図 6.11 のように正規分布の確率密度の値は，$x = \mu$ のとき最大（$= 1/\sqrt{2\pi}\sigma$）となり，x が μ から離れるに従って小さくなっていく。正規分布の密度関数は，単峰，左右対称で，ベル型をしている。

正規分布の密度関数の位置を決めるのは，平均 μ と分散 σ^2 である。図 6.12 は，分散が同じで平均の異なる（$\mu_1 < \mu_2$）2 つの正規分布の確率密度の関係を示す。また，図 6.13 は，平均が同じで分散が異なる（$\sigma_1^2 < \sigma_2^2$）正規分布の密度関数の関係を示す。

平均が 0 で，分散が 1 の正規分布 $N(0, 1)$ を**標準正規分布**（standard normal distribution）という。標準正規分布の確率密度関数は，

$$f(x) = \frac{1}{\sqrt{2\pi}} \exp\left[-\frac{x^2}{2}\right] \qquad -\infty < x < \infty$$

と表される。標準正規分布の確率密度関数と確率分布関数の形は図 6.14a，図 6.14b に示される。$x = 0$ のとき密度関数 $f(x)$ の値はおよそ 0.3989 で最大となり，左右対称となる。$x = \pm 1$ のとき $f(x) \fallingdotseq 0.2420$，$x = \pm 2$ のとき $f(x) \fallingdotseq 0.0540$，$x = \pm 3$ のとき $f(x) \fallingdotseq 0.0044$ となる。x の値が原点から ± 3 以上離れたときには，$f(x)$ の値はほとんど 0 となることがわかる。

一般的な正規分布と標準正規分布の関係

つぎに，一般的な正規分布 $N(\mu, \sigma^2)$ と標準正規分布 $N(0, 1)$ の関係を考える。第 *3* 章で変量 X の標準化変量 Z への変換について説明した。変量 X の標準化は，

$$Z = \frac{X - \mu}{\sigma}$$

のように表される変換で，もとの変量 X がどのような平均，分散の値をとろうとも，標準化変量 Z については平均が 0 で分散が 1 となった。確率変数

図 6.11　正規分布の密度関数

$\dfrac{1}{\sqrt{2\pi}\sigma}$

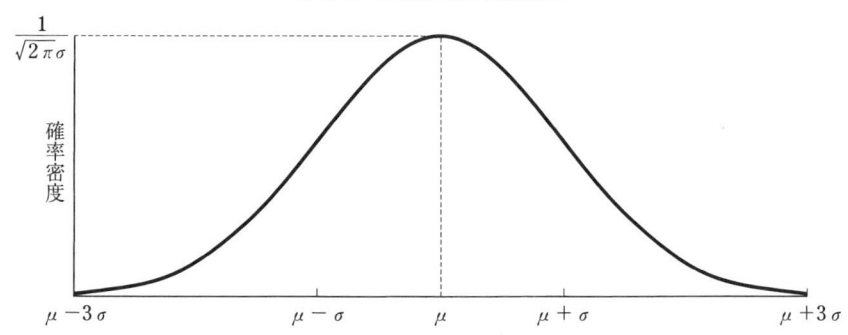

確率密度

$\mu-3\sigma$　　$\mu-\sigma$　　μ　　$\mu+\sigma$　　$\mu+3\sigma$

図 6.12　平均の異なる正規分布

平均の小さい分布

平均の大きい分布

確率密度

μ_1　　μ_2

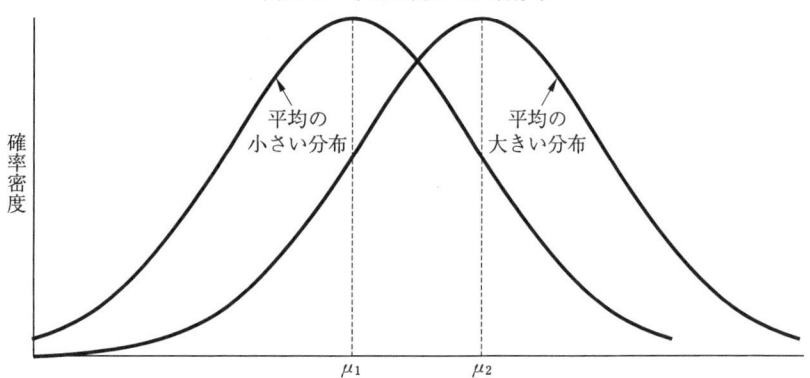

図 6.13　分散の異なる正規分布

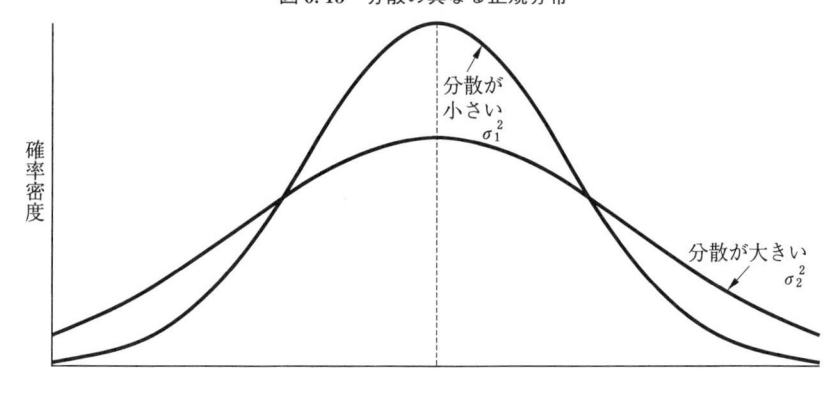

分散が小さい σ_1^2

分散が大きい σ_2^2

確率密度

図 6.14a　標準正規分布の確率密度関数

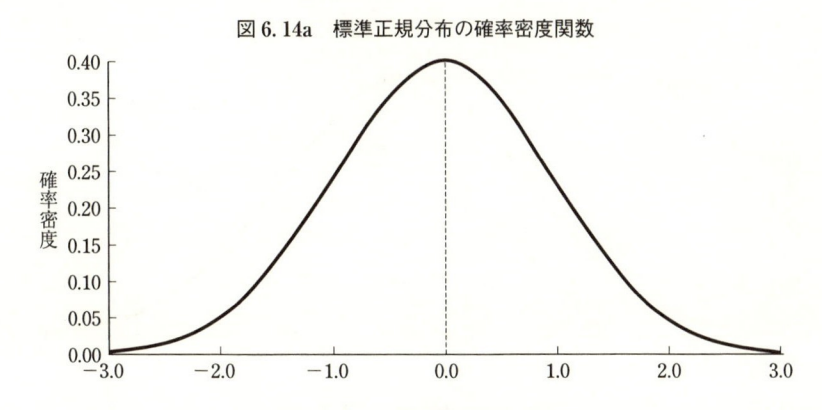

図 6.14b　標準正規分布の確率分布関数

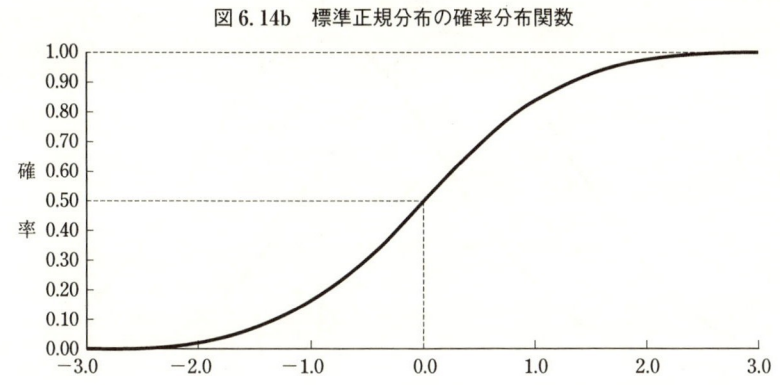

図 6.15　標準化による目盛りの付け替え

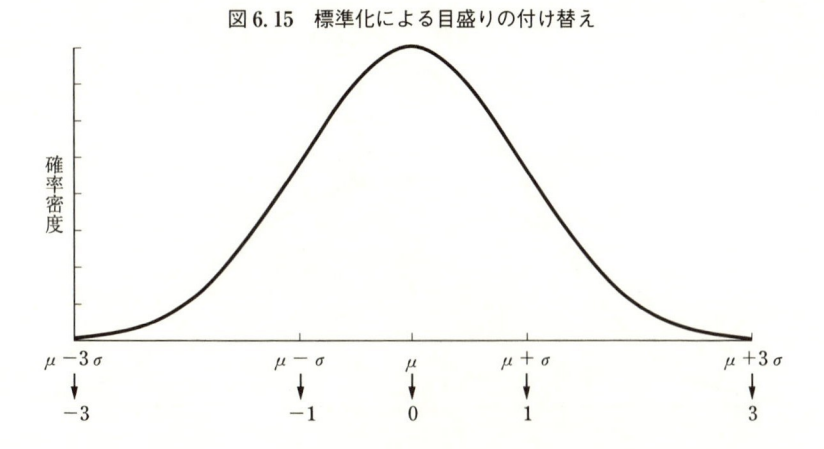

X についても，同様の標準化された確率変数 Z を考えることができる。また，正規分布に従う確率変数を 1 次変換した確率変数は，やはり正規分布に従うという性質（**正規分布の再生性**）があるので，これとあわせると，確率変数 X が正規分布 $N(\mu, \sigma^2)$ に従うとき，標準化された確率変数 Z は標準正規分布 $N(0,1)$ に従うことになる。結局，標準化は，図 6.15 のように，平均 μ を原点とし，標準偏差 σ を 1 目盛りとする新たな座標を設定することに帰着する。ただし，確率の合計が常に 1 となるように，密度の値を示す縦方向の目盛りも同時に修正されなくてはならない。横方向の目盛りを $1/\sigma$ 倍したときは，縦方向に σ 倍する必要がある。

標準正規分布の確率計算

ここで標準正規分布 $N(0,1)$ に従う確率変数 Z が，ある範囲に含まれる確率を考えよう。区間 $[a,b]$ に含まれる確率は，確率密度関数 $f(z)$ のこの区間における面積を求めることに等しく，つぎの積分の計算をすることになる。

$$Pr(a < Z \leq b) = \int_a^b f(z)dz$$
$$= \int_a^b \frac{1}{\sqrt{2\pi}} \exp\left[-\frac{z^2}{2}\right]dz$$

残念ながら，この定積分の母関数は容易に求まらない。そこで，コンピュータの力を借りて数値計算により，この積分値すなわち確率を求めるのである。

確率の計算をするたびに，数値計算をするのは大変なので，あらかじめ一定の範囲の積分値を求めて，表の形にまとめている。これを標準正規分布表といい，本書では巻末の付表 2 に掲載してある。この表はある値を上回る範囲の確率を求めている。すなわち，$Pr(Z \geq b)$ の確率である。表 6.5 では，z の値は縦方向に 0 から 3.4 まで表示されている。z の値の小数第 2 位の値が横方向に表示されており，両者を組み合わせて z の値を決める。たとえば $b = 1.23$ の場合には，縦方向に 1.2 の値を探し，横方向には 0.03 の値を求め，その行と列の交点に記載されている数値がその確率となる。すなわち，

$$Pr(Z \geq 1.23) = 0.1093$$

が求められる。同様に，

$$Pr(Z \geq 2.45) = 0.0071$$

表 6.5 標準正規分布表の見方

z	0.00	0.01	0.02	0.03	0.04	0.05	...	0.09
0.0								
⋮								
1.0								
1.1								
1.2				0.1093				
⋮								
2.3								
2.4						0.0071		
⋮								
3.4								

である。

　この表から，任意の正の値を上回る区間の確率が直接求められる。それだけでなく，ある値以下の区間の確率の場合でも，余事象の関係を利用すれば，
$$Pr(Z<1.23) = 1.0 - Pr(Z \geqq 1.23)$$
として求められる。

　さらに，任意の区間の確率についても，一定の計算により求めることができる。例えば，
$$Pr(1.23<Z<2.45) = Pr(Z>1.23) - Pr(Z>2.45)$$
と表すことができる。これは，両辺のそれぞれの区間の面積の関係を考えれば明らかである。したがって，標準正規分布表から右辺のそれぞれの項の確率を求めると，
$$Pr(1.23<Z<2.45) = 0.1093 - 0.0071 = 0.1022$$
となる。なお，連続型確率変数の場合，等号の有無は確率の値に影響しないことに注意しよう。

　求める確率の区間に負の値があってもかまわない。例えば，
$$Pr(-1.23<Z<2.45) = 1.0 - Pr(Z<-1.23) - Pr(Z>2.45)$$
と表される。標準正規分布は平均値 0 を中心に左右対称であることを考慮すると，
$$Pr(Z<-1.23) = Pr(Z>1.23)$$
となる。したがって，

$$Pr(-1.23<Z<2.45) = 1.0 - Pr(Z>1.23) - Pr(Z>2.45)$$
$$= 1.0 - 0.1093 - 0.0071 = 0.8836$$

となる。

一般的な正規分布の確率計算

標準正規分布の任意の区間の確率は標準正規分布表により求めることができた。それでは一般の正規分布の確率はどのようにして求めるのであろうか。一般の正規分布は，平均と分散がさまざまな値をとるので，あらかじめそのすべてについて同じような正規分布表を用意することはできない。しかし，一般の正規分布に従う確率変数 X の標準化された確率変数 Z は標準正規分布に従う。その性質を利用して，一般の正規分布に従う確率を求めることができる。

いま，正規分布 $N(\mu, \sigma^2)$ に従う確率変数 X について，確率 $Pr(a<X\leq b)$ を求めることにしよう。不等式の両辺から同じ値 μ を引いても，不等式は変わらないので，

$$Pr(a<X\leq b) = Pr(a-\mu<X-\mu\leq b-\mu)$$

となる。さらに，不等式の両辺を正の値 σ で割っても，不等式の向きは変わらないので，

$$Pr(a<X\leq b) = Pr\left(\frac{a-\mu}{\sigma}<\frac{X-\mu}{\sigma}\leq\frac{b-\mu}{\sigma}\right)$$

と表せる。ここで，

$$z_1 = \frac{a-\mu}{\sigma}, \ Z = \frac{X-\mu}{\sigma}, \ z_2 = \frac{b-\mu}{\sigma}$$

とおくと，

$$Pr(a<X\leq b) = Pr(z_1<Z\leq z_2)$$

と表され，結局，標準正規分布に従う確率変数 Z について区間 $[z_1, z_2]$ の中に入る確率を求めればよいことになる。

いま，ある大学において実施した統計学の期末試験の平均は 68.6 点，標準偏差が 12.4 点であった。この試験の点数が正規分布に従うとするとき，80 点以上（優）をとる学生は全体の何％であろうか。

試験の点数 X は，平均 68.6 点，標準偏差 12.4 点の正規分布に従うので，その標準化された確率変数 Z は標準正規分布に従う。

$$Pr(X \geq 80) = Pr\left(\frac{X-68.6}{12.4} \geq \frac{80-68.6}{12.4}\right)$$
$$= Pr(Z \geq 0.919) = 0.1788$$

より，17.88% となる。

2項分布の正規近似

2項分布において $np=\lambda$ として $n \to \infty$ とすると，その極限としてポアソン分布が得られた。ここでは $np=\lambda$ という制約なしに，つまり，p は一定のままで n を十分大きくした場合の分布を考える。その場合には，2項分布の平均 np と分散 $np(1-p)$ と同じ平均，分散をもつ正規分布に近づいていくことがわかっている。前掲の図6.3a は，2項分布の p の値を一定として，n をしだいに増加させていった場合の確率分布を示している。$p \neq 0.5$ の場合，n が小さいときには分布は対称ではないが，n が大きくなるとしだいになめらかな左右対称の分布に近くなることがわかる。図6.16 は，n の大きさの異なる2項分布のスケールを相対尺度に変更した場合を示す。この図で n が大きくなると，正規分布の形状に似てくることがよりはっきりわかる。図6.17 は累積確率分布関数でその関係を示したものである。

n がある程度大きくなると，2項分布の確率の計算は大変であるが，これを正規分布の近似確率計算により容易に求めることができる。ただし，一方は離散型確率で他方は連続型確率であるので，区間の対応には一定の工夫が必要となる。2項分布の確率計算では，取りうる値は0か正の整数であるので，確率 $Pr(a \leq x \leq b)$ を求めるときには，平均 np，分散 $np(1-p)$ の正規分布において $Pr(a-0.5 \leq x \leq b+0.5)$ のように，両端を ± 0.5 だけ加えるようにする。こうすることで，整数で表される区間と連続な確率の区間の対応がもれなくとれると同時に，正規分布による近似の程度が高まる。これを**連続性補正**という。なお，両端の場合は $\pm \infty$ まで対応させる。

テレビの人気グループSは高校生の間にも約6割の人が好感をもっているとしよう。いま，100人の高校生にインタビューをしてグループSのファンか否か質問する。ファンであると答える人を X 人とすると，これは2項分布に従う。100人中たかだか50人の人しかファンであると答えない確率を求めよう。これを直接2項分布から求める場合には，

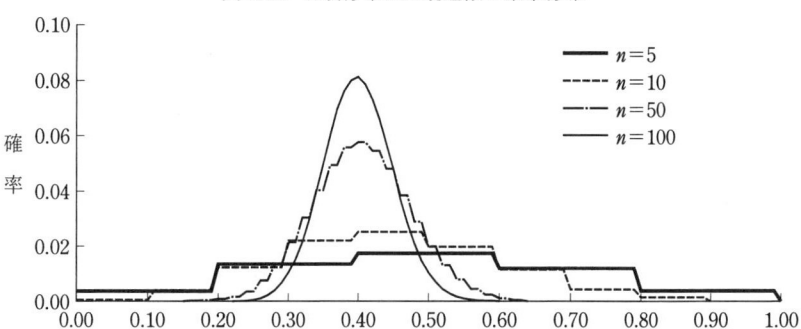

図 6.16 2 項分布の正規近似:確率分布

図 6.17 2 項分布の正規近似:累積確率

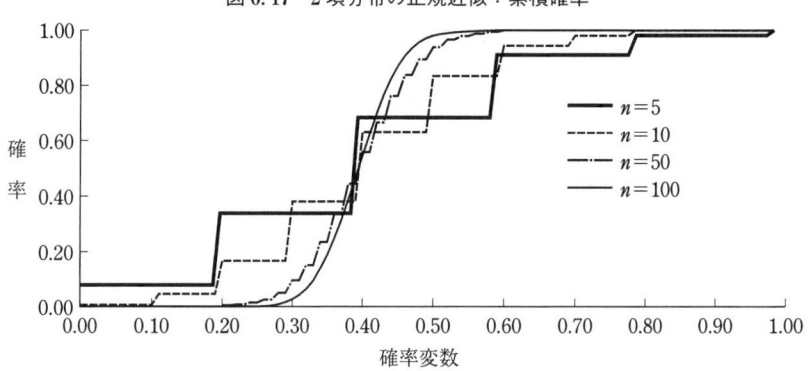

$$Pr(X \leqq 50) = Pr(X=0) + Pr(X=1) + Pr(X=2)$$
$$+ Pr(X=3) + \cdots + Pr(X=50)$$
$$= \sum_{x=0}^{50} {}_{100}C_x (0.6)^x (0.4)^{100-x}$$
$$= 0.02710$$

となる．しかし，2 項分布の平均は $np=60$，分散は $np(1-p)=24$ であるから，これを正規分布 $N(60, 24)$ で近似すると，

$$Pr(X<50.5) = Pr(X-60<50.5-60)$$
$$= Pr\left(\frac{X-60}{\sqrt{24}} < \frac{50.5-60}{\sqrt{24}}\right)$$

ここで，$Z=(X-60)/\sqrt{24}$ とおくと，
$$= Pr(Z < -1.939)$$
$$= 0.0262$$
となる。

6.7 期待値とモーメント

離散型確率変数 X の期待値は $E(X)=\sum xp(x)$，また連続型確率変数 X の期待値は $E(X)=\int xf(x)dx$ と定義される。ここでは，期待値の考え方をもう少し拡張し，モーメントもしくは**積率**という概念を導入する。

確率変数 X の k 乗である X^k の期待値 $E(X^k)$ を **k 次の原点積率** (the kth moment about the origin) といい，μ_k' と表す。これを離散型確率の場合で表すと，
$$\mu_k' = E(X^k) = \sum x^k p(x)$$
となる。1 次の原点積率 μ_1' は平均値 μ となる。
$$\mu_1' = \mu$$
また，2 次の原点積率 μ_2' は，
$$\mu_2' = \sum x^2 p(x)$$
のように表される。これは分散の定義とは異なることに注意しよう。

また，平均偏差の k 乗の期待値 $E[(X-\mu)^k]$ を**平均値まわりの k 次の積率** (the kth moment about the mean) または **k 次の中心積率** (the kth central moment) といい，
$$\mu_k = E[(X-\mu)^k] = \sum(x-\mu)^k p(x)$$
と表される。したがって，平均値まわりの 1 次の積率 μ_1 は，
$$\mu_1 = E[(X-\mu)] = E(x) - \mu = 0$$
となり，平均値まわりの 2 次の積率 μ_2 は，
$$\mu_2 = E[(X-\mu)^2] = \sigma^2$$
となる。これが分散の定義と合致する。分散は，原点まわりの積率を使えば，
$$\mu_2 = E(X^2) - \mu^2 = \mu_2' - (\mu_1')^2$$
と表される。

モーメントは，平均や分散という考え方を一般化したというだけでなく，

分布の特徴をとらえる重要な指標の1つである。また，第 *8* 章の推定では，このモーメントという概念を用いた推定法について説明する。

練習問題

1. （2項分布）3割バッターが1試合4打席すべてにヒットを打つ確率はどれだけか。ただし，毎回の打席は影響がないものとする。
2. （2項分布）3択問題10問をランダムに答えた場合，正解率が7割以上となる確率を求めよ。
3. （ポアソン分布）ある工場で製造する品物の不良品率は 0.02% であることがわかっているとしよう。このとき，10000個の製品の山にたかだか1個の不良品が含まれる確率を求めよ。
4. （ポアソン分布）インターネットのある WWW（World Wide Web）サーバーには，1分間に平均10回のアクセスがあるとする。ある任意の1分間にアクセスがゼロである確率はどのくらいか。
5. （標準正規分布）ある試験の点数が平均60点，標準偏差15点の正規分布に従っているとする。点数が50点以下となる人の割合を求めよ。
6. （2項分布の正規近似）あるデパートでクレジットカードの利用率は 45% である。300人の客の内クレジットカードを利用する人が半数以上となる確率はどれだけか。
7. （2項分布の正規近似）正しいサイコロを1000回投げる実験をしたとき，1の目が150回以下となる確率を求めよ。
8. （正規分布）入学試験の成績は平均600点，標準偏差28点の正規分布に従っているとする。565人の受験者に対して上位150人を合格としたい。ボーダーラインの点数はどれだけか。
9. （正規分布）あるテーマパークの1日の平均入場者は15000人，標準偏差は3000人である。1日の入場者が20000人を超える確率はどのくらいか。
10. （ポアソン分布）サッカーの2006年ワールドカップ・ドイツ大会の決勝トーナメント全15試合の勝ちチームの平均得点は1.466である。1試合でたかだか1点をあげられる確率を求めよ。

第7章 標本抽出と標本分布

7.1 無作為抽出

a 無作為標本

ある集団の特性を調べようとするとき，その集団の構成要素数が無限であるか有限であるかを前もって区別して考えることがある。たとえば，表7.1a,表7.1bは全国株式上場企業についての1年間の売上高データである。表7.1aは化学会社に分類される企業142社のデータであり，表7.1bは繊維会社51社の売上高である。また，1，0とあるのは株主への配当金の有無に対応する数値を指している。こうした有限母集団データを見て，さまざまな問題が浮かび上がるだろう。

① この2つの集団では売上の大きさに違いはあるだろうか。化学会社は平均してその売上高は大きいようにも見える。

② それぞれの集団について売上高は大体2ケタから5ケタの数値を読むことができるが，その散らばりの程度，つまり企業間格差は異なるだろうか。

③ また，2つの集団の配当データから何らかの意味を見出すことができるか。

こうした問いについてどのように扱えばよいだろうか。1つの方法は2つの集団の要素数は確かに有限の値をとっているから，すべてのデータ142社，51社から平均値，分散などを計算して，2つの集団の特性を比較することである。これは全数調査とよばれる。この考え方の長所としては，集団がもつすべての情報をもちいているので，「もれ」がないということがあげられる。しかしながら他方，このデータはある時点があたえられたとき対応して定ま

表 7.1a　全国上場企業の売上高と配当の有無：化学会社 142 社　　（単位：億円）

(1)	36	0	(49)	3,658	1	(97)	85	1
(2)	16,237	1	(50)	1,019	1	(98)	419	1
(3)	631	1	(51)	26,228	1	(99)	10,156	1
(4)	216	0	(52)	958	1	(100)	1,190	1
(5)	17,900	1	(53)	3,814	1	(101)	2,454	1
(6)	510	1	(54)	2,553	1	(102)	596	1
(7)	544	1	(55)	9,261	1	(103)	27,825	1
(8)	1,743	1	(56)	2,816	1	(104)	6,945	1
(9)	318	1	(57)	1,007	1	(105)	1,138	1
(10)	1,462	1	(58)	6,556	1	(106)	512	1
(11)	303	1	(59)	647	1	(107)	1,010	1
(12)	1,061	0	(60)	691	1	(108)	1,763	1
(13)	218	1	(61)	415	1	(109)	36	1
(14)	1,453	1	(62)	6,288	1	(110)	452	1
(15)	7,813	1	(63)	396	1	(111)	1,107	1
(16)	2,927	1	(64)	729	1	(112)	113	1
(17)	1,922	1	(65)	211	0	(113)	105	1
(18)	723	1	(66)	223	0	(114)	71	1
(19)	408	1	(67)	948	1	(115)	236	1
(20)	3,929	1	(68)	220	1	(116)	533	1
(21)	13,046	1	(69)	318	1	(117)	616	1
(22)	527	0	(70)	281	1	(118)	78	1
(23)	923	1	(71)	227	1	(119)	95	1
(24)	140	1	(72)	79	1	(120)	96	1
(25)	4,046	1	(73)	134	1	(121)	235	1
(26)	4,585	1	(74)	237	1	(122)	67	1
(27)	478	1	(75)	1,742	1	(123)	147	1
(28)	384	0	(76)	1,502	1	(124)	200	1
(29)	230	1	(77)	317	1	(125)	218	1
(30)	971	1	(78)	333	1	(126)	1,011	1
(31)	246	1	(79)	355	1	(127)	426	1
(32)	720	1	(80)	12,318	1	(128)	248	1
(33)	47	0	(81)	460	1	(129)	6,798	1
(34)	411	1	(82)	151	1	(130)	528	1
(35)	332	1	(83)	323	1	(131)	181	1
(36)	81	1	(84)	213	1	(132)	322	1
(37)	219	1	(85)	1,223	1	(133)	274	1
(38)	370	1	(86)	97	1	(134)	896	1
(39)	172	1	(87)	776	1	(135)	766	1
(40)	2,665	1	(88)	2,258	1	(136)	216	1
(41)	190	1	(89)	2,312	1	(137)	955	1
(42)	1,702	1	(90)	162	0	(138)	57	1
(43)	181	1	(91)	196	1	(139)	159	1
(44)	4,731	1	(92)	881	1	(140)	400	1
(45)	445	1	(93)	368	1	(141)	1,009	1
(46)	77	1	(94)	458	1	(142)	302	1
(47)	4,826	1	(95)	250	1			
(48)	16,880	1	(96)	171	1			

表 7.1b　全国上場企業の売上高と配当の有無：繊維会社 51 社　　（単位：億円）

(1)	1,687	1	(18)	117	0	(35)	247	1
(2)	513	1	(19)	162	1	(36)	134	1
(3)	806	0	(20)	80	0	(37)	455	1
(4)	4,266	1	(21)	69	0	(38)	92	1
(5)	2,205	1	(22)	10,095	1	(39)	379	1
(6)	502	0	(23)	15,464	1	(40)	1,116	1
(7)	3,128	1	(24)	4,170	1	(41)	44	0
(8)	1,598	1	(25)	3,852	1	(42)	94	1
(9)	675	1	(26)	255	1	(43)	228	1
(10)	530	1	(27)	16	0	(44)	95	1
(11)	324	0	(28)	99	1	(45)	375	1
(12)	271	1	(29)	38	1	(46)	49	0
(13)	105	1	(30)	137	1	(47)	1,664	1
(14)	115	1	(31)	141	1	(48)	272	1
(15)	58	0	(32)	563	1	(49)	164	1
(16)	122	0	(33)	15	0	(50)	51	1
(17)	344	1	(34)	432	1	(51)	279	1

注：表の 2 ケタから 5 ケタの数値は 2006 会計年度（2006 年 4 月から 2007 年 3 月まで）を単位とし，その間に迎えた全国上場企業の決算期の売上高（連結ベース，単位は億円）であり，表 7.1a は化学に分類される企業 142 社（ただし医薬品部門は除く），表 7.1b は繊維に分類された企業 51 社に対応する。さらに，同時期で配当の有無に対応して 1，0 の数値をふりあてている。
出所：『日本経済新聞』2008 年 3 月 7 日付。

ったデータ，つまりクロスセクション・データである。ここで調べようとする問題として，2006 年の売上高データと 2007 年の売上高では変化はあるだろうか，とすれば，2007 年についても同様なデータがなければならない。ところが，多くの場合時間とともに上場企業数はふえており，また業種によっては上場が取り消されることがある。調査時点が変化する場合，比較しようとする集団の構成要素の一部が異なってしまうため，それぞれを全数調査してもあまり意味がないということになる。こうした点からほとんどのデータ解析では，集団を構成する要素の一部分のみを取り出すことが必要になってくる。

　ところで抽出というとき，母集団が有限，無限を問わず，集団の構成要素を公平に取り扱わなければならない。つまり，ある要素が取り出される確率はすべて等しいという要請である。直観的にはトランプのカードと集団構成要素を 1 つひとつうまく対応させ，よく切ったトランプ全体から 1 枚を抜き取り，このカードに対応する要素を集団から取り出せばよい。こうして取り

出された要素は**標本**（sample）とよばれ，このような抽出方法を**無作為抽出**（random sampling）という。また集団から取り出す標本数を**標本の大きさ**（sample size）ともいう。抽出の前にこのサイズを前もって決めておく場合が多いが，ある統計理論にもとづいて抽出を中止したりすることも見られる。しかしながらトランプなどによる抽出方法は一般的ではない。すぐ気づくようにトランプの枚数は通常一組52枚しかなく，1枚1枚のトランプと集団要素を対応づけるには工夫を必要とするなど難点がある。現在頻繁に用いられている方法は，いわゆる**一様乱数表**（table of random digits）の数値を読み取るものである。あるいは計算機で自在に生成した乱数をもちいることも可能である。

b 乱数表による抽出

一様乱数表とは1, 2, … から9, 0までの数値が順序を無視して記されてあり，①数値を多く数えていけばある値 j ($j=1, …, 9, 0$) が出現する確率は1/10である，②特定の数値 j のあらわれ方に規則性はまったくない，などの条件がみたされている。

表7.2は乱数表の一部であるが，使い方は例えば以下のようにする。いま50名からなる大学生の同好会サークルから，ちょうど5名の世話役をランダムに選ぶことを考える。それにはまず最初の1人から最後の50人まで01, 02, …, 50と番号をふりあて，乱数表7.2の適当な行，例えば11行目を選び，37, 93, … と2ケタずつ順に右へ読んでいく。いま

$$37, \ 93, \ 20, \ 33, \ \cdots$$

であるが，93は50番目まではにはないからこれはとばし，

$$37, \ 20, \ 33, \ 39, \ 12$$

の数値を選び，この番号をもったメンバーを世話役とすればよい。ここでもし同一の番号が出てきたときは，これを無視してもう1つ先の2ケタの数値を読めばよい。1つ注意をしておこう。この場合性別によって例えば世話役のうち男子学生3名，女子学生を2名としたければ，はじめの50名の集団を男子学生からなるサブグループと女子学生からのサブグループに分け，それぞれの集団から男子3名，女子2名を選ばなければならない。例としてサークルメンバー50名のうち，男子，女子ともちょうど25名ずつだったとしよ

表 7.2　乱数表

	1	2	3	4	5	6	7	8	9	10
1	39 52	00 73	48 11	72 24	72 98	60 93	64 16	91 18	92 89	74 08
2	53 48	56 40	82 50	47 54	19 06	43 12	70 54	26 39	49 22	98 89
3	11 31	14 12	92 93	72 41	56 86	68 09	78 01	64 79	52 10	03 67
4	86 05	62 42	18 90	08 91	12 37	77 37	71 93	89 55	33 77	63 31
5	28 30	81 54	19 60	48 96	39 60	80 77	11 28	19 60	03 63	35 02
6	91 89	71 77	26 43	24 34	14 44	60 02	38 24	04 18	04 99	52 70
7	53 33	14 67	97 47	46 95	91 11	29 73	89 68	25 84	58 48	72 45
8	61 35	92 55	74 93	68 63	95 59	28 84	87 28	91 81	68 77	66 06
9	82 96	98 64	37 18	70 30	41 68	79 94	96 51	92 04	54 26	32 65
10	02 58	06 55	95 32	06 97	55 50	43 86	13 04	40 67	69 34	84 19
11	37 93	20 33	39 75	96 12	90 93	24 02	17 76	12 54	95 16	16 60
12	86 03	29 77	77 65	33 99	14 27	01 44	00 73	50 60	83 58	04 19
13	72 20	04 94	92 13	78 39	19 24	88 74	77 14	14 99	56 38	94 53
14	16 45	46 43	32 56	14 05	62 93	15 63	95 36	22 64	15 48	59 95
15	22 42	44 49	27 25	02 92	35 22	24 84	52 05	56 31	82 62	95 32
16	87 80	63 41	37 38	24 97	08 44	77 17	52 69	56 54	00 85	08 67
17	48 33	27 75	13 95	32 91	31 16	56 16	76 18	71 65	89 08	11 09
18	83 71	95 72	06 65	48 85	24 72	63 63	95 86	52 31	42 00	80 37
19	57 77	66 85	52 47	74 37	36 98	78 28	04 64	58 84	11 76	40 52
20	27 04	26 45	34 62	30 49	48 05	65 84	00 86	19 81	17 81	76 83
21	30 23	66 77	63 46	71 27	10 65	05 03	72 32	86 83	53 47	84 91
22	73 24	50 31	25 10	87 20	41 17	07 46	02 69	38 26	70 31	77 16
23	93 72	15 42	44 83	00 34	92 20	17 16	75 53	86 64	89 40	51 28
24	55 47	05 60	79 04	53 76	33 15	54 44	75 23	18 21	15 57	82 26
25	98 92	15 09	78 74	66 06	43 62	22 32	96 97	57 92	77 44	12 31

出所：統計数値表編集委員会編『統計数値表』コンサイス版, 日本規格協会, 1977 年．

う．男子学生については 1 から 25 の番号をあたえ，女子学生には 26 から 50 までをふりあてる．そうして乱数表の 11 行目を右へ読めば，

$$37, \; 93, \; 20^*, \; 33, \; 39, \; 75, \; 96, \; 12^*, \; 90, \; 93, \; 24^*, \cdots$$

だから男子学生では 20, 12, 24 番目，女子学生では 37, 33 番目のメンバーを選べばよいことになる．

　このような場合のサブグループを**層**（strata, stratum）とよび，選び方を**層別抽出**（stratified sampling）という．まったくランダムに標本抽出をした場合，

時おりかたよった特性をもつ標本群を手にしてしまうことがあり，こうした結果をさけたいときには層別抽出による方が望ましいとされている。

ところで表7.1a にもどり，乱数表の使い方でもう少し工夫を必要とするケースを見てみよう。また同好会サークルからの抽出とはちがって，この場合は母集団要素が1つひとつ意味ある数値をもっている。化学会社は142社からなり，この企業群の平均売上高はもちろん（売上高の総和）/142 であるが，はじめに述べたように個々のすべての企業データを調べてもそれほど意味あるものではない。したがって，例として142社から10社のみをランダムに取り出すことを考えよう。この場合は乱数表7.2の数値を3ケタずつ区切って読んでもよいが，143から…，999,000までの数値については用いることがないので，むだが多い。次のような対応をつけよう。

$$
\begin{aligned}
&乱数表の 001 \to 企業 \text{No.} 1\\
&\qquad\qquad 002 \to 企業 \text{No.} 2\\
&\qquad\qquad \vdots\\
&\qquad\qquad 142 \to 企業 \text{No.} 142\\
&\qquad\qquad 143 \quad 使わない\\
&\qquad\qquad \vdots\\
&\qquad\qquad 200 \quad 使わない\\
&\qquad\qquad 201 \to 企業 \text{No.} 1\\
&\qquad\qquad \vdots\\
&\qquad\qquad 342 \to 企業 \text{No.} 142\\
&\qquad\qquad 343 \quad 使わない\\
&\qquad\qquad \vdots\\
&\qquad\qquad 401 \to 企業 \text{No.} 1\\
&\qquad\qquad \vdots\\
&\qquad\qquad 801 \to 企業 \text{No.} 1\\
&\qquad\qquad \vdots
\end{aligned}
$$

こうして乱数表の例えば第3行目を右へ読んで行けば，
113*, 114*, 129*, 293*, 724*, 156, 866*, 809*, 780, 164, 795, 210*, 036*, 786, 056*, …

となっている。ここでもし企業番号が重複する数値が出た場合，例えば113と313となったときは113のみを採用すればよい。いま，上の数値で＊を付けた乱数に対応する企業番号は

　　　　　113, 114, 129, 93, 124, 66, 9, 10, 36, 56

となる。そうすると結果として売上高データは表7.1aを読んで

　　　　　105, 71, 6798, 368, 200, 223, 318, 1462, 81, 2816

を取り出せばよい。表7.1aの母集団では142の要素のうち，売上高数値は2ケタから5ケタまで散らばっており，4ケタ以上のデータ数は46社（ほぼ30％），それに対して取り出されたサイズ10の標本では4ケタをこえる企業数は3社となっている。したがって，母集団の要素と取り出した標本内でのデータの散らばりの程度は，この場合はそれほどちがっていないことがわかる。

7.2　標本統計量の分布，期待値と分散

a　抽出方法と標本のサイズ

　7.1節では母集団から無作為（ランダム）に標本抽出をする方法を述べたが，それではこうして抽出された標本はどのような性質をもつのだろうか。表7.1aで1,0となっているのは売上高データの場合と同一の期間をとったとき，ある特定企業の株主配当の有無に対応するものである。そうすると，標本のサイズ n を10として，**7.1**節で選んだ企業の配当の有無は次のようになっている。企業の番号は

　　　　　113, 114, 129, 93, 124, 66, 9, 10, 36, 56

であったから，対応する1,0の数値は

　　　　　1, 1, 1, 1, 1, 0, 1, 1, 1, 1

となる。ところで，同じ $n=10$ で標本のとり方を変えるとどうなるだろうか。例えば乱数表7.2の14行目を3ケタずつ右へ読んでいくと，

　　　　　164, 546, 433*, 256*, 140*, 562, 931*, 563, 953, 622*,
　　　　　641*, 548, 599, 522*, 424*, 449*, 272*

であり，＊を付けた乱数に対応するこの場合の1,0変数は

　　　　　0, 1, 1, 1, 0, 1, 1, 1, 1, 1

となっている。ここですぐ気づくように，抽出の方法によって1,0の数値の

現われ方が変化するのがわかる。

　もう少し別の場合を見てみよう。表7.3は表7.1bの繊維会社について$n=10$として，無作為（ランダム）に標本抽出を5回試みたときの結果である。1,0変数のあたえ方は化学会社の場合ともちろん同一であり，例えば，50番目の企業は配当金を出しているので問題の数値は1になる。

　表7.3を見てすぐ気づくように，抽出方法を変えるたびにここでも標本のとりうる値が変化しているのがわかる。また母集団での有配当の会社の割合は$38/51=0.7451$であるのに対して，抽出された5組の標本群でその割合は60%から80%までと散らばっている。さらに標本のサイズnを20として乱数表による抽出を5回続けた結果を表7.4に示した。表7.3と比較すると，有配当の会社の割合は75%から80%の間で動くが，抽出が1回目から3回目まではいずれも75%であるのがわかる。$n=20$のケースでこうした変動の幅ははるかに小さくなっている。この理由はまもなく明らかになるだろう。ともあれ，ランダムな標本は母集団の特徴を反映するものではあるが，偶然性に支配されているのがわかる。また，以上の$n=10$，$n=20$の抽出過程で一度取り出された標本を元へ戻していない。これは**非復元抽出**（sampling without replacement）とよばれる。さらに，サイズ$n=10$，$n=20$の抽出を5回試みているが，通常は1回なされるだけである。

　ところでより単純なケースとして，取り出された標本を元へ戻す**復元抽出**（sampling with replacement）を考えれば有限母集団でも確率を比較的簡単に定めることができる。配当の有無に1,0をふりあてたから，第j段階の抽出でi番目の値をX_{ji}と書くと，X_{ji}は互いに独立で表7.3のケースは

$$Pr(X_{ji}=1) = 38/51 \quad j=1,\cdots,5; i=1,\cdots,10$$
$$Pr(X_{ji}=0) = 13/51$$

となる。ここでより一般的に母集団が無限であれば，確率をどのように決めればよいか。これはきわめてむずかしい問いであるが，第**6**章ですでに見たように以下すべて確率がある理論のもとに明らかに定義できる状況のみを考える。わかりやすい簡単な例として，ゆがみのないコイン投げでは実験回数を問わずに第i回目の試行について

$$X_i = 1, \quad 表が出たとき$$

第7章 標本抽出と標本分布

表7.3 繊維会社の配当の有無：$n=10$

乱数を読む行											有配当の会社数
19〜20行目,	47,	37,	36,	28,	04,	11,	40,	27,	26,	45	
対応する数値,	1,	1,	1,	1,	1,	0,	1,	0,	1,	1	8
21〜22行目,	30,	23,	46,	27,	10,	03,	32,	47,	24,	50	
	1,	1,	0,	0,	1,	0,	1,	1,	1,	1	7
23行目,	15,	42,	44,	34,	20,	17,	16,	40,	51,	28	
	0,	1,	1,	1,	0,	1,	0,	1,	1,	1	7
24行目,	47,	05,	04,	33,	15,	44,	23,	18,	21,	26	
	1,	1,	1,	0,	0,	1,	1,	0,	0,	1	6
25〜1行目,	15,	09,	06,	43,	22,	32,	44,	12,	31,	39	
	0,	1,	0,	1,	1,	1,	1,	1,	1,	1	8

注：1…有配当
　　0…無配当

表7.4 繊維会社の配当の有無：$n=20$

乱数を読む行											有配当の会社数
3〜5行目,	11,	31,	14,	12,	41,	09,	01,	10,	03,	05	
	42,	18,	08,	37,	33,	28,	30,	19,	48,	39	
対応する数値,	0,	1,	1,	1,	0,	1,	1,	1,	0,	1	
	1,	0,	1,	1,	0,	1,	1,	1,	1,	1	15
乱数を読む行　6〜8行目,	26,	43,	24,	34,	14,	44,	02,	38,	04,	18	
	33,	47,	46,	11,	29,	25,	48,	45,	35,	28	
	1,	1,	1,	1,	1,	1,	1,	1,	1,	0	
	0,	1,	0,	0,	1,	1,	1,	1,	1,	1	15
乱数を読む行　9〜11行目,	37,	18,	30,	41,	51,	04,	26,	32,	02,	06	
	50,	43,	13,	40,	34,	19,	37,	20,	33,	39	
	1,	0,	1,	0,	1,	1,	1,	1,	1,	0	
	1,	1,	1,	1,	1,	1,	1,	0,	0,	1	15
乱数を読む行　13行目〜15行目6列,											
	20,	04,	13,	39,	19,	24,	14,	38,	16,	45	
	46,	43,	32,	05,	15,	36,	22,	48,	42,	44	
	0,	1,	1,	1,	1,	1,	1,	1,	0,	1	
	0,	1,	1,	1,	0,	1,	1,	1,	1,	1	16
乱数を読む行　15行目7列〜17行目,											
	49,	27,	25,	02,	35,	22,	24,	05,	31,	32	
	41,	37,	38,	08,	44,	17,	48,	33,	13,	16	
	1,	0,	1,	1,	1,	1,	1,	1,	1,	1	
	0,	1,	1,	1,	1,	1,	1,	0,	1,	0	16

$X_i = 0$, 裏が出たとき
$Pr(X_i=1) = 0.5$
$Pr(X_i=0) = 0.5$

とされる。このように試行結果が 2 通りに限られる実験は**ベルヌーイ試行**（Bernoulli trials）とよばれる。一方が出現する確率は一般には 0.5 である必要はない。こうして母集団が有限, 無限のどちらについてもランダムに抽出される標本は確率変数と考えてよい。また, 無限母集団は取扱いがきわめて容易であり, 有限母集団をうまく近似できる場合が多いので, 以下考える対象をすべて無限母集団としよう。

b 独立試行の和

いま, 互いに独立となる n 回のベルヌーイ試行を例に, その和

$$S = X_1 + X_2 + \cdots + X_n \tag{7.1}$$

の分布がどうなるかを見よう。ここで

$X_i = 1$, 成功
$X_i = 0$, 失敗

そうしてそれぞれが起きる確率を p, q, つまり

$Pr(X_i=1) = p \quad 0 < p < 1$
$Pr(X_i=0) = q = 1-p$

と書く（このような問題は以下の展開にとってもっとも単純で基本的な出発点である。X_i がふつうの連続的変数となるケースものちに扱う）。ここでもし表 7.1a, 表 7.1b との対応をつけたければ, p はある企業を取り上げたとき, 有配当となっている確率（真の割合）である。X_i は第 i 番目の標本が有配当か無配当か判明する以前の状態を表す。

また, すぐ気づくようにこの S は n 回の試行がなされたとき, 成功した回数である。例えばすべて成功したケースは

$S = 1 + \cdots + 1 = n$

はじめの 1 回のみが成功で, あとはすべて失敗というときは

$S = 1 + 0 + \cdots + 0 = 1$

こうして S のとりうる値は $0, 1, 2, \cdots, n$ であり, したがって S/n とすれば, これは n 回のうち成功した割合をいっているから

図 7.1 S の分布：$n=2, p=1/3$

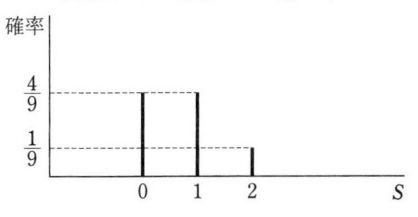

$$S/n = \hat{p} \tag{7.2}$$

と書いて $\hat{p}$ を真の成功確率 p の代用とすることができる．こうして (7.1) 式，(7.2) 式をあわせて

$$\hat{p} = S/n$$
$$= \sum_{i=1}^{n} X_i/n$$
$$= \bar{X}$$

と書ける．つまり $\hat{p}(=\bar{X})$ は $X_i(i=1,\cdots,n)$ の**標本平均**（sample mean）であり，$\bar{X}$ の性質はのちにより深く考える．

ともあれ一般の n では

$$Pr(S=j) = {}_nC_j p^j q^{n-j} \qquad j=0,1,\cdots,n$$

となり，これは第 **6** 章でもすでに述べたように 2 項分布とよばれる．また $\hat{p}=\bar{X}=S/n$ の分布についても簡単に見つけることができる．

$$Pr(S=j) = Pr(\hat{p}=j/n)$$

だから，確率変数 $\hat{p}$ のとりうる値が S の場合の $1/n$ になるだけである．つまり

$$Pr(\hat{p}=k) = {}_nC_{nk} p^{nk} q^{n-nk} \qquad k=0, 1/n, \cdots, (n-1)/n, 1$$

となる．$p=1/3$ のとき，$n=2$ に対して S の分布は図 7.1 のようになる．

c 期待値と分散

以上の離散型の例で見たように，母集団分布が指定されれば $\bar{X}$ の分布はすべて正確に決まってしまうのがわかる．これは母集団が連続型のケースでも同じである．典型的な例として $X_i(i=1,\cdots,n)$ が正規母集団からランダムにとられたとき，$\bar{X}=(X_1+\cdots+X_n)/n$ の分布はどうなるだろうか．証明は省略するが，この場合標本平均 $\bar{X}$ も正規分布に従うが，個々の X_i とは少し

異なる性質をもつ。つまり，$E(X_i)=\mu, Var(X_i)=\sigma^2$ のとき，$\bar{X}$ の期待値 $E(\bar{X})$ は μ のままであるが，分散 $Var(\bar{X})$ は σ^2/n となる。この $\bar{X}$ のモーメントについての議論は母集団分布を指定しなくても，より一般的に扱うことができるので，以下注意深く見てみよう。

任意の母集団からランダムに抽出される標本 $X_i(i=1, \cdots, n)$ について $E(X_i)=\mu, Var(X_i)=\sigma^2$ のとき，$\bar{X}=(X_1+\cdots+X_n)/n$ の期待値は

$$
\begin{aligned}
E(\bar{X}) &= E\{(X_1+\cdots+X_n)/n\} \quad &(7.3)\\
&= \{E(X_1)+\cdots+E(X_n)\}/n \\
&= n\mu/n \\
&= \mu
\end{aligned}
$$

となる。つまり，$\bar{X}$ の期待値は母集団平均 μ に等しい。$\bar{X}$ の分散は

$$
\begin{aligned}
Var(\bar{X}) &= E(\bar{X}-\mu)^2 \quad &(7.4)\\
&= E\{n^{-2}(X_1+X_2+\cdots+X_n-n\mu)^2\} \\
&= n^{-2}E(X_1-\mu+\cdots+X_n-\mu)^2 \\
&= n^{-2}E\{(X_1-\mu)^2+\cdots+(X_n-\mu)^2\} \\
&\quad +n^{-2}E\{(X_1-\mu)(X_2-\mu)+\cdots\} \\
&= n^{-2}n\sigma^2+n^{-2}E(X_1-\mu)E(X_2-\mu)+\cdots \\
&= \sigma^2/n
\end{aligned}
$$

となる。ここで $E(X_1-\mu)=0$ などをもちいている。(7.4) 式は重要な意味をもつ。つまり，$X_i, \bar{X}$ の期待値はともに μ となるが，個々の X_i については $Var(X_i)=\sigma^2$ であっても，標本平均 $\bar{X}$ を作るとその分散は σ^2/n でちょうど $Var(X_i)$ の $1/n$ の大きさになるという点である。n が大きければその違いはきわめて大きい。ある集団の母平均 μ を知ろうとするとき，特定の標本 X_i で代用させるよりも標本平均 $\bar{X}$ を用いれば，この $\bar{X}$ の散らばりの程度ははるかに小さくなっている。これが $\bar{X}$ をよく問題にする理由にもなっている。

さらに $\bar{X}$ をより注意して見れば，$\bar{X}=(X_1+\cdots+X_n)/n$ と書いて，この右辺はランダムな標本 $X_i(i=1, \cdots, n)$ のみから作られ，X_i をすべて加えて n で割るというような操作 (operation) がなされているのに気づく。このような $\bar{X}$，あるいは $X_1+\cdots+X_n$ などを**統計量** (statistics) とよび，その確率分布をとくに**標本分布** (sampling distribution) という。

つづいて母分散 $E(X_i-\mu)^2$ のかたちとの比較から

$$s^2 = \sum_{i=1}^{n}(X_i-\bar{X})^2/(n-1) \tag{7.5}$$

を作り，これを**標本分散**（sample variance）とよんでいるが，s^2 にもきわめて興味深い性質がある。ここで2乗和を n ではなく，$n-1$ で割っていることに注意してほしい。

(7.5) 式の期待値をとると

$$E(s^2) = \sum_{i=1}^{n}E\{(X_i-\bar{X})^2\}/(n-1)$$

ここで右辺の期待値の部分を計算すれば次のようになる。

$$\begin{aligned}
E(X_i-\bar{X})^2 &= E(X_i-\mu-(\bar{X}-\mu))^2 \\
&= E(X_i-\mu)^2 + E(\bar{X}-\mu)^2 - 2E\{(X_i-\mu)(\bar{X}-\mu)\} \\
&= \sigma^2 + \sigma^2/n - (2/n)E\{(X_i-\mu)(X_1+\cdots+X_n-n\mu)\} \\
&= (1+1/n)\sigma^2 - (2/n)\Big\{E(X_i-\mu)^2 \\
&\quad + \sum_{j\neq i}^{n}E((X_i-\mu)(X_j-\mu))\Big\} \\
&= (1+1/n)\sigma^2 - (2/n)\sigma^2 \\
&= ((n-1)/n)\sigma^2
\end{aligned}$$

ただし $\sum_{j\neq i}^{n}\cdots$ は第 i 番目を除いて j を1から n まで動かすときの和を意味する。それゆえにちょうど

$$E(s^2) = (1/(n-1))(n-1)\sigma^2 = \sigma^2$$

となる。標本分散 s^2 を作るとき，$(X_i-\bar{X})$ の2乗和をわざわざ $n-1$ で割るのは s^2 が $E(s^2)=\sigma^2$ の性質を満足するからである。s^2 の分散，つまり $Var(s^2)$ も計算可能であるが省略する。

以上の $\bar{X}, s^2$ についての結果は $X_i (i=1,\cdots,n)$ が独立，$E(X_i)=\mu$，$Var(X_i)=\sigma^2$ でありさえすれば X_i の背後関係は何であっても成り立つ。第1の例として X_i がベルヌーイ試行に従っているものとすれば

$$Pr(X_i=1) = p$$
$$Pr(X_i=0) = q = 1-p$$

そうして

$$E(X_i) = 1 \times p + 0 \times q = p = \mu$$
$$Var(X_i) = (1-p)^2 p + (0-p)^2 q$$
$$= q^2 p + p^2 q$$
$$= pq = \sigma^2$$

となっている．したがって，$\bar{X} = (X_1 + \cdots + X_n)/n$ を作ればさきに述べた結果 (7.3) 式, (7.4) 式から

$$E(\bar{X}) = p, \quad Var(\bar{X}) = \sigma^2/n = pq/n$$

である．

第2の例として $X_i(i=1, \cdots, n)$ が独立で，通常のサイコロの目を表すものとすれば

$$Pr(X_i = k) = 1/6 \quad k = 1, \cdots, 6$$

この場合の X_i の期待値，分散は

$$E(X_i) = (1/6)(1 + \cdots + 6)$$
$$= 7/2 = \mu$$
$$Var(X_i) = (1-7/2)^2/6 + (2-7/2)^2/6 + \cdots + (6-7/2)^2/6$$
$$= (2/6)\{(5/2)^2 + (3/2)^2 + (1/2)^2\}$$
$$= 35/12 = \sigma^2$$

となっている．したがって，$\bar{X} = (X_1 + \cdots + X_n)/n$ については性質 (7.3) 式, (7.4) 式より

$$E(\bar{X}) = 7/2$$
$$Var(\bar{X}) = 35/(12n)$$

と簡単に計算できる．

7.3 中心極限定理

a 大数の法則

7.2 節で見たように，2項確率などの計算は標本のサイズ n が大きくなると急速に煩雑になる．また，統計量の期待値，分散も簡単に計算することができないケースもある．しかしながらその一方で n を大きくすると，ある条件のもとで問題にしている統計量がきわめてわかりやすい性質をもってくる．さらに，分布，確率の計算も大きな n に対する近似計算は非常に簡単であり，

導いた近似式の精度もかなりよい。以下この問題に関連する**大数の法則**（law of large numbers），**中心極限定理**（central limit theorem）を順に見てみよう。

定理 7.1　大数の弱法則（weak law of large numbers）：$X_i (i=1, \cdots, n)$ が互いに独立で同一の分布からとられたものとする。そのとき $E(X_i)=\mu$ が存在すれば，標本平均 $\bar{X}=(X_1+\cdots+X_n)/n$ は確率的に μ に近づく。つまり，ε を任意の正の定数として
$$Pr(|\bar{X}-\mu|>\varepsilon) \to 0$$
である（証明略）。

大数の法則にはさまざまなものがあるが，定理 7.1 はそのなかでもっとも有名であり，わかりやすい。**ヒンチン**（Khinchin, A. Y.）**の定理**とよばれている。また，記述統計，数理統計学の数多くの場面で標本平均 $\bar{X}$ がもちいられ，議論されるのは $\bar{X}$ に定理 7.1 に述べたようなよい性質があるからである。

独立ベルヌーイ試行のパラメータ p についての例をあげよう。いま $X_i(i=1, \cdots, n)$ で
$$Pr(X_i=1) = p$$
$$Pr(X_i=0) = 1-p = q$$
である。そうすると
$$E(X_i) = 1\times p + 0 \times q = p$$
で $E(X_i)$ は有限である。したがって成功比率
$$\hat{p} = \bar{X} = (X_1+\cdots+X_n)/n$$
は n が大きくなるとき，確率的に p に近づく。第 2 の例として $X_i(i=1, \cdots, n)$ が互いに独立で $N(\mu, \sigma^2)$ に従うものとすると $E(X_i)=\mu$ だから，これは定理 7.1 の条件をみたす。ゆえに，この場合の $\bar{X}=(X_1+\cdots+X_n)/n$ も確率的に μ に近づく。

また，大数の法則と確率変数の期待値，分散はどのように結びつくのだろうか。次のような定理も知っておくと便利である。

定理 7.2　ある統計量 X と定数 c について n（標本のサイズ）$\to +\infty$ のとき，$E(X-c)^2 \to 0$ であれば，X は確率的に c に近づく。

この証明は非常にやさしい。第 7 章の練習問題 2 にもあるようにチェビ

シェフ（Chebyshev, P. L.）の不等式から，任意の $\varepsilon>0$ について
$$Pr(|X-c|>\varepsilon) \leq E(X-c)^2/\varepsilon^2$$
である。ここで，$n\to+\infty$ のとき右辺が 0 に近づくと
$$Pr(|X-c|>\varepsilon) \to 0$$
あるいは，
$$Pr(|X-c|<\varepsilon) \to 1$$
となる。

この定理を使った例をあげよう。n 回の独立ベルヌーイ試行の成功比率 $\hat{p}=(X_1+\cdots+X_n)/n$ は
$$E(\hat{p}) = p$$
$$E(\hat{p}-p)^2 = Var(\hat{p}) = pq/n, \quad q = 1-p$$
ここで $n\to+\infty$ とすれば $E(\hat{p}-p)^2\to 0$ だから，定理7.2によって $\hat{p}$ は確率的に p に近づくのがわかる。この結論は定理7.1から導いたものと同じである。

b 中心極限定理

ところで，定理7.1，定理7.2は $n\to+\infty$ のとき統計量 $\bar{X}$ などの行き着く先を述べているだけである。もし n が大きければ，$\bar{X}$ それ自体の分布などもある仮定のもとに簡単な分布で近似できるのではないだろうか。この問いに答えるのが次の中心極限定理とよばれているものである。

定理7.3　$X_i(i=1,\cdots,n)$ が互いに独立，同一の分布に従い，$E(X_i)=\mu$，$Var(X_i)=\sigma^2<+\infty$ とする。そのとき $\bar{X}=(X_1+\cdots+X_n)/n$ を標準化した統計量 $Y=\sqrt{n}(\bar{X}-\mu)/\sigma$ は，$n\to+\infty$ で平均0，分散1の正規分布，$N(0,1)$ に近づく。

証明は非常にむずかしいので省略するが，この定理は有用度がきわめて高い。重要なポイントの1つは，標本のもとになる母集団分布が分散さえもてば，分布は何であっても適用可能ということである。いま1つの代表的な例は，独立となるベルヌーイ試行に関係するものである。
$$Pr(X_i=1) = p \quad i=1,\cdots,n$$
$$Pr(X_i=0) = 1-p = q$$
としよう。このとき

$$E(X_i) = p$$
$$Var(X_i) = E(X_i-p)^2$$
$$= (1-p)^2 p + p^2 q$$
$$= pq < +\infty$$

となるから中心極限定理（C. L. T.）の条件を満足しているのがわかる。ゆえに成功比率 $\hat{p}=\bar{X}=(X_1+\cdots+X_n)/n$ を標準化した

$$Y = \sqrt{n}\,(\bar{X}-p)/\sqrt{pq}$$

の分布は n が大きくなるとき，$N(0,1)$ の分布に近づく。

ここで中心極限定理をもちいた計算例をあげよう。通常のサイコロを500回ふったとき，目が2以下となる回数が150回以下にとどまる確率を知りたいとする。どのように計算すればよいだろうか。

いま，第 i 回目の目の数を X_i として

$X_i = 1$, 目が2以下

$X_i = 0$, 目が3以上

と定めると，

$$Pr(X_i=1) = p = 1/3$$
$$Pr(X_i=0) = q = 2/3$$

そうして $S=X_1+\cdots+X_{500}$ とおけば，S は目が2以下になった回数である。知りたいのは $n=500$, $p=1/3$ のときの

$$Pr(S \leq 150) \tag{7.6}$$

である。$Y=\sqrt{n}\,(S/n-p)/\sqrt{pq}$ は近似的に $N(0,1)$ だから（7.6）式は

$$Pr(S \leq 150)$$
$$= Pr(S/n-p \leq 150/500-1/3)$$
$$= Pr(\sqrt{n}\,(S/n-p)/\sqrt{pq} \leq \sqrt{4500/2}\,(-5/150))$$
$$\fallingdotseq Pr(Z \geq \sqrt{2.5}\,)$$
$$= Pr(Z \geq 1.5811)$$
$$= 0.05705$$

となる。ここで Z は $N(0,1)$，最後の 0.05705 は正規分布表から読み取る。

また，連続的な変量の例としてもとの母集団が0から1のあいだを動く**一様分布**（uniform distribution）としよう。ここから $X_i(i=1,\cdots,n)$ が取られた

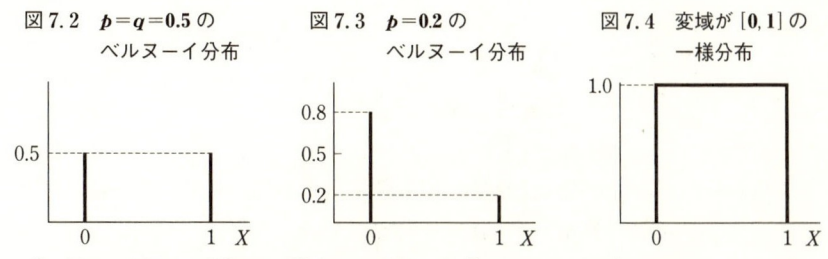

図7.2 $p=q=0.5$ の
ベルヌーイ分布

図7.3 $p=0.2$ の
ベルヌーイ分布

図7.4 変域が $[0,1]$ の
一様分布

注:図7.2,図7.4の母集団から抽出された標本平均 $\bar{X}=(X_1+\cdots+X_n)/n$ を標準化して Y を作る。その Y は n の小さい値で $N(0,1)$ に速く近づくが,図7.3については Y の $N(0,1)$ へ近づく速度は遅い。

とすれば,
$$E(X_i) = 1/2$$
また
$$\begin{aligned}Var(X_i) &= E(X_i^2) - (1/4) \\ &= \left(\int_0^1 x^2 dx\right) - 1/4 \\ &= 1/3 - 1/4 \\ &= 1/12\end{aligned}$$
だから,この場合は
$$Y = \sqrt{n}(\bar{X}-0.5)/\sqrt{1/12}$$
が $n \to +\infty$ で $N(0,1)$ に近づく。

　以上は変数が離散的あるいは連続的を問わず,中心極限定理が適用できる典型的なケースであるが,1つ注意をしておく。この定理は n が限りなく大きくなったときの標準化した変量の動き方を言っているだけである。したがって n が小さい場合はとくに気をつけなければならない。はじめのベルヌーイ試行の例で $Pr(X_i=1)=p$ とした p が 0.5 から離れた値をとっている場合は,もとの分布がゆがんでいるため, Y の $N(0,1)$ への近づくスピードは非常に遅くなる。他方,2番目の一様分布については密度関数が 0.5 を中心に左右対称になっているので, Y の分布は比較的速く標準正規分布 $N(0,1)$ に近づく。図7.2,図7.3はそれぞれ $p=0.5$, $p=0.2$ のベルヌーイ分布を表し,図7.4は中心が 0.5 の一様分布の確率密度になっている。

7.4 カイ2乗分布
a 性　質

7.2節では無作為（ランダム）に抽出された標本の一組 $(X_1, \cdots, X_n)$ がもつ性質、また X_i の和 $X_1 + \cdots + X_n$ あるいは標本平均 $\bar{X} = (X_1 + \cdots + X_n)/n$ の分布、期待値などを調べたが、次に問題となるのは

$$\sum_{i=1}^{n}(X_i - E(X_i))^2, \quad \text{または} \sum_{i=1}^{n}(X_i - \bar{X})^2 \tag{7.7}$$

などのようなある中心の値 $E(X_i), \bar{X}$ からのズレの大きさを示す変量がどのように動くかということである。もしこのような乖離、あるいはくいちがいの程度の2乗和が大きければ、個々の標本 X_i は互いに離れて分布しているといってよい。したがって (7.7) 式を取り上げる意味はきわめて大きい。すぐ気づくように**7.2**節の標本分散は (7.7) 式の2番目の統計量を標本数で割ったものにほぼ等しい。以下、仮定として $X_i (i=1, \cdots, n)$ は正規分布に従うものとするが、これはベルヌーイ試行を含めて取り扱う現象の多くが正規分布でよく近似できる場合があること、またその後の複雑な展開も正規分布から出発することで非常にわかりやすいものになるからである。

$X_i (i=1, \cdots, m)$ が同一の正規分布 $N(\mu, \sigma^2)$ に従い、その1つひとつが互いに独立のとき

$$w = \sum_{i=1}^{m}((X_i - \mu)/\sigma)^2$$

のような標準化された2乗和は、**自由度 m のカイ2乗分布**（chi-square distribution with m degrees of freedom）に従う。

通常これを $w \sim \chi^2(m)$ と書く（カイ2乗というのは初期に w をギリシャ文字の χ^2 と書いたためである。また、わざわざ2乗としているのは $w > 0$ となっているからである）。w の密度は

$$f(w) = \frac{1}{2^{m/2}\Gamma(m/2)} w^{m/2-1} e^{-w/2}, \quad m > 0 \tag{7.8}$$

であたえられる。ここで $\exp(x) = e^x \fallingdotseq (2.7182)^x$、$\Gamma(\ )$ はガンマ関数を表し、

$$\Gamma(a) = \int_0^\infty y^{a-1} \exp(-y) dy, \quad a > 0$$

である。

(7.8) 式からすぐ気づくように，この分布は1つのパラメータ m をもち，m を自由度という。

$\Gamma(a)$ には次のような性質がある。

$$\Gamma(a+1) = a\Gamma(a), \ \Gamma(1) = 1, \ \Gamma(1/2) = \sqrt{\pi} \qquad (7.9)$$

したがって，a が1以上の整数のとき，

$$\begin{aligned}
\Gamma(a+1) &= a\Gamma(a) \\
&= a(a-1)\Gamma(a-1) \\
&\vdots \\
&= a(a-1)\cdots 2\cdot 1 \\
&= a!
\end{aligned}$$

また，(7.8) 式で m が奇数，たとえば5のとき上の性質 (7.9) 式より

$$\begin{aligned}
\Gamma(m/2) &= \Gamma(5/2) \\
&= (3/2)(1/2)\Gamma(1/2) \\
&= (3/2)(1/2)\sqrt{\pi}
\end{aligned}$$

となるから，カイ2乗分布密度の (7.8) 式の $\Gamma(m/2)$ の部分を気にする必要はない。カイ2乗の密度 $f(w)$ の形は m が大きくなるにつれて山のピークが右へ移動するが，おおよそ図7.5のようになる。

カイ2乗分布の期待値はすぐ計算できる。つまり $2^{m/2}\Gamma(m/2) = c_m$ とおいて

$$\begin{aligned}
E(w) &= \int_0^\infty w f(w) dw \\
&= (c_{m+2}/c_m) \int_0^\infty (c_{m+2})^{-1} w^{(m+2)/2-1} \exp(-w/2) dw \\
&= (c_{m+2}/c_m) \\
&= m
\end{aligned}$$

分散も同じ方法で

$$Var(w) = 2m$$

となる。

また，この分布の性質としては次のようなものがある。

$$w_1 \sim \chi^2(m_1)$$
$$w_2 \sim \chi^2(m_2)$$

図 7.5 自由度 m の変化とカイ 2 乗分布の確率密度

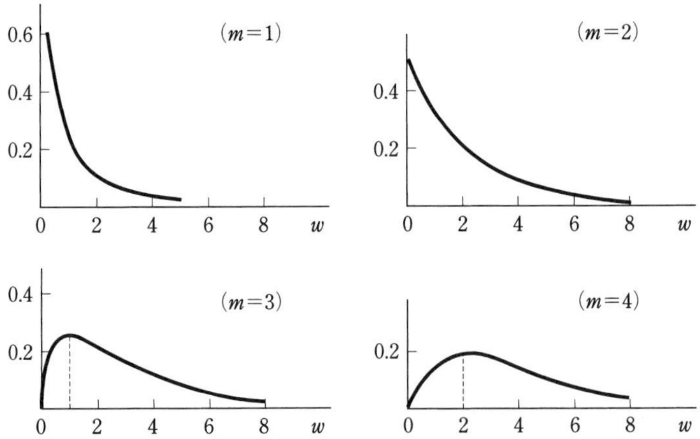

で w_1, w_2 が互いに独立のとき，

$$w_1 + w_2 \sim \chi^2(m_1 + m_2)$$

となる．この性質は再生性とよばれ，証明は w_1, w_2 のもとの性質から簡単に導くことができる．ついでに言っておくと再生性が見られる分布としては，すでに第 6 章で述べた正規分布，2 項分布など数多くのものがある．

b 数表と近似

カイ 2 乗分布についても，分布の上側確率に対応する横軸の値が数表化されている．つまり，w が自由度 m のカイ 2 乗分布に従うとき，

$$Pr(w \geqq a) = \alpha$$

の α に対して数表は a をあたえる．たとえば自由度が 10, $\alpha = 0.10$ のとき，カイ 2 乗分布表より $a = 15.99$ となる．ただし数表の自由度 m は 30 をこえると $30, 40, \cdots, 100$ となっており，これ以外の m については補間をするか，m が大きいときは近似式をもちいるとよい．$w \sim \chi^2(m)$ で w はほぼ

$$w \sim N(m, 2m)$$

つまり，平均 m, 分散 $2m$ の正規分布となるから $m = 100$, $\alpha = 0.05$ のとき，

$$Pr(w \geqq a) = 0.05$$

となる a を知りたければ

$$Pr\{(w-m)/\sqrt{2m} \geqq (a-m)/\sqrt{2m}\} = 0.05$$

により，正規分布表を見て
$$(a-m)/\sqrt{2m} = 1.645$$
$$a = 1.645 \times \sqrt{200} + 100$$
$$= 123.263$$

とすることができる。a の正確な値はカイ2乗分布表から 124.3 であることがわかる。くり返すがこのような近似方法は $E(w)=m$, $Var(w)=2m$ によって $(w-m)/\sqrt{2m}$ と標準化した変量を $N(0,1)$ と見ているにすぎないので，厳密にはあまり正確ではない。しかし実用上はこれで十分である。

ところで，カイ2乗分布に従う統計量の典型的なものは，**7.2**節で扱った標本分散

$$s^2 = \sum_{i=1}^{n}(X_i - \bar{X})^2/(n-1)$$

である。もちろんここで $\bar{X}=(X_1+\cdots+X_n)/n$, n は標本数である。さらに $X_i(i=1,\cdots,n)$ が互いに独立，そうして X_i が $N(\mu, \sigma^2)$ であれば，$\sum_{i=1}^{n}(X_i-\bar{X})^2/\sigma^2$ を互いに独立となる Y_i によって

$$\sum_{i=1}^{n-1}(Y_i/\sigma)^2, \quad Y_i \sim N(0, \sigma^2)$$

と書くことができるので（証明略），その結果として

$$(n-1)s^2/\sigma^2 = \sum_{i=1}^{n-1}(Y_i/\sigma)^2$$

は $\chi^2(n-1)$ となる。こうして s^2 は統計分布の理論からきわめて単純な性質をもち，扱いやすいので実際の応用面でよくもちいられる。このほかカイ2乗分布が見られる問題としては，第**9**章の分散の検定など，さまざまなタイプのものがある。

7.5 t 分布

ランダムに抽出された標本 $X_i(i=1,\cdots,n)$ から作った標本平均 $\bar{X}=(X_1+\cdots+X_n)/n$ が $N(\mu, \sigma^2/n)$ に従うことは **7.2** 節で述べた。また，$\bar{X}$ を標準化すると

$$Z = \sqrt{n}(\bar{X}-\mu)/\sigma \qquad (7.10)$$

が $N(0,1)$ になることも第**6**章で見ている。ここで Z を構成している $\bar{X}$ は

観測可能な確率変数であり，μ, σ^2 は母集団パラメータ（母数）であることに注意してほしい．さらに，σ^2 が前もってわかっていれば，正規分布表を読んで

$$Pr(\sqrt{n}(\bar{X}-\mu)/\sigma < 1.645) = 0.95$$

などと書けるから，未知の μ について不等式

$$\bar{X} - 1.645 \times \sigma/\sqrt{n} < \mu \tag{7.11}$$

のような有用な情報を得ることができる．ただし，$\bar{X}$ はランダムだから (7.11) 式は正確ではない．くり返すがこの (7.11) 式で $\bar{X}$ は入手可能で，わからないものは μ のみである．ところで，もし σ^2 も未知であれば，(7.11) 式はまったく意味をもたないことは明らかだろう．したがって，同じような不等式を得るには，自然な考え方の 1 つとして (7.10) 式の右辺の σ^2 の代わりに標本から計算される分散

$$s^2 = \sum_{i=1}^{n}(X_i - \bar{X})^2/(n-1)$$

をもちいればよい（(7.5) 式を見よ）．

$$\sqrt{n}(\bar{X}-\mu)/s \tag{7.12}$$

とするのである．しかしすぐ気づくように s^2 はランダムだから，(7.12) 式の分母，分子がランダムとなり，このような比はもはや正規分布にはならない．(7.11) 式の 1.645 を正規分布表から読んだことを思いおこしてほしい．

以下 (7.12) 式の確率変数がどのような性質をもつか詳しく見てみよう．

いま，Z, w が互いに独立で，それぞれ $N(0, 1)$，$\chi^2(m)$ 変量のとき，$t = Z/\sqrt{w/m}$ は**自由度 m の t 分布** (t-distribution with m degrees of freedom) に従う（t 分布というよび方はこの分布をはじめて導いたゴセット (Gosset, W. S.) のペンネーム，Student からとられた）．t 分布の密度関数は

$$f(t) = \Gamma((m+1)/2)\Gamma^{-1}(m/2)(m\pi)^{-1/2}(1+t^2/m)^{-m/2-1/2}$$
$$-\infty < t < +\infty, \quad m > 0 \tag{7.13}$$

によってあたえられる．

すぐ気づくように $f(t)$ は $t=0$ を中心に左右対称であり，ただ 1 つのパラメータ m をもつ．m が小さいとき，$f(t)$ は平らな一山形（unimodal）をしているが，m が大きくなるに従って山の形は正規分布 $N(0, 1)$ の形状に近づく．

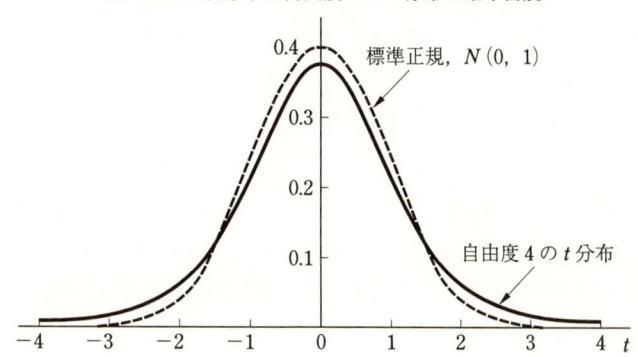

図7.6 正規分布と自由度4の t 分布の確率密度

$m=+\infty$ で t は $N(0,1)$ の正規分布になる（証明略）。性質上 m は1以上の整数であるが，(7.13) 式の右辺の m は $m>0$ でありさえすればよい。$f(t)$ のかたちはだいたい図7.6のようである。

また，t の平均，分散は

$$E(t) = 0$$
$$Var(t) = E(t^2)$$
$$= \int_0^\infty t^2 f(t) dt$$
$$= m/(m-2)$$

である。ここで，もちろん $m>2$ としておく。したがって，$m=1, 2$ で t 分布はあまり意味をもたない。とくに $m=1$ のとき $f(t)$ は**コーシー分布**（Cauchy distribution）の密度関数になっている。コーシー分布は数学者のコーシー（Cauchy, A. L.）によってはじめて指摘された。その密度関数のかたちは図7.6にある $m=4$ の $f(t)$ よりもずっと平らである。また，平均は有限の値をとらない。

t 分布についても数表が用意されている。それは t が自由度 m の t 分布に従うとき

$$Pr(t \geq a) = \alpha/2$$

となる $\alpha/2$ に対して a をあたえる。したがって，カイ2乗分布のケースと同様に a は m と α に依存する。a を $t_{\alpha/2}$ と書いて図示すれば図7.7のようにな

図 7.7　上側確率 $\alpha/2$ と上側 $100\times\alpha/2\%$ 点

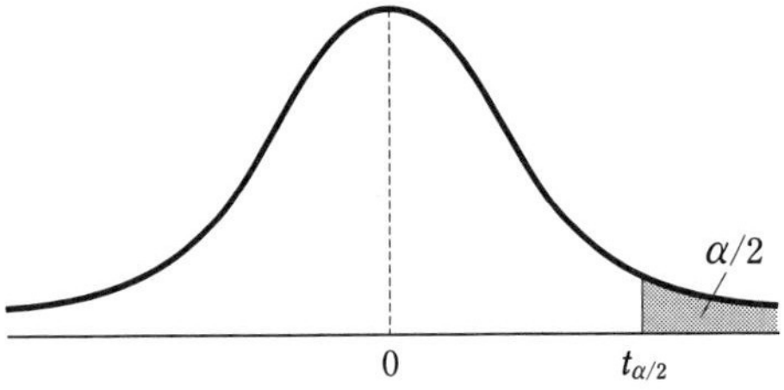

表 7.5　自由度 m に対する t 分布の上側 2.5% 点

$m=$	1	2	3	4	5	10	20	30	$+\infty$
$t_{0.025}=$	12.706	4.303	3.180	2.776	2.571	2.228	2.086	2.042	1.960

注：$m=+\infty$ で $t_{0.025}$ は正規分布の上側 2.5% 点に一致する。

っている．すでに述べたとおり m が大きいとき，t 分布は正規分布によって近似することができるが，くいちがいの程度を見よう．$\alpha/2=0.025$ で自由度 m が動くとき $t_{\alpha/2}=t_{0.025}$ の値は表 7.5 のようになる．

こうして $m=30$ の t 分布と正規分布の上側 2.5% 点はそれぞれ 2.042, 1.960 であり，差はわずかである．指定する上側確率にもよるが，自由度 m が 30 をこえれば t 分布を正規分布で近似してもよいだろう．

ところで，t 分布に関係するもっとも重要な状況は，正規分布 $N(\mu, \sigma^2)$ の μ についての検定，あるいは区間推定の問題である．いま，$X_i(i=1,\cdots,n)$ が $N(\mu, \sigma^2)$ からランダムに抽出されたとき，σ^2 が未知で $\mu=0$ かどうかを知りたいとしよう．その場合は

$$\bar{X}=(X_1+\cdots+X_n)/n,\ s^2=\sum_{i=1}^{n}(X_i-\bar{X})^2/(n-1)$$

としたとき，$\sqrt{n}\bar{X}/s$ の大きさが問題になる．ここで，$\bar{X}$, s^2 は統計的に独立，そうして

$$\bar{X} \sim N(\mu, \sigma^2/n)$$
$$(n-1)s^2/\sigma^2 \sim \chi^2(n-1)$$

だから，$\mu=0$ で $\sqrt{n}\bar{X}/\sigma \sim N(0,1)$，ゆえに

$$(\sqrt{n}\bar{X}/\sigma)/(s/\sigma)=\sqrt{n}\bar{X}/s$$

は自由度 $n-1$ の t 分布に従う．したがって，$n-1$ と t 分布の両裾確率を固

定したとき，t 分布表から読む t の数値（理論値）と実際に観測された $\sqrt{n}\bar{X}/s$ の値を比較して $\mu=0$ かどうかを判定すればよい。この点は第 **9** 章の仮説の検定でもう一度詳しく扱うことになっている。また 2 変量 X, Y のあいだに相関があるかないかを見る場合も t 分布がもちいられる。

7.6　F 分 布

7.2 節で見たように標本分散 s^2 は分布の広がりを測るには極めて重要な指標である。また X_i を無作為に $N(\mu, \sigma^2)$ から抽出するとき，$(n-1)s^2/\sigma^2$ が自由度 $n-1$ のカイ 2 乗分布に従うことも **7.4** 節で示した。ところで，この 2 つの点からさまざまな問題を考えることができる。1 つの例として異なる 2 種類の正規母集団で中心の位置はちがったとしても，分布の広がりの程度は同じかもしれないという疑問をチェックしよう（図 7.8）。それには集団 (1)，集団 (2) についてランダムな標本を $X_i(1), X_j(2)$ として

$$s^2(1) = \sum_{i=1}^{n}(X_i(1)-\bar{X}(1))^2/(n-1)$$

$$s^2(2) = \sum_{j=1}^{m}(X_j(2)-\bar{X}(2))^2/(m-1)$$

$$\bar{X}(1) = \sum_{i=1}^{n}X_i(1)/n$$

$$\bar{X}(2) = \sum_{j=1}^{m}X_j(2)/m$$

を作り，

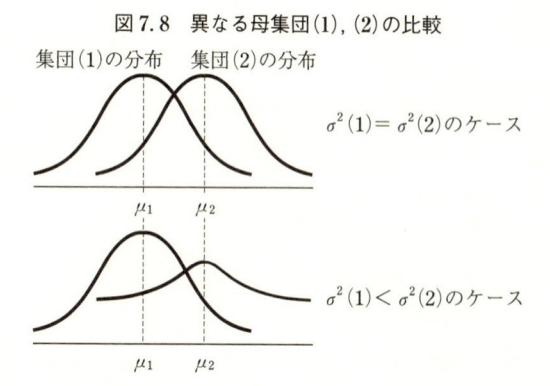

図 7.8　異なる母集団 (1), (2) の比較

集団 (1) の分布　　集団 (2) の分布

$\sigma^2(1) = \sigma^2(2)$ のケース

μ_1　μ_2

$\sigma^2(1) < \sigma^2(2)$ のケース

μ_1　μ_2

$s^2(1)/s^2(2)$ の大きさを見るのである。もし母分散について $\sigma^2(1)=\sigma^2(2)$ であれば $s^2(1)/s^2(2)$ もほぼ 1 のはずである。$\sigma^2(1)$ が $\sigma^2(2)$ と大きくくいちがっていれば，$s^2(1)/s^2(2)$ は 0 か $+\infty$ である。こうして 2 種類の標本分散の比がどのように分布するかを調べることは非常に重要になる。

いま，互いに独立な変数 w_1, w_2 がそれぞれ自由度 m_1, m_2 のカイ 2 乗分布に従うとき

$$F = (w_1/m_1)/(w_2/m_2) \tag{7.14}$$

の分布は**自由度 m_1, m_2 の F 分布**（F-distribution with m_1, m_2 degrees of freedom）となる。F 分布の密度関数は

$$f(F) = \frac{\Gamma\left(\frac{m_1+m_2}{2}\right)}{\Gamma\left(\frac{m_1}{2}\right)\Gamma\left(\frac{m_2}{2}\right)}\left(\frac{m_1}{m_2}\right)^{\frac{m_1}{2}}\left(1+\frac{m_1}{m_2}F\right)^{-\frac{m_1+m_2}{2}}F^{\frac{m_1}{2}-1}$$

$$0 < F < +\infty$$

によってあたえられる。

ここで F の分母，分子で $w_i (i=1,2)$ を m_i で割っているのは，変数 w_i がもっている情報量を基準化しているものと見てよい。F 分布の F は統計学者フィッシャー（Fisher, R. A.）の頭文字からとられている。(7.14) 式から明らかなようにこの分布は 2 つのパラメータ m_1, m_2 をもつが，その形状はおおよそカイ 2 乗分布のかたちによく似ている。以下に m_1, m_2 を適当に指定したときの $f(F)$ のグラフをあたえる（図 7.9）。

F 分布についてはモーメントが必要となることはあまりないが，

$$E(F) = m_2/(m_2-2)$$
$$Var(F) = 2\{(m_1+m_2-2)/(m_1(m_2-4))\}\{m_2/(m_2-2)\}^2$$
$$(m_2 > 4)$$

となっている。また F 分布の性質として次のようなものがある。F をあらためて $F(m_1, m_2)$ と書くと，$m_1=1$ のとき $F(1, m_2)$ は自由度 m_2 の t 分布を 2 乗したものになっている。つまり

$$F(1, m_2) = \{\chi^2(1)/1\}/\{\chi^2(m_2)/m_2\}$$

図 7.9 F 分布の確率密度

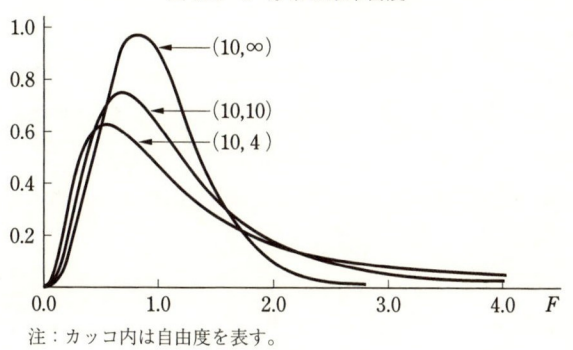

注: カッコ内は自由度を表す。

$$= Z^2/\{\chi^2(m_2)/m_2\}$$
$$= t^2(m_2)$$

ここで, Z は $N(0,1)$ に従う変数である。

F 分布についても数表がある。上側確率を α として m_1, m_2 をあたえたとき,

$$Pr(F(m_1, m_2) \geq a) = \alpha$$

となるような a の値を表にしてある。F 分布表を見ると一般に α を指定したとき, a は m_1 よりも m_2 の値に敏感である。$\alpha=0.05, m_1=5, m_2=20$ のとき

$$Pr(F(5, 20) \geq a) = 0.05$$

となる a は数表から $a=2.71$ と読みとれる。また, もし m_1 が一定であっても m_2 が十分に大きいとき, $\chi^2(m_2)/m_2$ は確率的に 1 に近づくことが知られているので

$$Pr(F(m_1, \infty) \geq a) = \alpha$$

となる a は

$$Pr(\chi^2(m_1)/m_1 \geq a'') = \alpha \qquad (7.15)$$

とするときの a'' とほぼ同じ値をとる。(7.15) 式について近似のあてはまりの程度を見てみると $\alpha=0.05, m_1=10$ のとき

$$Pr(\chi^2(10) \geq b) = 0.05$$

となる b はカイ 2 乗分布表から $b=18.31$ である。したがって

$$Pr(\chi^2(10)/10 \geq b/10) = 0.05$$

とすると
$$a'' = b/10 = 1.831$$
他方，正確な a の値は F 分布表から $\alpha=0.05$, $m_1=10$, $m_2=100, 200, +\infty$ でそれぞれ $a=1.92, 1.87, 1.83$ であり，a'' と a のくいちがいは小さく，$m_2=+\infty$ ではたしかに $a''=a$ となっている．

さらに m_1, m_2 がともに十分大きいとき，$x=\{\log_e F(m_1, m_2)\}/2$ は平均 $2^{-1}(1/m_2-1/m_1)=d$, 分散 $2^{-1}(1/m_1+1/m_2)=d''$ の正規分布に従うから（証明略）
$$Pr((x-d)/\sqrt{d''} \geqq z_\alpha) = \alpha$$
として x に関する不等式は
$$x \geqq d + z_\alpha \sqrt{d''} = x_\alpha$$
となる．この x_α が x の分布の上側 $100\alpha\%$ 点をあたえる．

練習問題

1. （無作為抽出）乱数を読む行を適当に決めるとして，開始する列をつねに9列目からとせよ．このケースで標本のサイズを5としてランダムな抽出を5回行い，表7.1b の 1, 0 変数をリストアップせよ．ただし1回の抽出を終えるたびに次行の第9列に移ることとする．

2. （チェビシェフ・タイプの不等式）確率変数 X について次のチェビシェフ・タイプの不等式
$$Pr(|X-c| \geqq \lambda\omega) \leqq 1/\lambda^2, \lambda > 0$$
が成立することを示せ．ただし $E(X-c)^2 = \omega^2$ である．

3. （正規分布）ゆがみのないサイコロを500回ふって2以下の目が出る回数が160回以下になる確率を求めよ．また150回以下のケースとの違いの意味を簡単に述べよ．

4. （カイ2乗分布）w_1, w_2 が互いに独立で，それぞれが自由度 m_1, m_2 のカイ2乗分布に従うとき，w_1+w_2 もカイ2乗変数で，自由度が m_1+m_2 となることを示せ．

5. （t 分布）t が自由度15の t 分布に従うとき，$Pr(|t| \geqq a) = \alpha$ の $\alpha = 0.1, 0.05, 0.01$ に対応する a を t 分布表から求めよ．

6. （カイ2乗分布）自由度 m のカイ2乗変数を $\chi^2(m)$ と書くと $m \to +\infty$ のとき，$\chi^2(m)/m$ が確率的に1に近づくことを示せ．

第 8 章 パラメータの推定

この章では，推定について説明する．推定とは，母集団の分布の特徴を標本として集められたデータから明らかにしていくことである．分布の形を特徴づけるものとして，第3章で平均（中心の代表値）や分散（ばらつきの代表値）について説明した．第3章では，こうした指標は標本の分布を特徴づけるものとして用いられたのだったが，これらを母集団の分布に対して用いることもできる．実際，母平均（母集団の平均）や母分散（母集団の分散）について知ることができれば，母集団を理解するために大いに役立つといえる．

そこで，母平均や母分散をどう推定したらよいかというと，まず思いつくことは標本平均や標本分散といった標本統計量の利用である．標本統計量の確率的な性質は，第7章で説明した．以下では，第7章の知識を使ってどのようにすれば母平均や母分散が推定できるのか，またどのような推定をするのが望ましいか，について説明する．

8.1 推定量の性質

a 不偏性

まず，どのような推定をするのが望ましいか，という問題から始める．いま，推定したい母集団のパラメータ（母平均でも母分散でもよい）の値が θ であるとする．もちろん θ は未知である．母集団からの標本を $x_1, x_2, \cdots, x_n$ とし，これらを使って θ を推定することを考えよう．すなわち，標本の適当な関数 $\hat{\theta}=f(x_1, x_2, \cdots, x_n)$ をもって θ を推定するものとする（たとえば，標本平均を θ の推定に使うのなら，$f(x_1, x_2, \cdots, x_n)=(x_1+x_2+\cdots+x_n)/n$ となる）．

図 8.1　不偏性と確率密度曲線

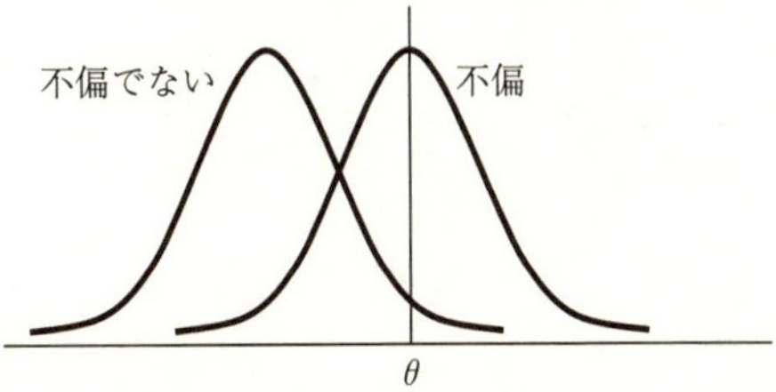

（不偏でない／不偏の確率密度曲線、中心 θ）

このことを，$\hat{\theta}$ は θ の推定量であるという。

　第 7 章で見たように，標本 $x_1, x_2, \cdots, x_n$ は確率変数であるので，$\hat{\theta}$ も確率変数となる。そこで，θ の推定量として $\hat{\theta}$ の確率分布はどうあるべきだろうか。まず期待値 $E(\hat{\theta})$ は $\hat{\theta}$ の確率分布の中心位置を表しているのだから，これは θ に等しくなるのが良い推定量の条件であろう。このように，

$$E(\hat{\theta}) = \theta \tag{8.1}$$

という関係が成立するとき，$\hat{\theta}$ は θ の**不偏推定量**であるという。図 8.1 は不偏推定量と不偏でない推定量の確率密度を図示したものである。

　不偏推定量であれば，何回も標本を取り直して推定を繰り返すとき，1 回ごとの推定値は θ を過大に推定したり過小に推定したりするけれども，その推定値の散らばり方は真の値を中心に分布して，傾向的に過大であったり過小であったりはしない。

b　有 効 性

　次に，θ の推定量がもつべき性質として，$\hat{\theta}$ の分散 $Var(\hat{\theta})$ については何がいえるだろうか。ここでは，θ の推定量として $\hat{\theta}_1$ と $\hat{\theta}_2$ という異なる 2 つの標本統計量を考えてみよう。ただし，$\hat{\theta}_1$ と $\hat{\theta}_2$ はともに不偏推定量とする。さて，この 2 つの不偏推定量の確率密度を図示してみると，図 8.2 のようになるものとする。

　どちらが θ の推定量としてより望ましいだろうか。一見して明らかなように，どちらも真の値 θ を中心に分布しているけれども，$\hat{\theta}_1$ の方が θ のまわりにより集中して分布している。実際，θ を中心に区間 $[\theta-a, \theta+a]$ を取って，この区間に推定値が落ちる確率を見ると，明らかに $\hat{\theta}_1$ の方が大きい。つまり，真の値の周囲に推定値が得られる確率は $\hat{\theta}_1$ の方が高い。逆に，2 つの推

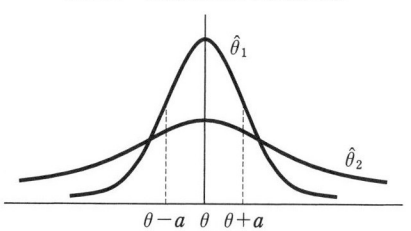

図8.2 有効性と確率密度曲線

定量の確率密度曲線の裾の厚さを比べれば，推定値が大きく間違ってθよりずっと大きな値になったりずっと小さな値になったりする確率は$\hat{\theta}_2$の方が大きいことがわかる．これは，$\hat{\theta}_1$の分散の方が$\hat{\theta}_2$の分散よりも小さいからであり，したがって，不偏性をもつ推定量同士であれば，分散が小さければ小さいほど望ましいことになる．

一般に，2つの不偏推定量$\hat{\theta}_1, \hat{\theta}_2$の分散が，

$$Var(\hat{\theta}_1) < Var(\hat{\theta}_2) \tag{8.2}$$

という関係にあるとき，$\hat{\theta}_1$は$\hat{\theta}_2$より有効であるという．もちろん，より有効な推定量ほど良い推定量である．

c 一 致 性

不偏性や有効性を推定量の評価に用いるためには，推定量の期待値や分散を知らなければならない．しかし，標本から推定量をつくる関数$f(x_1, x_2, \cdots, x_n)$が単純でないために，期待値や分散が求められないことも多い．そうした場合に推定量の満たすべき基準として用いられるのが一致性という性質である．

推定量$\hat{\theta}$が一致性をもつ（あるいは**一致推定量**である）とは，標本のサイズnが大きくなればなるほど，限りなく高い確率で推定量$\hat{\theta}$が真の値θに限りなく近づくことである．図8.3に，一致推定量の確率密度の例を示した．nが大きくなるにつれ，分布がしだいにθのまわりに集中していき，$n \to \infty$になると，ついにθの一点に退化してしまうことがわかるであろう．このことを，

$$\text{plim}\,\hat{\theta} = \theta \tag{8.3}$$

と書き，$\hat{\theta}$の**確率極限**はθである，あるいは$\hat{\theta}$はθに**確率収束**するという．

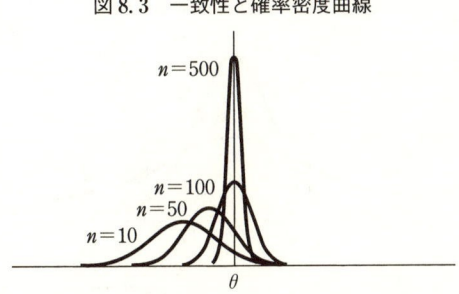

図 8.3　一致性と確率密度曲線

ただ図 8.3 の場合，n が小さいときには $\hat{\theta}$ の確率分布は θ よりも左方へ偏って分布している。つまり，一致推定量は必ずしも不偏推定量ではない。一致推定量の良さは $n \to \infty$（大標本）において主張されるのであり，n が有限（小標本）のときは $\hat{\theta}$ の優劣を判定する根拠とはならない。しかし，n がある程度大きくなってくると $\hat{\theta}$ の分布は θ のまわりに集中するようになり，θ を十分に高い精度で推定することが期待できる。したがって，標本のサイズがある程度大きい場合には，一致推定量を使用することが推奨されるのである。

最後に，$n \to \infty$ のとき，$E(\hat{\theta}) \to \theta$, $Var(\hat{\theta}) \to 0$ であれば，$\hat{\theta}$ は θ の一致推定量であることが示される。証明は第 7 章の定理 7.2 で，$\bar{X}$ を $\hat{\theta}$，c を $E(\hat{\theta})$ に置き換えればよい。また図 8.3 からの類推で直観的にも理解可能であろう。ただし，この条件は一致推定量の必要条件ではないので，この条件を満たさずに一致推定量となるものも存在する。なお，$n \to \infty$ のとき，$E(\hat{\theta}) \to \theta$ であれば $\hat{\theta}$ は**漸近的不偏**である。

8.2 点 推 定

　パラメータの推定には，点推定と区間推定という 2 通りの方法がある。点推定とは，標本データから計算されるある 1 つの値をもって未知パラメータの推定値とする方法であり，区間推定は，未知パラメータの真の値をある確からしさでその中に含む区間を構成する方法である。この節と次の節でまず母平均と母分散の点推定について説明し，**8**.4 節で区間推定について説明する。

a 母平均の点推定

母平均 μ，母分散 σ^2 の母集団から無作為に抽出された標本を $x_1, x_2, \cdots, x_n$ とする。母平均 μ の推定量として自然に考えられるのは標本平均

$$\bar{x} = (x_1+x_2+\cdots+x_n)/n \tag{8.4}$$

であろう。そこで，第 *6* 章で調べた標本平均 $\bar{x}$ の性質を思い出すと

$$E(\bar{x}) = \mu$$
$$Var(\bar{x}) = \frac{\sigma^2}{n} \tag{8.5}$$

であった。(8.5) の第1式は，$\bar{x}$ が μ の不偏推定量であることを示している。また第2式より，$n \to \infty$ のとき $Var(\bar{x}) \to 0$ であるから第1式と合わせれば，前節の最後に述べた一致推定量の十分条件より $\bar{x}$ が一致推定量であることもわかる。したがって，母平均 μ を点推定するためには $\bar{x}$ を用いればよいことが明らかとなった。

同時に，$\bar{x}$ は n に関係なく不偏推定量である一方，n が大きいほど $Var(\bar{x})$ が小さくなることから，データの数が多いほどより有効であることもわかる。したがって，$\bar{x}$ を μ の点推定量として用いるときは，できるだけ標本を大きくすることが望ましい。

b 母分散の点推定

母分散 σ^2 に対しても，推定量として考えられるのは標本分散

$$\hat{\sigma}^2 = \frac{(x_1-\bar{x})^2+(x_2-\bar{x})^2+\cdots+(x_n-\bar{x})^2}{n} \tag{8.6}$$

である。しかし，第 *7* 章で見たように σ^2 の不偏推定量であるのは

$$s^2 = \frac{(x_1-\bar{x})^2+(x_2-\bar{x})^2+\cdots+(x_n-\bar{x})^2}{n-1} \tag{8.7}$$

で，

$$E(s^2) = \sigma^2 \tag{8.8}$$

が成り立つ。

標本平均からの偏差の2乗和を n で除した $\hat{\sigma}^2$ が母分散の不偏推定量とならず，$n-1$ で除した s^2 が不偏推定量となることの1つの直観的理由は，平均からの偏差 $x_i-\bar{x}$ については，総和が必ず0になるという性質のため自由

度が $n-1$ しかないということである。つまり，$n-1$ 個の平均からの偏差の値がわかれば残りの 1 個については見る前にわかってしまう。平均からの偏差は n 個あるように見えて，実は独立なものは $n-1$ 個しかないのだから，偏差 2 乗和の平均を取るには n ではなく $n-1$ で割るのが適切だということになる。

ただし，n が大きくなるにつれ，s^2 と $\hat{\sigma}^2$ の違いは小さくなりやがて無視できるほどになる。実際，s^2 も $\hat{\sigma}^2$ もともに σ^2 の一致推定量であることを示すことができる。

8.3 一般的な点推定法

前節では，母平均と母分散について点推定の方法を説明した。しかし，母集団のパラメータはこれ以外にもいろいろなものがあり，また標本の性質に応じて多様な状況が生じうる。それらの 1 つひとつの場合に応じて，不偏推定量や一致推定量を見つけていかなければならないわけである。その際，広い範囲に適用できる一般的な方法があれば便利である。この節では，そうした一般的な推定法としてモーメント法と最尤法について簡単に説明する。モーメント法と最尤法は，ともに適当な条件の下で一致推定量を見出す一般的な方法で，幅広い適用可能性をもっている。

a モーメント法

8.2 節で明らかになったことは，母平均の推定量として標本平均，母分散の推定量として標本分散が（分母が n であるか $n-1$ であるかに関わらず）一致性をもつということであった。つまり，確率変数 X とその実現値 $x_1, x_2, \cdots, x_n$ について，

$E(X)$ の推定量として $\bar{x} = (x_1 + x_2 + \cdots + x_n)/n$

$E(X-E(X))^2$ の推定量として

$\{(x_1-\bar{x})^2 + (x_2-\bar{x})^2 + \cdots + (x_n-\bar{x})^2\}/n$

が，それぞれ一致推定量になるということである。このことから，一般に期待値をとる演算子 $E(\cdot)$ を算術平均で置き換えれば一致推定量が得られるのではないか，という類推ができる。すなわち，確率変数 x の関数 $f(X)$ はやはり確率変数であるが，その期待値 $E(f(X))$ の推定量として

$$\bar{f} = \{f(x_1)+f(x_2)+\cdots+f(x_n)\}/n$$

を考えれば，これが一致推定量になるのではないかということである．実は，$x_1, x_2, \cdots, x_n$ が同じ母集団から独立に抽出された場合には，この類推は正しいといえる．実際，$x_1, x_2, \cdots, x_n$ が独立ならば $f(x_1), f(x_2), \cdots, f(x_n)$ も独立となるので，これに第7章の大数の弱法則（定理7.1）を適用すれば $\bar{f}$ が $E(f(X))$ に確率収束すること，つまり一致推定量となることが直ちに理解される．したがって，母平均，母分散に限らず期待値で表現される母集団のパラメータに対しては，期待値演算子を対応する標本の算術平均で置き換えて一致推定量を作り出すことができる．ここで，期待値で表現される母集団のパラメータとして重要なのは，第6章の **6.7**節で説明したモーメントである．モーメントは $\mu_k' = E(X^k)$ と定義されているが，これに対して $(x_1{}^k + x_2{}^k + \cdots + x_n{}^k)/n$ がその一致推定量となる．このように，モーメントの推定を対応する算術平均によって行う方法をモーメント法とよんでいる．

第7章で触れているように，ベルヌーイ試行のパラメータ p に対して成功比率 $\hat{p}$ はモーメント推定量であり，正規母集団 $N(\mu, \sigma^2)$ から無作為に抽出された標本の標本平均は μ のモーメント推定量である．また，モーメント法の原理を応用して，次のような推定問題を扱うこともできる．

【例題8.1】 次のような確率密度関数に従う母集団分布を考える．

$$\begin{align} f(x) &= \frac{1}{b-a} \quad a < x \leq b \\ &= 0 \quad\quad x \leq a, \ x > b \end{align} \tag{8.9}$$

この母集団から独立に取り出した標本 $x_1, x_2, \cdots, x_n$ が与えられているとすると，母集団パラメータ a および b をどのように推定したらよいだろうか．

6.6節で説明したように，一様分布の期待値と分散は

$$\begin{align} E(x) &= \frac{a+b}{2} \\ Var(x) &= E(x^2) - \{E(x)\}^2 = \frac{(b-a)^2}{12} \end{align} \tag{8.10}$$

である．モーメント法の原理より，期待値を対応する標本の算術平均で置き換えれば，

$$\frac{a+b}{2} = \frac{\sum x_i}{n}$$

$$\frac{(a-b)^2}{12} = \frac{\sum x_i^2}{n} - \left(\frac{\sum x_i}{n}\right)^2 \tag{8.11}$$

となる。これを a, b について解けば推定量 $\hat{a}_{MM}, \hat{b}_{MM}$ が

$$\hat{a}_{MM} = \frac{\sum x_i}{n} - \sqrt{3}\hat{\sigma}_{MM}$$

$$\hat{b}_{MM} = \frac{\sum x_i}{n} - \sqrt{3}\hat{\sigma}_{MM} \tag{8.12}$$

$$\hat{\sigma}_{MM}^2 = \frac{\sum x_i^2}{n} - \left(\frac{\sum x_i}{n}\right)^2 = \frac{1}{n}\sum\left(x_i - \frac{\sum x_i}{n}\right)^2$$

のように得られる。このような推定法もモーメント法とよばれる。

なお，モーメント法では一致推定量が得られるが，必ずしも不偏性は保証されない。そのことは，母分散のモーメント推定量 $\hat{\sigma}^2 = \sum(x_i - \bar{x})^2/n$ が不偏推定量でない（不偏推定量は $s^2 = \sum(x_i - \bar{x})^2/(n-1)$，第 **6** 章を参照）ことから明らかである。

b 最尤法

一致推定量を導くもう 1 つの原理が最尤法である。まず，第 **7** 章で取り上げたベルヌーイ試行を例にして最尤法の考え方を説明しよう。第 **7** 章で定義したのと同じく，ある試行を独立に x 回行い，その成功と失敗を $x_1, x_2, \cdots, x_n$ とする。ただし，

$x_i = 1$,　　成功

$x_i = 0$,　　失敗

とする。成功した回数の割合を $\hat{p}$ とすると，

$$\hat{p} = \frac{x_1 + x_2 + \cdots + x_n}{n} \tag{8.13}$$

であり，$\hat{p}$ が $k(0<k<1)$ に等しくなる確率は

$$Pr(\hat{p} = k) = {}_nC_{nk} p^{nk}(1-p)^{n-nk} \tag{8.14}$$

である。この式は，ベルヌーイ試行のパラメータ p の下で $\hat{p}$ がとる値の確率を教えてくれる。つまり，$\hat{p} = k$ となる確率を，k を変数として定数 p の下で与える関数である。しかし，統計的推測を行う場合，試行の結果わかっているのは k の方で，p は推定すべき未知のパラメータである。そこで，逆に (8.14) 式において k を定数，p を変数として見たものを定義し，尤度関数と名付ける。つまり，

$$L(p|\hat{p}=k) = {}_nC_{nk}p^{nk}(1-p)^{n-nk} \tag{8.15}$$

がpの尤度関数である。

ここで，観察されたkから推測してもっともらしいpの値は何であろうか。最尤法では，kという値が観察されたのは，それが実現される確率が高かったからであると考える。そうすると，他のどんな値よりも高い確率でkという観察値を生み出すpの値こそ「尤もらしい」ということになる。したがって，尤度関数を最大にするpが最尤法による推定量（最尤推定量）となる。実際に尤度関数を最大化するには，尤度関数そのものよりも尤度関数に対数をとったもの（対数尤度関数）の方が扱いやすい。pの対数尤度関数は，(8.15)式に対数をとって

$$\log L(p|\hat{p}=k) = \log {}_nC_{nk} + nk \log p + (n-nk)\log(1-p) \tag{8.16}$$

である。尤度関数を最大にするpと対数尤度関数を最大にするpは同じだから，pの最尤推定量を求めるには

$$\frac{d \log L(p|\hat{p}=k)}{dp} = \frac{nk}{p} - \frac{n-nk}{1-p} = 0 \tag{8.17}$$

をpについて解けばよい。よって，pの最尤推定量を$\hat{p}_{ML}$とすると，

$$\hat{p}_{ML} = k \tag{8.18}$$

となる。結局，標本で観察された成功比率というごく自然な成功確率の推定量が，最尤法によって導かれることがわかる。

最尤法の手続きをもう少し一般的に説明しよう。母集団の分布が未知パラメータ $\theta_1, \theta_2, \cdots, \theta_m$（ベルヌーイ試行（2項分布）の例では$p$）によって決まるものとする。この母集団から独立に標本 $x_1, x_2, \cdots, x_n$ を抽出する。母集団分布が $\theta_1, \theta_2, \cdots, \theta_m$ に依存しているので，x_i の確率（または確率密度）関数も $h(x_i; \theta_1, \theta_2, \cdots, \theta_m)$ のように書ける。x_i は相互に独立なので $x_1, x_2, \cdots, x_n$ が得られる結合確率（または結合確率密度）は

$$Pr(x_1, x_2, \cdots, x_n | \theta_1, \theta_2, \cdots, \theta_m) = \prod_{y=1}^{m} h(x_i; \theta_1, \theta_2, \cdots, \theta_m) \tag{8.19}$$

となる。この式は母集団の未知パラメータ $\theta_1, \theta_2, \cdots, \theta_m$ の下で $x_1, x_2, \cdots, x_n$ が

得られる確率であるが，ここで見方を逆転させて $\theta_1, \theta_2, \cdots, \theta_m$ を変数とみなし，所与の $x_1, x_2, \cdots, x_n$ がさまざまな $\theta_1, \theta_2, \cdots, \theta_m$ の下で現れる確率を与える式として解釈し直す．このように結合確率を再解釈したものが尤度関数

$$L(\theta_1, \theta_2, \cdots, \theta_m) = Pr(x_1, x_2, \cdots, x_n | \theta_1, \theta_2, \cdots, \theta_m) \tag{8.20}$$

である．

最尤法の考え方では，実際に得られている標本 $x_1, x_2, \cdots, x_n$ を最も高い確率で実現する $\theta_1, \theta_2, \cdots, \theta_m$ の値をもって推定量とする．つまり，尤度関数を最大にする $\theta_1, \theta_2, \cdots, \theta_m$ が最尤推定量である．具体的な計算は，尤度関数を最大化するよりも対数尤度関数 $\log L$ を最大にする方が容易である．もちろん対数変換は単調変換であるので，得られる結果は変わらない．したがって，次のような m 元連立方程式

$$\frac{\partial \log L(\theta_1, \theta_2, \cdots, \theta_m)}{\partial \theta_i} = 0 \qquad i = 1, 2, \cdots, m \tag{8.21}$$

を $\theta_1, \theta_2, \cdots, \theta_m$ について解いたものが最尤推定量である．

【例題 8.2】 分布が $N(\mu, \sigma^2)$ に従う母集団から相互に独立に標本 $x_1, x_2, \cdots, x_n$ を抽出した．母平均 μ と母分散 σ^2 を最尤法によって推定してみよう．

まず，x_i の確率分布は母集団分布を反映して $N(\mu, \sigma^2)$ である．よって，x_i の確率密度関数 h は第 **6** 章 115 頁の式であり，尤度関数は

$$L(\mu, \sigma^2) = \prod_{i=1}^{n} h(x_i; \mu, \sigma^2) = (2\pi\sigma^2)^{-\frac{n}{2}} e^{-\frac{1}{2\sigma^2} \sum_{i=1}^{n}(x_i - \mu)^2} \tag{8.22}$$

となる．対数尤度関数は

$$\log L(\mu, \sigma^2) = -\frac{n}{2}\log(2\pi) - \frac{n}{2}\log \sigma^2 - \frac{1}{2\sigma^2}\sum_{i=1}^{n}(x_i - \mu)^2 \tag{8.23}$$

であり，これを最大化する μ と σ^2 は，

$$\begin{aligned}\frac{\partial \log L(\mu, \sigma^2)}{\partial \mu} &= \frac{1}{\sigma^2}\sum_{i=1}^{n}(x_i - \mu) = 0 \\ \frac{\partial \log L(\mu, \sigma^2)}{\partial \sigma^2} &= -\frac{n}{2\sigma^2} + \frac{1}{2\sigma^4}\sum_{i=1}^{n}(x_i - \mu)^2 = 0\end{aligned} \tag{8.24}$$

を解いて得られる．その結果，μ と σ^2 の最尤推定量は

$$\begin{aligned}\hat{\mu}_{ML} &= \frac{1}{n}\sum_{i=1}^{n}x_i \\ \hat{\sigma}^2_{ML} &= \frac{1}{n}\sum_{i=1}^{n}(x_i - \hat{\mu}_{ML})^2\end{aligned} \tag{8.25}$$

となる．すなわち，母平均の最尤推定量は標本平均であり，母分散の最尤推定量

は分母が n の標本分散である。これらは，モーメント法によるものとまったく同じであり，標本分散についてはモーメント法の場合と同様，一致推定量であるが不偏推定量ではない。

モーメント法と最尤法は，どちらも多様な推定問題に対して一致推定量を見出すための一般的な原理であるが，適用するに際して必要となる情報が両者で異なることに注意すべきである。最尤法を実行するには，観測される x_i の確率分布に関する仮定，つまり確率（または確率密度）関数が必要である。これに対してモーメント法では，推定したい未知パラメータが x_i の期待値や分散などのモーメントによって表されていれば適用可能である。任意の次数のモーメントは，確率関数ないし確率密度関数から計算される。したがって，最尤法の方がより多くの情報を事前に必要とする。逆に言えば，より少ない情報によって一致推定量を得るという点に，モーメント法の利点がある。しかし，ここではこれ以上触れないが，最尤法はより多くの情報を使うことによって，$n \to \infty$ のときの有効性（漸近的有効性）の点ではモーメント法よりもすぐれていることが知られている。このことから，母集団分布，またしたがって x_i の確率分布が不明なときにはモーメント法を採用し，分布がわかっているか中心極限定理により正規分布を仮定することが妥当な場合には最尤法を採用する，という使い分けを問題に応じて行うべきである。

8.4 区間推定
a 母平均の区間推定——母分散が既知の場合

第7章で見たように，ランダムに抽出されたサイズ n の標本の標本平均 $\bar{x}$ について，$E(\bar{x}) = \mu, Var(\bar{x}) = \sigma^2/n$ であることがわかっている。さらに，n が十分大きければ中心極限定理によって $\bar{x}$ は正規分布に従うとみなしてよいであろう。あるいは，n が小さい場合でも母集団の分布が正規分布であれば個々の x_i は正規分布に従い，再生性から $\bar{x}$ もまた正規分布に従うことになる。

区間推定を行うには，こうした分布に関する情報が不可欠である。そこで以下では，n が十分大きいか母集団の分布が正規分布であるかのいずれかの場合に限定し，

図 8.4 $\bar{x} \sim N\left(\mu, \dfrac{\sigma^2}{n}\right)$

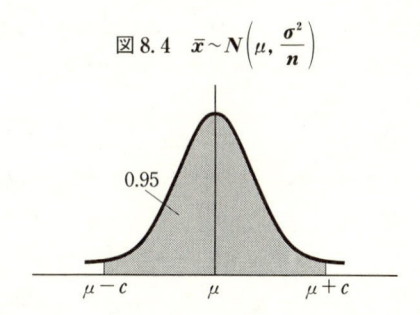

$$\bar{x} \sim N\left(\mu, \frac{\sigma^2}{n}\right) \tag{8.26}$$

であるものとして議論を進める。また，さしあたり母分散 σ^2 は既知であるとしておく。さて，図 8.4 はその $\bar{x}$ の確率密度曲線を示しているが，図にあるように適当な値 c を取って，

$$Pr(\mu - c \leqq \bar{x} \leqq \mu + c) = 0.95 \tag{8.27}$$

となるようにしたとする。不等式 $\mu - c \leqq \bar{x} \leqq \mu + c$ を変形すれば，容易に

$$Pr(\bar{x} - c \leqq \mu \leqq \bar{x} + c) = 0.95 \tag{8.28}$$

とできるが，この式は区間 $[\bar{x}-c, \bar{x}+c]$ が母平均 μ を含む確率が 0.95 であることを意味している。このような区間のことを μ の信頼度 95% の信頼区間とよぶ。区間推定とは信頼区間を求めることにほかならない。

それでは c をどのように求めるかであるが，図 8.4 の確率密度曲線は μ に依存して位置が変わるので，このままでは c を求めることができない。そこで，$\bar{x}$ を標準化することが必要となる。すなわち，

$$Z = \frac{\bar{x} - \mu}{\sqrt{\dfrac{\sigma^2}{n}}} \tag{8.29}$$

とすると，$Z \sim N(0,1)$ となり μ に依存しない。第 **6** 章で見たように，標準正規分布表から $Pr(-1.96 \leqq Z \leqq 1.96) = 0.95$ であるので，Z に (8.29) 式右辺を戻して変形すれば

$$Pr\left(\bar{x} - 1.96\sqrt{\frac{\sigma^2}{n}} \leqq \mu \leqq \bar{x} + 1.96\sqrt{\frac{\sigma^2}{n}}\right) = 0.95 \tag{8.30}$$

を得る。いま σ^2 は既知としているので，信頼度 95％ の信頼区間
$$[\bar{x}-1.96\sigma/\sqrt{n}, \bar{x}+1.96\sigma/\sqrt{n}]$$
は実際に求めることができる。信頼区間は 95％ のほかに 99％ に設定することも多い。信頼度 99％ の場合は

$$Pr\left(\bar{x}-2.58\sqrt{\frac{\sigma^2}{n}} \leq \mu \leq \bar{x}+2.58\sqrt{\frac{\sigma^2}{n}}\right) = 0.99 \qquad (8.31)$$

である。信頼度を高くすると信頼区間の幅が広くなる。つまり，同じデータに基づく限り，誤りをおかす確率を低くしようと思えば区間を広くして精度を落とさざるをえないのである。

【例題 8.3】 ある工場で完成品の中から 10 個を無作為に抜き取り，その重量を測定したところ次のような結果であった（単位：kg）。

3.048　　3.017　　3.005　　2.980　　2.955
3.053　　3.055　　2.953　　3.020　　3.023

これまでの実績から製品重量の標準偏差が 0.028 kg であることがわかっている。また，製品重量の分布はほぼ正規分布とみなしてよい。この工場の製品の平均重量について信頼区間を 95％ および 99％ の信頼度で求めたい。

この問題では，$n=10, \sigma=0.028, \bar{x}=(3.048+3.017+3.005+2.980+2.955+3.053+3.055+2.953+3.020+3.023)/10=3.011$ である。よって，信頼度 95％ の信頼区間は

$$\left[\bar{x}-1.96\frac{\sigma}{\sqrt{10}}, \bar{x}+1.96\frac{\sigma}{\sqrt{10}}\right] = \left[3.011-1.96\frac{0.028}{\sqrt{10}}, 3.011+1.96\frac{0.028}{\sqrt{10}}\right]$$
$$= [2.993, 3.028]$$

信頼度 99％ の信頼区間は

$$\left[\bar{x}-2.58\frac{\sigma}{\sqrt{10}}, \bar{x}+2.58\frac{\sigma}{\sqrt{10}}\right] = \left[3.011-2.58\frac{0.028}{\sqrt{10}}, 3.011+2.58\frac{0.028}{\sqrt{10}}\right]$$
$$= [2.988, 3.034]$$

となる。

母分散 σ^2 が未知の場合は信頼区間を求めることができない。ただし，n が十分に大きいときは，σ^2 の代わりにその一致推定量である標本分散 s^2 を用いることができる。n が小さい場合の扱いについては，次に説明する。

b　母平均の区間推定——母分散が未知の場合

n が十分に大きくなく，s^2 を用いることが躊躇される場合には次のようにする。第 7 章で調べた標本分散の分布の性質より，母集団の分布が正規分布

であれば $(n-1)s^2/\sigma^2$ は $\bar{x}$ と独立に自由度 $n-1$ の χ^2 分布に従う。一方，$Z=\sqrt{n}(\bar{x}-\mu)/\sigma$ は標準正規分布に従うから，両者より

$$t = \frac{\sqrt{n}(\bar{x}-\mu)/\sigma}{\sqrt{\frac{(n-1)s^2}{\sigma^2}/(n-1)}} = \frac{\bar{x}-\mu}{\sqrt{\frac{s^2}{n}}} \qquad (8.32)$$

とすると，t は自由度 $n-1$ の t 分布に従う。t 分布表より $Pr(t_{0.025}(n-1) \leq |t|) = 0.05$ となるような $t_{0.025}(n-1)$ を見つけることができるので，若干の変形の後に

$$Pr\left(\bar{x}-t_{0.025}(n-1)\sqrt{\frac{s^2}{n}} \leq \mu \leq \bar{x}+t_{0.025}(n-1)\sqrt{\frac{s^2}{n}}\right) = 0.95 \qquad (8.33)$$

となり，計算可能な信頼区間が得られる。信頼度 99% の信頼区間はまったく同様に，$Pr(t_{0.005}(n-1) \leq |t|) = 0.01$ となる $t_{0.005}(n-1)$ より

$$Pr\left(\bar{x}-t_{0.005}(n-1)\sqrt{\frac{s^2}{n}} \leq \mu \leq \bar{x}+t_{0.005}(n-1)\sqrt{\frac{s^2}{n}}\right) = 0.99 \qquad (8.34)$$

である。

【例題 8.4】 例題 8.3 において σ がわからないものとしたとき，製品の平均重量の信頼区間はどのようになるだろうか。

データより，

$$s^2 = \{(3.048-3.011)^2+(3.005-3.011)^2+\cdots+(3.023-3.011)^2\}/(10-1)$$
$$= 0.001425$$
$$s = 0.03775$$

である。また，巻末の t 分布表より $t_{0.025}(9)=2.262, t_{0.005}(9)=3.250$ だから，信頼度 95% の信頼区間は

$$\left[\bar{x}-t_{0.025}(9)\frac{s}{\sqrt{n}}, \bar{x}+t_{0.025}(9)\frac{s}{\sqrt{n}}\right]$$

$$= \left[3.011-2.262\frac{0.038}{\sqrt{10}}, 3.011+2.262\frac{0.038}{\sqrt{10}}\right]$$

$$= [2.984, 3.038]$$

信頼度 99% の信頼区間は

$$\left[\bar{x} - t_{0.005}(9)\frac{s}{\sqrt{n}}, \bar{x} + t_{0.005}(9)\frac{s}{\sqrt{n}} \right]$$

$$= \left[3.011 - 3.250\frac{0.038}{\sqrt{10}}, 3.011 + 3.250\frac{0.038}{\sqrt{10}} \right]$$

$$= [2.972, 3.050]$$

となる。例題8.3の結果と比べると，信頼度95%および99%の信頼区間のどちらも区間の幅が広くなっている。これは，例題8.3ではσの値を情報として与えたのに対して，例題8.4ではこれを標本から推定したためである。与えられる情報が多ければ多いほど区間推定の精度は高く（つまり信頼区間が狭く）なる。

c 母比率の区間推定

政党の支持率や製品の不良品率など，比率を推定することは平均の推定問題に劣らず実用上重要である。比率を取り扱うには，標本として次のような確率変数を定義して用いる。たとえば，製品の不良品発生率について推定するため，検査サンプルをランダムにn個取り出したとする。サンプルに1からnまでの番号を任意に付けて検査を行い，第i番目のサンプルについてこれが不良である場合は$x_i=1$，正常である場合は$x_i=0$というようにx_iの値を決めてやる。このようにすると，総和$x_1+x_2+\cdots+x_n$は不良品の個数となり，標本平均$(x_1+x_2+\cdots+x_n)/n$は不良品の標本比率を与える。

ここで，標本比率をあらためて$\hat{p}$と書き，第6章で紹介した2項分布を思い出せば，不良品の個数つまり$n\hat{p}$が，nと母比率pをパラメータとする2項分布に従うことがわかるであろう。すると，$n\hat{p}$の期待値はnpなので$E(\hat{p})=p$が言え，$\hat{p}$はpの不偏推定量になっている。また，$Var(\hat{p})=p(1-p)/n$だから$n\to\infty$のとき$Var(\hat{p})\to 0$となり，$\hat{p}$はpの一致推定量でもある。このことは，点推定に関する限り，標本平均が母平均の不偏推定量および一致推定量となることに対応している。しかし，区間推定については標本比率$\hat{p}$が正規分布に従わないため，直ちに母平均を推定する場合と同様に処理することはできない。母比率の区間推定は，厳密には$n\hat{p}$の2項確率を評価して行う必要がある。

しかし，（第6章で見たようにあるいは中心極限定理により）x_iの標本平均である$\hat{p}$はnが十分大きければ正規分布で近似できる。そこで，ここではnが十分大きいものとすると，$\hat{p}\sim N(p, p(1-p)/n)$とみなしてよいことに

なるから，母平均の場合と同様にして p の信頼区間を導くことができる．まず，$\hat{p}$ を標準化して

$$Z = \frac{\hat{p}-p}{\sqrt{\frac{p(1-p)}{n}}} \qquad (8.35)$$

とすると Z は標準正規分布に従い $Pr(-1.96 \leq Z \leq 1.96) = 0.95$ だから

$$Pr\left(\hat{p}-1.96\sqrt{\frac{p(1-p)}{n}} \leq p \leq \hat{p}+1.96\sqrt{\frac{p(1-p)}{n}}\right) = 0.95 \qquad (8.36)$$

となる．ここで問題は，信頼区間の上下限に未知の p が含まれていることであるが，n が十分大きい場合には，これを一致推定量 $\hat{p}$ で置き換えても実用上かまわない．したがって，

$$Pr\left(\hat{p}-1.96\sqrt{\frac{\hat{p}(1-\hat{p})}{n}} \leq p \leq \hat{p}+1.96\sqrt{\frac{\hat{p}(1-\hat{p})}{n}}\right) = 0.95 \qquad (8.37)$$

とでき，p の 95% 信頼区間は $[\hat{p}-1.96\sqrt{\hat{p}(1-\hat{p})/n}, \hat{p}+1.96\sqrt{\hat{p}(1-\hat{p})/n}]$ である．同様に，99% の信頼区間は $[\hat{p}-2.58\sqrt{\hat{p}(1-\hat{p})/n}, \hat{p}+2.58\sqrt{\hat{p}(1-\hat{p})/n}]$ となる．

【例題 8.5】 愛知県の N 大学を卒業する 400 人に就職先の所在地を尋ねたところ，262 人が愛知県内に就職すると答えた．N 大学卒業生の県内就職率を区間推定したい．

標本比率 $\hat{p}=262/400=0.655, n=400$ より，信頼度 95% の信頼区間は

$$\left[\hat{p}-1.96\sqrt{\frac{\hat{p}(1-\hat{p})}{n}}, \hat{p}+1.96\sqrt{\frac{\hat{p}(1-\hat{p})}{n}}\right]$$
$$= \left[0.655-1.96\sqrt{\frac{0.655(1-0.655)}{400}}, 0.655+1.96\sqrt{\frac{0.655(1-0.655)}{400}}\right]$$
$$= [0.608, 0.702]$$

信頼度 99% の信頼区間は

$$\left[\hat{p}-2.58\sqrt{\frac{\hat{p}(1-\hat{p})}{n}}, \hat{p}+2.58\sqrt{\frac{\hat{p}(1-\hat{p})}{n}}\right]$$
$$= \left[0.655-2.58\sqrt{\frac{0.655(1-0.655)}{400}}, 0.655+2.58\sqrt{\frac{0.655(1-0.655)}{400}}\right]$$
$$= [0.594, 0.716]$$

図 8.5　$\dfrac{(n-1)s^2}{\sigma^2} \sim \chi^2(n-1)$

$O \quad \chi^2_{0.975}(n-1) \qquad \chi^2_{0.025}(n-1)$

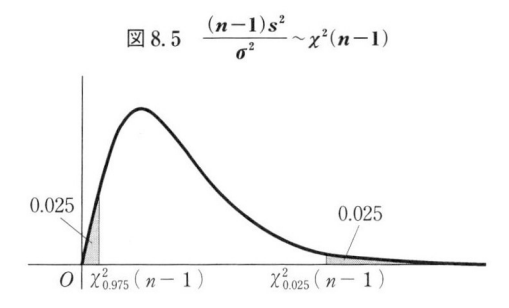

0.025　　　0.025

である。

d　母分散の区間推定

母分散の区間推定を行うには，$(n-1)s^2/\sigma^2$ が自由度 $n-1$ の χ^2 分布に従うことを利用する。ただし，s^2 は母平均 μ, 母分散 σ^2 で正規分布に従って分布している母集団からランダムに抽出された標本の標本分散とする。図 8.5 に $(n-1)s^2/\sigma^2$ の確率密度曲線を示すが，この図中にあるように，$Pr((n-1)s^2/\sigma^2 \geq \chi^2_{0.025}(n-1))=0.025$ となるような $\chi^2_{0.025}(n-1)$ と $Pr((n-1)s^2/\sigma^2 \leq \chi^2_{0.975}(n-1))=0.025$ となるような $\chi^2_{0.975}(n-1)$ とから，

$$Pr\left(\chi^2_{0.975}(n-1) \leq \dfrac{(n-1)s^2}{\sigma^2} \leq \chi^2_{0.025}(n-1)\right) = 0.95 \tag{8.38}$$

である。したがって，不等式を変形して

$$Pr\left(\dfrac{(n-1)s^2}{\chi^2_{0.025}(n-1)} \leq \sigma^2 \leq \dfrac{(n-1)s^2}{\chi^2_{0.975}(n-1)}\right) = 0.95 \tag{8.39}$$

が得られる。定数 $\chi^2_{0.975}(n-1)$ と $\chi^2_{0.025}(n-1)$ は χ^2 分布表からわかるので，母分散 σ^2 の 95% 信頼区間は $[(n-1)s^2/\chi^2_{0.025}(n-1), (n-1)s^2/\chi^2_{0.975}(n-1)]$ により求められる。同様に 99% 信頼区間は，$Pr((n-1)s^2/\sigma^2 \geq \chi^2_{0.005}(n-1))=0.005$ となるような $\chi^2_{0.005}(n-1)$ と $Pr((n-1)s^2/\sigma^2 \leq \chi^2_{0.995}(n-1))=0.005$ となるような $\chi^2_{0.995}(n-1)$ とから $[(n-1)s^2/\chi^2_{0.005}(n-1), (n-1)s^2/\chi^2_{0.995}(n-1)]$ である。

【例題 8.6】　例題 8.3 のデータから，製品重量の分散を区間推定する。

例題 8.4 で求めたように，$s^2=0.001425$ である。巻末の χ^2 分布表から $\chi^2_{0.025}(9)=$

19.02, $\chi^2_{0.975}(9) = 2.700$ であるので，信頼度 95% の信頼区間は

$$\left[\frac{(n-1)s^2}{\chi^2_{0.025}(n-1)}, \frac{(n-1)s^2}{\chi^2_{0.975}(n-1)}\right] = \left[\frac{9 \times 0.001425}{19.02}, \frac{9 \times 0.001425}{2.700}\right]$$
$$= [0.000674, 0.00475]$$

あるいは，標準偏差で見て $0.0260 \leq \sigma \leq 0.0689$ となる。信頼度 99% の信頼区間は $\chi^2_{0.005}(9) = 23.59$, $\chi^2_{0.995}(9) = 1.735$ であるので

$$\left[\frac{(n-1)s^2}{\chi^2_{0.005}(n-1)}, \frac{(n-1)s^2}{\chi^2_{0.995}(n-1)}\right] = \left[\frac{9 \times 0.001425}{23.59}, \frac{9 \times 0.001425}{1.735}\right]$$
$$= [0.000544, 0.00739]$$

となる。標準偏差では $0.0233 \leq \sigma \leq 0.0860$ である。

練習問題

1. （ポアソン分布）次に示すデータは，ある日の 8 時から 21 時までの間に K 通信社が配信したニュースの数を時間帯ごとに集計したものである。1 時間に配信されるニュースの数がパラメータ λ のポアソン分布に従っているものとする。λ の点推定値を求めよ。

時間帯	数
8:00～9:00	5
9:00～10:00	6
10:00～11:00	5
11:00～12:00	8
12:00～13:00	3
13:00～14:00	5
14:00～15:00	4
15:00～16:00	4
16:00～17:00	8
17:00～18:00	8
18:00～19:00	12
19:00～20:00	6
20:00～21:00	5

2. （指数分布）前問のデータで K 通信社が 18 時から 19 時の間に配信した 12 本のニュースについて，それぞれ直前に配信したニュースから何分後に配信されたかを調べると，次のようであった。

14, 11, 2, 2, 4, 5, 2, 5, 3, 1, 3, 1 （分）

ニュースの配信される時間間隔がパラメータ μ の指数分布に従っているものとする。μ の推定値を求めよ。

3. （母平均の区間推定）ある不動産会社が調査した N 大学周辺の学生向け下宿

（マンション，アパート）の平均家賃は 5.93 万円，標準偏差は 1.86 万円であった．調査した物件の数は 157 である．N 大学周辺の学生向け下宿の家賃について，95％ および 99％ の信頼度で区間推定を行え．

4. （標本数の決定）前問で，下宿家賃の 99％ 信頼区間を 0.5（万円）以内の精度で求めるとしたら，調査物件数は少なくともどれだけ必要だろうか．

5. （母平均の区間推定）ある調査によると，主要な製薬会社 15 社について 2005 年 4 月入社の大卒初任給（本社勤務総合職）は次に示す通りである．これらのデータを，母集団を適切に代表する標本であるとみなす．製薬会社の大卒初任給の平均値について，95％ および 99％ の信頼度で区間推定を行え．

会社	初任給(千円)	会社	初任給(千円)	会社	初任給(千円)
A	220	F	223	K	215
B	215	G	209	L	210
C	212	H	225	M	207
D	220	I	216	N	220
E	210	J	220	O	210

6. （母平均の区間推定）ある大学で学部生 110 人を無作為に選んで，1 カ月当たりの勉学費を調査したところ，次のような結果であった．これから，勉学費の平均値と標準偏差を求め，母平均を信頼度 95％ で区間推定せよ．

勉学費の階級	人数
0 ～ 3000 円未満	27
3000 ～ 6000	44
6000 ～ 9000	23
9000 ～ 12000	4
12000 ～ 15000	7
15000 ～ 18000	5
合　　計	110

7. （母比率の区間推定）ランダムにいくつかのパソコン販売店を調査したところ，最近 1 カ月間に売れたパソコン台数 550 台のうち X 社の製品は 259 台であった．市場における X 社のシェアを 95％ と 99％ の信頼度で区間推定せよ．

第 9 章 仮説の検定

　この章では，検定について説明する。検定とは，母集団の分布の特徴に関する仮説が正しいかどうか，標本として集められたデータから明らかにしていくことである。前章の推定の場合と同じように，母集団分布の特徴は，母平均や母比率，母分散などの指標によって代表される。したがって，検定すべき仮説も，これらの指標に対して立てられることが多い。たとえば，わが国の勤労者世帯における年間の平均収入額は 600 万円を超えているだろうか，わが国の失業率は 3% 以上だろうか，などといった問題に回答を与えることが検定の目的である。

　以下では，まず仮説の立て方について説明し，次いで母平均，母比率，母分散の検定について具体的な手順を説明する。

9.1 検定の設計

　検定を行うには，検定すべき仮説を確定しなければならない。検定すべき仮説は**帰無仮説**とよばれる。たとえば，勤労者世帯の年間平均収入額（μ とする）が 600 万円に等しいかどうかという仮説を検定したいのなら，$\mu=600$ 万円というのが帰無仮説であり，通常

$$H_0 : \mu = 600$$

のような書き表し方をする。H_0 と書くのは，帰無仮説のことを英語で null hypothesis というので，hypothesis の頭文字 H に null が意味する 0 を添字したことに由来する。検定は，標本から得られる情報に照らして帰無仮説が「棄却される」か「棄却されない」かを判定する手続きである。棄却される場合は他の仮説が支持されるわけだが，そのような仮説を**対立仮説**とよびあら

かじめ定めておく。たとえば, $\mu=600$ という帰無仮説に対しては,

$$H_1 : \mu \neq 600$$

というような対立仮説（alternative hypothesis, alternative の頭文字を取って H_A と表記されることもある）が対置される。対立仮説の立て方は, 1つの帰無仮説に対してただ1つというわけではなく, いろいろな可能性がある。何らかの情報によって $\mu>600$ でないことがわかっているなら, 対立仮説は

$$H_1 : \mu < 600$$

とするのが適当である。こうした事前情報に基づく対立仮説の設定は, 勤労者世帯の平均収入などについては考えにくいかもしれない。しかし, 慢性の高血圧症の人が定期的に血圧を測定する場合などでは, 血圧が正常値である（帰無仮説）か, 正常値より高い（対立仮説）かが問題であり, 対立仮説が自然に不等式の形になる。

また, 帰無仮説が不等式になることも考えられる。勤労者世帯の平均収入がどういう値になるかが問題ではなく, それがたとえば600万円以上であるか未満であるかが問題になるときは,

$$H_0 : \mu \leq 600$$
$$H_1 : \mu > 600$$

のように仮説を立て, 標本データに照らして帰無仮説が棄却されるかどうかを検定し, 棄却されない場合は帰無仮説を, 棄却される場合は対立仮説を採択するのである。

【例題 9.1】 (1) 名古屋市の年間降水量はおよそ 1600 mm といわれている。しかし, 最近雨が以前よりも降らなくなったような気がする。そこで, 数年間のデータを使って, 本当に降水量が減ったのかどうか調べたい。

名古屋の年間の平均降水量を μ mm として,

$$H_0 : \mu = 1600$$
$$H_1 : \mu < 1600$$

という検定を行う。

(2) ある百貨店で, 商品の売場構成の変更を検討している。そこで, ある商品について, 試験的に売場を変更し売れ行きに影響があるかどうかを調べた。ただし, 売場の変更が売れ行きに好影響を与えるか悪影響を与えるかはわからない。

その商品が従来は1日当たりおよそ Q 個売れていたとする。売場変更後の1日当たり販売個数の母平均を μ として,

$$H_0: \mu = Q$$
$$H_1: \mu \neq Q$$

という検定を行う．

(3) ある家電販売店が値引きセールを実施したが，その効果が本当にあったのかどうか知りたい．

通常期間中の1日の売上額が V であるとする．セール期間中の1日当たりの売上額の母平均を μ として，

$$H_0: \mu = V$$
$$H_1: \mu > V$$

という検定を行う．

さて，勤労者世帯の年間平均収入が600万円であるという帰無仮説を検定する手順を説明しよう．いま，勤労者世帯の収入についてサイズ n の標本 $x_1, x_2, \cdots, x_n$ が得られているものとする．また，標本平均を $\bar{x}=(x_1+x_2+\cdots+x_n)/n$ とする．第7章で見たように，標本が母平均 μ，母分散 σ^2 の母集団からランダムに抽出された標本である限り，$E(\bar{x})=\mu, Var(\bar{x})=\sigma^2/n$ となる．また，母集団の分布が正規分布であるか，そうでなくとも n が十分に大きければ，$Z=\sqrt{n}(\bar{x}-\mu)/\sigma$ は標準正規分布に従うので

$$Z = \frac{\bar{x}-\mu}{\sqrt{\sigma^2/n}} \sim N(0,1) \tag{9.1}$$

と書ける．

検定したい帰無仮説は

$$H_0: \mu = 600$$

であった．対立仮説は，$H_1: \mu \neq 600$ としておこう．手順の第1は，帰無仮説が正しいと仮定してみることである．すると，(9.1) 式から

$$Z_0 = \frac{\bar{x}-600}{\sqrt{\sigma^2/n}} \sim N(0,1)$$

でなければならない．

検定の手順の第2は，この Z_0 が本当に標準正規分布 $N(0,1)$ に従っているとみなしてよいかどうか判定するため，標本の情報から Z_0 を観察してみることである．つまり，標本データから Z_0 を計算する．その際，σ^2 が必要であるが，とりあえずこれはわかっているものとしておく．帰無仮説が正し

図9.1 棄却域

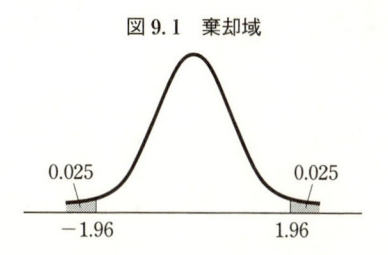

（標準正規分布の図。両側に0.025の棄却域。-1.96 と 1.96）

ければ Z_0 は標準正規分布に従うのだから，おのずから Z_0 の取りそうな値の範囲は決まってくる。たとえば，巻末の標準正規分布表からわかるように，帰無仮説が正しい限り95％の確率で $-1.96 \leq Z_0 \leq 1.96$ となるはずである（図9.1）。

逆に言えば，$Z_0 < -1.96$ または $Z_0 > 1.96$ となる確率は5％しかないはずである。にもかかわらず，標本から計算された数値が $Z_0 < -1.96$ または $Z_0 > 1.96$ という範囲に入ったならば，これは不自然なことだということになり帰無仮説の妥当性が疑われる。そこで，そうした場合には帰無仮説を棄却するという判断を下すのである。

このような論理の進め方は，数学の背理法に類似している。背理法では，ある命題を仮定した上でそこから矛盾を導き，それによって命題を否定する。この場合，矛盾は100％の確率で誤りであることを意味するから，躊躇なく命題を否定できる。これに対して検定の場合は，低い確率でしか観察されないはずの値が観察されたことを理由に帰無仮説を棄却する。しかし，低い確率といっても0ではないから帰無仮説が絶対に誤りであるという判断は下せない。そこで，客観性を保つために，その低いとみなした確率がいくつであったかを報告しなければならない。上の例のように，5％を低い確率とみなすならば，計算された Z_0 が $Z_0 < -1.96$ または $Z_0 > 1.96$（絶対値を使って書けば，$|Z_0| > 1.96$）のときに帰無仮説を棄却する。このとき，**有意水準**が5％であるという。そして，標本から実際に計算された Z_0 が $|Z_0| > 1.96$ ならば，帰無仮説は有意水準5％で棄却されるといい，$|Z_0| \leq 1.96$ ならば，有意水準5％で帰無仮説は棄却されないという。また，$|Z_0| > 1.96$ のようにそこに値が観察された場合に帰無仮説を棄却する範囲のことを，**棄却域**という。有意水準を何％にするかについて，理論的にこうすべきだという基準はない。しかし，

通常は5%か1%に設定することが多い。

たとえば，勤労者世帯の年間収入額に関する50世帯の調査から，標本平均627万円というデータが得られた場合，σ^2が410万円であることがわかっているものとすると

$$Z_0 = \frac{627-600}{\sqrt{410/50}} = 9.43$$

となる。この場合，$|Z_0|=9.43>1.96$なので，Z_0の値は棄却域に入っている。したがって，勤労者世帯の平均収入額が600万円であるという帰無仮説は有意水準5%で棄却される。

9.2　検定での誤り──タイプIとタイプIIの誤り

検定の具体的な手順に進む前に，ここで検定に際して起こりうべき誤りについて考えておきたい。検定されるのは帰無仮説だから，起こりうべき誤りとは次の2つである。

①帰無仮説が正しい場合に帰無仮説を棄却してしまう誤り
②帰無仮説が誤りである場合に帰無仮説を棄却しない誤り

①を**タイプIの誤り**，②を**タイプIIの誤り**という。当然，これら2つのタイプの誤りをできる限り小さくする方法が，良い検定法ということになる。ところが，タイプIの誤りとタイプIIの誤りの間には，一方を小さくすると他方が大きくなるという関係がある。

引き続き，勤労者世帯の年間収入額が600万円であるという帰無仮説を検定する問題を考える。まず，タイプIの誤りの大きさがどう決まるか見るため，帰無仮説が正しい状況を考える。帰無仮説が正しければ平均所得額は600万円だから，(9.1)式にあるようにZ_0は標準正規分布に従う。一方，**9.1**節では有意水準を5%とし，棄却域を$|Z_0|>1.96$に設定した。標本から計算されたZ_0の値が棄却域に入れば帰無仮説は棄却される。ところが，Z_0は標準正規分布に従うのだから，$|Z_0|>1.96$となる確率は5%となり有意水準に等しい。つまり，タイプIの誤りの大きさは有意水準に等しい。このことは，

一般の場合について成り立つ。

次に、タイプIIの誤りの大きさはどう決まるのであろうか。今度は帰無仮説が誤りである状況を考えよう。このとき、Z_0 がどのような分布に従うかは、勤労者世帯年間平均収入の真の値が何であるかに依存する。真の値を仮に700万円とすると、$\bar{x}$ は平均700（万円）、分散は σ^2/n の正規分布に従うことになる。すると、$Z_0 = \sqrt{n}(\bar{x} - 600)/\sigma$ の分布は帰無仮説が正しい場合のように標準正規分布とはならず、

$$E(Z_0) = \frac{700 - 600}{\sqrt{\sigma^2/n}}, \quad Var(Z_0) = 1$$

より

$$Z_0 \sim N\left(\frac{100}{\sqrt{\sigma^2/n}}, 1\right) \tag{9.2}$$

となる。有意水準が5%で棄却域が $|Z_0| > 1.96$ に設定されているならば、タイプIIの誤りの確率は、Z_0 の分布が(9.2)式であるときに帰無仮説を棄却しない、つまり $|Z_0| \leq 1.96$ となる確率である。

これを視覚的に見るために、帰無仮説が正しくないときの Z_0 の分布 [(9.2)] と帰無仮説が正しい場合の Z_0 の分布 $N[(0,1)]$ を重ねて図示したのが図9.2である。図中に示しているように、$N(0,1)$ 両端の棄却域の大きさがタイプIの誤りの大きさであり、これは有意水準を固定している限り一定である。しかし有意水準を1%に変更すると、タイプIの誤りは小さくなるがタイプIIの誤りが大きくなることは、図から明らかである。つまり、2つの誤りは互いにトレード・オフの関係にある。

タイプIの誤りは、有意水準を選択することによって一定にコントロールできる。よって検定方法を考えるときは、タイプIの誤りの大きさを所与として、タイプIIの誤りがどうなるかが問題である。そこで、（1 − タイプIIの誤りの大きさ）のことを**検出力**とよび、検出力の大きい検定法ほど望ましいと考える。しかし、タイプIIの誤りの大きさ、したがって検出力の大きさは、真の勤労者世帯平均収入の値によって変わる。図9.2では真の値が700万円の場合を示しているが、800万円が真の値である場合には、真の値の下での Z_0 の分布は右方へ移動するのでタイプIIの誤りは小さくなり、検出力

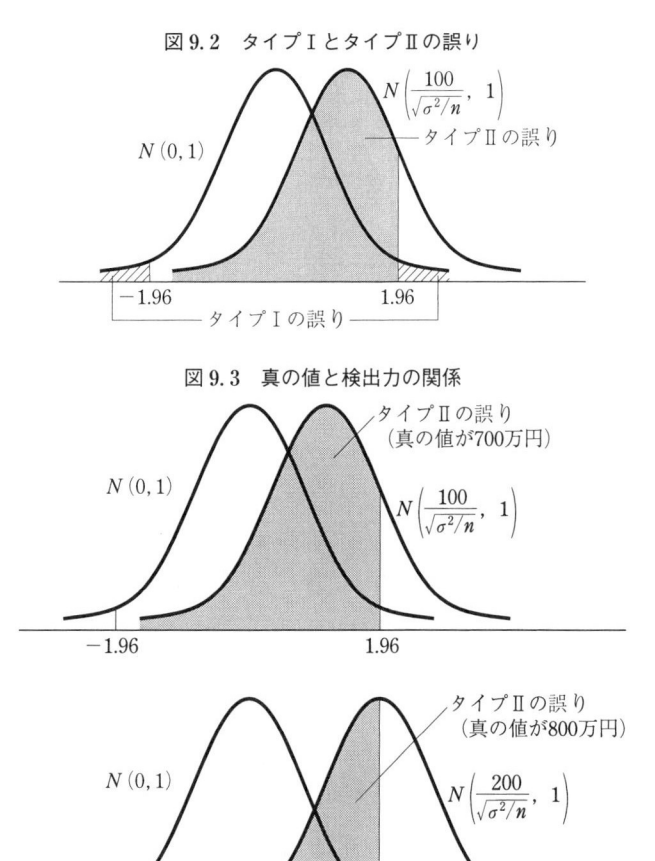

図 9.2　タイプⅠとタイプⅡの誤り

$N\left(\dfrac{100}{\sqrt{\sigma^2/n}},\ 1\right)$

タイプⅡの誤り

$N(0,1)$

-1.96　　1.96

タイプⅠの誤り

図 9.3　真の値と検出力の関係

タイプⅡの誤り（真の値が700万円）

$N(0,1)$　$N\left(\dfrac{100}{\sqrt{\sigma^2/n}},\ 1\right)$

-1.96　　1.96

タイプⅡの誤り（真の値が800万円）

$N(0,1)$　$N\left(\dfrac{200}{\sqrt{\sigma^2/n}},\ 1\right)$

-1.96　　1.96

が増大する（図 9.3）。逆に，真の値が帰無仮説に接近すると検出力は低下する。たとえて言えば，蝶とトンボのようにはっきり異なるものどうしは区別しやすいが，蝶と蛾のように似たものを区別するときは誤りやすいということと同じである。

　ところで，いま棄却域を分布の両側に設定しているが，これを片側だけに設定したらどうなるだろう。図 9.4 は，図 9.2 と同じ帰無仮説 $H_0:\mu=600$ と真の値 $\mu=700$ の下で，右端に棄却域を設定するのをやめて左側だけに設定

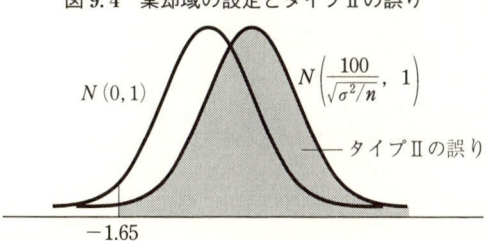

図 9.4 棄却域の設定とタイプⅡの誤り

$N(0,1)$

$N\left(\frac{100}{\sqrt{\sigma^2/n}}, 1\right)$

――― タイプⅡの誤り

-1.65

したらどうなるかを示している。有意水準を 5% のままとすると，左側だけで 5% の大きさの棄却域を作るため，$Z_0<-1.65$ が棄却域となる。容易に理解されるように，両側に棄却域を設けた場合に比べてタイプⅡの誤りが非常に大きくなってしまう（同じことだが検出力が非常に低下してしまう）。したがって，右側に棄却域を確保しておくことには意味がある。

では，左側に棄却域を確保しておく必要はあるのだろうか。図 9.4 に示している例では，帰無仮説 $H_0:\mu=600$ に対して，真の値は $\mu=700$ であり，帰無仮説の下での Z_0 の分布は真の Z_0 の分布の左に位置している。しかし，対立仮説が $H_1:\mu\neq600$ であれば，真の値がたとえば $\mu=500$ となる可能性もあるわけであり，その場合には帰無仮説の下での分布は真の値の下での分布の右に位置する。したがって，図 9.4 の位置関係を逆にして，棄却域を左側に置かず右側だけに設定した場合の図を描けば，やはりタイプⅡの誤りは非常に大きくなってしまう（図 9.5）。このことから，左側に棄却域を設定することの必要性は明らかである。

しかし，何らかの事前的情報（たとえば，**9.1**節で挙げた持病をもつ患者の血圧のような）により，$\mu<600$ にはならないことがわかっている場合には，左側に棄却域を設ける必要はなく右側だけに 5% の棄却域 $Z_0>1.65$ を置くのが検定力を高めるという点で望ましい。このような場合は，対立仮説は $H_1:\mu>600$ である。同様に考えて，$\mu>600$ とならないことがわかっている場合は対立仮説は $H_1:\mu<600$ であり，棄却域は左側だけに取る。まとめると，検定問題が

$H_0:\mu=600$

$H_1:\mu\neq600$

図 9.5 棄却域の設定とタイプⅡの誤り

真のZ_0の分布　　$N(0,1)$

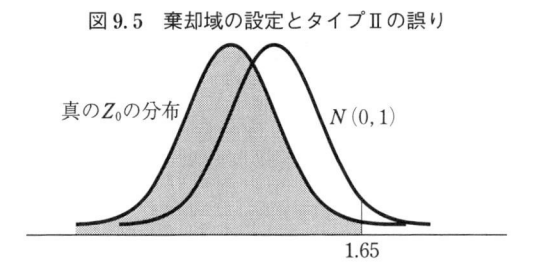

1.65

のように立てられているときは，棄却域を両側に設定する（両側検定）。

$$H_0: \mu = 600$$
$$H_1: \mu > 600$$

の場合は，棄却域は右側だけに設定する（右側検定）。

$$H_0: \mu = 600$$
$$H_1: \mu < 600$$

の場合は，棄却域を左側だけに設定する（左側検定）。

それでは，帰無仮説も不等式で表したい場合はどうすればよいだろうか。実は，

$$H_0: \mu \leqq 600$$
$$H_1: \mu > 600$$

の場合は，$H_0:\mu=600, H_1:\mu>600$ の場合と同じ右側検定を行えばよい。この理由を理解するには，$H_0:\mu=600, H_1:\mu>600$ の場合に設定される棄却域と検定統計量 $Z_0=\sqrt{n}(\bar{x}-600)/\sigma$ を，帰無仮説が $H_0:\mu=c, c<600$ である場合に適用したときのタイプⅠの誤りの大きさを見ればよい。タイプⅠの誤りの大きさは，帰無仮説が正しいときに帰無仮説を棄却する確率であった。そこで，$H_0:\mu=c, c<600$ が正しいとしてみると，$Z_0=\sqrt{n}(\bar{x}-600)/\sigma$ の実際の分布は

$$Z_0 \sim N\left(\frac{c-600}{\sigma/\sqrt{n}}, 1\right)$$

となる。このとき，Z_0 が棄却域に落ちる確率はどうなるであろうか。有意水準を 5% とすると，$H_0:\mu=600, H_1:\mu>600$ の場合の棄却域は右側検定問題なので $Z_0>1.65$ である。図 9.6 に，$c=500$ の場合について $Z_0>1.65$ となる確率を図示した。明らかなように，その大きさは 5% より小さい。このことは，

図 9.6 帰無仮説とタイプ I の誤り

$N\left(\dfrac{-100}{\sqrt{\sigma^2/n}},\ 1\right)$　$N(0,1)$

棄却域(5%)

タイプ I の誤り

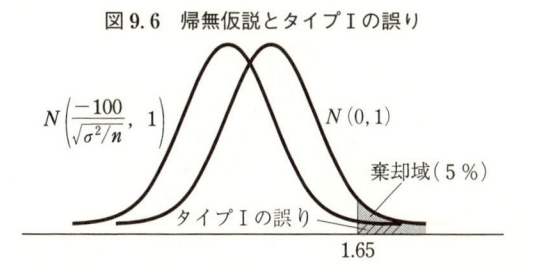

1.65

$c<600$ である限りどんな c についても，タイプ I の誤りの大きさは必ず5%以下となる。

有意水準5%とは，タイプ I の誤りの大きさを5%にコントロールすることであったから，このようなやり方は，帰無仮説が等号の場合の検定手順より厳しくタイプ I の誤りをコントロールすることになる。しかし，これは誤りの大きさをより小さく押さえるということだから，悪いことではない。そこで，有意水準によるタイプ I の誤りの大きさのコントロールを，ちょうど有意水準の大きさにするという意味でなく，少なくとも有意水準の大きさ以下にとどめるという意味に変更する。そう考えれば，帰無仮説が不等式で表されるような検定問題に対して，帰無仮説が等号の場合の片側検定問題と同じ棄却域を適用することができる。まったく同様に，

$H_0: \mu \geqq 600$

$H_1: \mu < 600$

のような場合は，$H_0: \mu=600, H_1: \mu<600$ の場合と同じ左側検定を行う。

9.3　母平均の検定

母平均に関する検定の手順は前節でも説明したが，そこでは母分散 σ^2 が既知であることを仮定した。しかし，このようなことは普通には期待できない。そこで，母分散が未知の場合に標本分散 s^2 を使って検定を行う方法をここで説明する。

母分散が未知の場合の母平均の推定（**8.4**節）のところで見たように，母平均を μ，標本平均を $\bar{x}$，標本分散（分母は $n-1$）を s^2，標本の大きさを n とすると，

$$t = \frac{\bar{x} - \mu}{\sqrt{s^2/n}} \tag{9.3}$$

は，自由度 $n-1$ の t 分布に従う．したがって，母平均は a に等しいという帰無仮説，つまり

$$H_0 : \mu = a$$

について，これが正しいとすると

$$t_0 = \frac{\bar{x} - a}{\sqrt{s^2/n}} \tag{9.4}$$

は自由度 $n-1$ の t 分布に従うはずである．対立仮説が

$$H_1 : \mu \neq a$$

のときは両側検定を行い，有意水準 $100\alpha\%$ の棄却域を $|t_0| > t_{\alpha/2}(n-1)$ に定める．ただし，棄却域の臨界値は $Pr(|t_0| > t_{\alpha/2}(n-1)) = \alpha$ となるような点で，巻末の t 分布表から求められる．その結果，標本から計算された t_0 が棄却域の中に観測されるなら帰無仮説は有意水準 $100\alpha\%$ で棄却され，棄却域の外に観測されるなら帰無仮説は有意水準 $100\alpha\%$ で棄却されない．

前節で議論したように，対立仮説が $H_1 : \mu > a$ ならば右側検定を行い，有意水準 $100\alpha\%$ の棄却域を $t_0 > t_\alpha(n-1)$ に設定する．ただし，$Pr(t_0 > t_\alpha(n-1)) = \alpha$ である．また対立仮説が $H_1 : \mu < a$ ならば左側検定を行い，有意水準 $100\alpha\%$ の棄却域を $t_0 < t_\alpha(n-1)$ に設定する．

【例題 9.2】 全国の母子世帯の中からランダムに 30 世帯を選び出して貯蓄額を調査したところ，その平均貯蓄額は 5610（千円），標準偏差は 2040（千円）であった．全国全世帯の平均貯蓄額は 7500（千円）程度とみられているが，母子世帯全体の平均貯蓄額はこの全世帯平均と比べて有意に低いといえるだろうか．

母子世帯全体の平均貯蓄額を μ として，帰無仮説と対立仮説を

$$H_0 : \mu = 7500$$
$$H_1 : \mu < 7500$$

とする．対立仮説の不等号の向きから，左側検定を行う．$n=30, \bar{x}=5610, s=2040$ である．帰無仮説が正しければ，検定統計量

$$t_0 = \frac{\bar{x} - 7500}{s/\sqrt{n}}$$

は自由度 29 の t 分布に従う．左側検定であるので，有意水準が 5% の場合は $t_0 < -t_{0.05}(29)$ のとき，帰無仮説を棄却する．ただし，$t_{0.05}(29)$ は $Pr(t_0 < -t_{0.05}(29)) = $

図 9.7 自由度 29 の t 分布

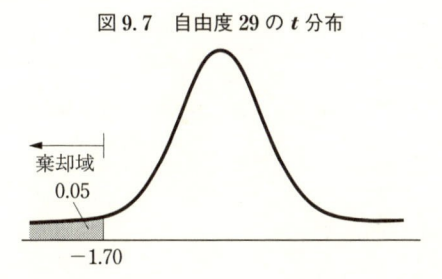

棄却域
0.05
-1.70

0.05 となるような値であり，これは巻末の t 分布表によれば 1.70 となる。したがって，棄却域を図示すれば図 9.7 のシャドー部分のようになる。さて，t_0 を標本から求めてみると $t_0 = (5610 - 7500)/(2040/\sqrt{30}) = -5.07$ であり，-1.70 より小さいから t_0 は棄却域に落ちる。すなわち，帰無仮説は有意水準 5% で棄却され母子世帯の平均貯蓄額は全世帯平均より有意に低いといえる。

有意水準を 1% にすると，棄却域は $t_0 < -t_{0.01}(29) = -2.46$ だから帰無仮説は有意水準 1% でも棄却される。

9.4 母比率の検定

母比率 p に関する検定は，第 8 章で説明した推定と同様，標本のサイズ n が十分大きいとき，標本比率 $\hat{p}$ が $N(p, p(1-p)/n)$ に従うことを利用する。このことから直ちに

$$Z = \frac{\hat{p} - p}{\sqrt{\frac{p(1-p)}{n}}} \sim N(0, 1) \tag{9.5}$$

だから，帰無仮説を $H_0 : p = p_0$ とすると，この帰無仮説が正しいとき，

$$Z_0 = \frac{\hat{p} - p_0}{\sqrt{\frac{p_0(1-p_0)}{n}}} \sim N(0, 1) \tag{9.6}$$

となる。対立仮説が $H_1 : p \neq p_0$ ならば両側検定となり，有意水準 $100\alpha\%$ の棄却域を $|Z_0| > Z_{\alpha/2}$ に設定する。ただし，$Pr(|Z_0| > Z_{\alpha/2}) = \alpha$ であり，このような $Z_{\alpha/2}$ の値は巻末の正規分布表から求める。$\alpha = 0.05$ なら $Z_{\alpha/2} = 1.96$ であり，$\alpha = 0.01$ なら $Z_{\alpha/2} = 2.58$ である。

対立仮説が $H_1 : p > p_0$ ならば右側検定を行い，有意水準 $100\alpha\%$ の棄却域

を $Z_0 > Z_\alpha$ とする。$\alpha = 0.05$ なら $Z_\alpha = 1.65$, $\alpha = 0.01$ なら $Z_\alpha = 2.33$ となる。対立仮説が $H_1 : p < p_0$ ならば左側検定を行い，有意水準 $100\alpha\%$ の棄却域を $Z_0 < -Z_\alpha$ とする。

【例題 9.3】 X大学の学長選挙では，総投票数の過半数の票を得た候補者を学長として選出する。目下，A候補とB候補の間で選挙戦が行われているが，下馬評ではB候補が優勢である。そこで，有権者150人をランダムに選んで質問したところ，今度の学長選挙でA候補に投票すると答えた人が57人，B候補に投票すると答えた人が82人いた。

(1) A候補は劣勢のようだが，過半数の票を確保して当選する可能性はあるだろうか。

A候補の得票が過半数に達する可能性を検定するので，帰無仮説と対立仮説を次のように立てる。A候補の得票率を p_A として，

$H_0 : p_A \geqq 0.5$
$H_1 : p_A < 0.5$

9.2 節で説明したように，このような場合の検定問題は

$H_0 : p_A = 0.5$
$H_1 : p_A < 0.5$

とまったく同じにすればよい。よって，有意水準を5%とすると，棄却域は左側だけに5%の大きさで設定する。巻末の標準正規分布表から，これは $Z_0 < -1.65$ である。標本から Z_0 の観察値を求めてみると，$\hat{p}_A = 57/150 = 0.38$, $n = 150$ より

$$Z_0 = \frac{0.38 - 0.5}{\sqrt{\frac{0.5 \times 0.5}{150}}} = -2.94$$

となり，$-2.94 < -1.65$ だから Z_0 は棄却域に落ちる。したがって，帰無仮説は有意水準5%で棄却され，A候補が学長に選出される可能性はほとんどないといってよい。なお，有意水準を1%とすると，左側検定の棄却域は $Z_0 < -2.33$ だから帰無仮説は有意水準1%でも棄却される。

(2) B候補は優勢であるが，B候補が過半数の票を得られず学長に選出されない可能性はあるだろうか。

このことを検定するには，次のように帰無仮説と対立仮説を立てる。p_B をB候補の得票率として

$H_0 : p_B \leqq 0.5$
$H_1 : p_B > 0.5$

有意水準5%で右側検定を行うと，棄却域は $Z_0 > 1.65$ である。標本比率 $\hat{p}_B = 82/150 = 0.55$, $n = 150$ より

$$Z_0 = \frac{0.55-0.5}{\sqrt{\dfrac{0.5\times 0.5}{150}}} = 1.22$$

1.22<1.65 だから Z_0 は棄却域の外にある。よって有意水準5%で帰無仮説は棄却されず，B候補が過半数を取れない可能性はある。B候補の当選は確実とまではいえない。

9.5 母分散の検定

母分散 σ^2 に関する検定は，標本分散 s^2 の性質を利用して行う。すなわち，第8章の母分散の推定でも用いたように，$(n-1)s^2/\sigma^2$ は自由度 $n-1$ の χ^2 分布に従う。したがって，帰無仮説を $H_0: \sigma^2 = \sigma_0^2$ とすると，この帰無仮説が正しければ

$$\chi_0^2 = \frac{(n-1)s^2}{\sigma_0^2} \tag{9.7}$$

は自由度 $n-1$ の χ^2 分布に従うことになる。対立仮説が $H_1: \sigma^2 \neq \sigma_0^2$ であれば両側検定を行い，標本から計算された χ_0^2 が $\chi_0^2 < \chi_{1-\alpha/2}^2(n-1)$ または $\chi_0^2 > \chi_{\alpha/2}^2(n-1)$ の範囲に観測されたとき，帰無仮説を有意水準 $100\alpha\%$ で棄却する。ただし，棄却域の臨界値は，$Pr(\chi_0^2 < \chi_{1-\alpha/2}^2(n-1)) = \alpha/2, Pr(\chi_0^2 > \chi_{\alpha/2}^2(n-1)) = \alpha/2$ となるような値であり巻末の χ^2 分布表から求められる。

対立仮説が $H_1: \sigma^2 > \sigma_0^2$ となる場合は右側検定を行い，有意水準 $100\alpha\%$ の棄却域は $\chi_0^2 > \chi_\alpha^2(n-1)$ に設定する。ただし，$Pr(\chi_0^2 > \chi_\alpha^2(n-1)) = \alpha$ である。対立仮説が $H_1: \sigma^2 < \sigma_0^2$ の場合は左側検定を行い，有意水準 $100\alpha\%$ の棄却域は $\chi_0^2 < \chi_{1-\alpha}^2(n-1)$ に設定する。ただし，$Pr(\chi_0^2 < \chi_{1-\alpha}^2(n-1)) = \alpha$ である。帰無仮説を不等式の形にして，$H_0: \sigma^2 \leq \sigma_0^2$ とする場合は右側検定，$H_0: \sigma^2 \geq \sigma_0^2$ とする場合は左側検定を行う。

【例題9.4】 例題8.3と同じ工場で新しい生産ラインを導入した。そこで新しい生産ラインで製造された製品10個を無作為に抜き取り，重量を測定したところ次のような結果であった（単位：kg）。

2.975	2.981	3.038	2.997	2.993
3.033	3.007	3.020	2.973	3.006

従来の生産ラインでは製品重量の標準偏差は 0.028 kg であった。新ラインでは従来のラインより製品重量のバラツキが小さくなることを期待されている。期待

通りにバラツキは小さくなっているといえるだろうか。

帰無仮説と対立仮説を次のように立てる。新ラインの製品重量の分散を σ^2 として

$$H_0 : \sigma^2 = 0.028^2$$
$$H_1 : \sigma^2 < 0.028^2$$

とする。$n=10, s^2 = 0.0005265$ より

$$\chi_0^2 = \frac{9 \times 0.0005265}{(0.028)^2} = 6.044$$

であるが，帰無仮説が正しければ χ_0^2 は自由度9の χ^2 分布に従う。有意水準を5%とすると，左側検定の棄却域は $\chi_0^2 < \chi_{0.95}^2 (9) = 3.325$ である。しかし，$3.325 < 6.044$ から帰無仮説は有意水準5%で棄却されない。新ラインは必ずしも製品重量のバラツキを小さくすることに成功していない。

9.6 母平均の差の検定

ここまで扱ってきた検定問題は1つの母集団の分布に関するものであったが，2つの母集団を比較したいことも多い。たとえば，同じ勤労者世帯の平均収入額でも関東と関西で差があるかどうかということや，失業率が男性と女性で異なるかどうかという問題である。前者は2つの母集団の間の平均の差に関する検定問題であり，後者は比率の差に関する検定問題となる。この節では，まず母平均の差を検定する手順について説明し，次節で母比率の差の検定について説明する。

2つの母集団 A と B を考え，A, B の母平均をそれぞれ μ_A, μ_B，母分散をそれぞれ σ_A^2, σ_B^2 とする。母集団 A から無作為に抽出した大きさ n_A の標本を $x_1, x_2, \cdots, x_{n_A}$ とし，母集団 B から無作為抽出した大きさ n_B の標本を $x_1, x_2, \cdots, x_{n_B}$ とする。よって，標本平均 $\bar{x}_A = (x_1 + x_2 + \cdots + x_{n_A})/n_A, \bar{x}_B = (x_1 + x_2 + \cdots + x_{n_B})/n_B$ は，母集団 A, B の分布が正規分布であるか，n_A, n_B が十分に大きい場合には正規分布に従う。つまり，

$$\begin{aligned} \bar{x}_A &\sim N\left(\mu_A, \frac{\sigma_A^2}{n_A}\right) \\ \bar{x}_B &\sim N\left(\mu_B, \frac{\sigma_B^2}{n_B}\right) \end{aligned} \quad (9.8)$$

となる。標本平均の差 $\bar{x}_A - \bar{x}_B$ の期待値は2つの標本平均の差であり，また

A からの標本と B からの標本が独立であるならば，分散は2つの標本分散の和となる．さらに，第 *7* 章で見たように正規分布の再生性から，$\bar{x}_A - \bar{x}_B$ の分布も正規分布となり，

$$\bar{x}_A - \bar{x}_B \sim N\left(\mu_A - \mu_B, \frac{\sigma_A^2}{n_A} + \frac{\sigma_B^2}{n_B}\right) \tag{9.9}$$

と書ける．

まず，母分散 σ_A^2, σ_B^2 が既知の場合について説明しよう．帰無仮説と対立仮説を

$$H_0 : \mu_A - \mu_B = 0$$
$$H_1 : \mu_A - \mu_B \neq 0$$

とすると，帰無仮説の下では

$$Z_0 = \frac{\bar{x}_A - \bar{x}_B}{\sqrt{\frac{\sigma_A^2}{n_A} + \frac{\sigma_B^2}{n_B}}} \sim N(0,1) \tag{9.10}$$

だから，有意水準を 5% とするなら標本から Z_0 を計算して $|Z_0|>1.96$ ならば帰無仮説を棄却し $|Z_0|\leq 1.96$ なら帰無仮説を採択する（有意水準 5%）．あるいは，有意水準を 1% とするなら，$|Z_0|>2.58$ で帰無仮説を棄却し $|Z_0|\leq 2.58$ で帰無仮説を採択する．

次に，σ_A^2, σ_B^2 が未知の場合は，n_A, n_B が十分大きければ Z_0 の中の σ_A^2, σ_B^2 を標本標準偏差 s_A^2, s_B^2 で置き換えて同様にすればよい．n_A, n_B が十分に大きくない場合は，次のような検定統計量 t_0 を用いる．

$$t_0 = \frac{\bar{x}_A - \bar{x}_B}{\sqrt{\left(\frac{1}{n_A} + \frac{1}{n_B}\right)\frac{(n_A-1)s_A^2 + (n_B-1)s_B^2}{n_A+n_B-2}}} \tag{9.11}$$

この t_0 は，$\sigma_A^2 = \sigma_B^2$ であるとき，自由度 n_A+n_B-2 の t 分布に従う．したがって，有意水準を 100α% とすると，$|t_0|>t_{\alpha/2}(n_A+n_B-2)$ なら帰無仮説を棄却し，$|t_0|\leq t_{\alpha/2}(n_A+n_B-2)$ なら帰無仮説を採択する．なお，(9.11) 式を使う検定は，$\sigma_A^2 = \sigma_B^2$，つまり2つの母集団の分散が等しい場合にのみ適用可能である．n_A, n_B が十分に大きくなく，2つの母集団の分散が等しくない場合には，もう少し複雑な手続きが必要となるが，本書ではこれ以上触れない．

【例題 9.5】 核家族世帯の世帯人員1人当たり1カ月の消費額を，夫婦共働きの世帯と1人働きの世帯とに分けて調査した。共働き世帯については25世帯を調査し，その世帯人員1人当たり消費月額は平均93860円，標準偏差は18933円であった。1人働き世帯については17世帯を調査し，1人当たり消費月額の平均が90220円，標準偏差が23677円であった。共働き世帯と1人働き世帯の間で，1人当たり消費月額に差があるといえるだろうか。

1人当たり消費月額の母平均を共働き世帯についてはμ_A，1人働き世帯についてはμ_Bとし，帰無仮説と対立仮説を

$H_0 : \mu_A - \mu_B = 0$
$H_1 : \mu_A - \mu_B \neq 0$

とする。共働き世帯と1人働き世帯の1人当たり消費月額の標本平均は，それぞれ，$\bar{x}_A = 93860, \bar{x}_B = 90220$，標準偏差は$s_A = 18933, s_B = 23677$，また，$n_A = 25, n_B = 17$である。よって，

$$t_0 = \frac{93860 - 90220}{\sqrt{\left(\frac{1}{25} + \frac{1}{17}\right)\left(\frac{24 \times 18933^2 + 16 \times 23677^2}{25 + 17 - 2}\right)}} = 0.552$$

である。2種類の世帯の間で1人当たり消費月額の母分散が等しいと仮定すると，t_0は帰無仮説の下で自由度$(25+17-2)$のt分布に従う。有意水準を5%とすると，巻末のt分布表より両側検定の棄却域は$|t_0| > 2.021$であるが，$t_0 = 0.552 < 2.021$であるので，有意水準5%で帰無仮説は棄却されない。よって，核家族世帯の世帯人員1人当たり消費月額は共働き世帯と1人働き世帯の間で有意な差は認められない。

以上の説明では，対立仮説を$H_1 : \mu_A - \mu_B \neq 0$としたので両側検定を行ってきたが，$H_1 : \mu_A - \mu_B > 0$とする場合は右側検定となり，棄却域を標準正規分布ないしt分布の右側だけに設定する。また$H_1 : \mu_A - \mu_B < 0$であれば左側検定を行い，棄却域は標準正規分布ないしt分布の左側だけに設定する

9.7 母比率の差の検定

ある属性の母集団比率がp_A, p_Bである2つの母集団AとBを考え，それらから大きさがそれぞれn_A, n_Bの標本を無作為に抽出したとする。p_A, p_Bに対応する標本比率がそれぞれ$\hat{p}_A, \hat{p}_B$であったとしよう。n_A, n_Bがともに十分大きければ標本比率$\hat{p}_A, \hat{p}_B$の分布は正規分布で近似できる。さらに2つの標本が互いに独立であれば，両者の差の分布も正規分布に従い

$$Z = \frac{(\hat{p}_A - \hat{p}_B) - (p_A - p_B)}{\sqrt{\dfrac{p_A(1-p_A)}{n_A} + \dfrac{p_B(1-p_B)}{n_B}}} \sim N(0,1) \qquad (9.12)$$

となることがわかる．帰無仮説と対立仮説が

$H_0 : p_A - p_B = 0$

$H_1 : p_A - p_B \neq 0$

であるとき，帰無仮説の下で $p_A = p_B = p$ とすると

$$Z_0 = \frac{\hat{p}_A - \hat{p}_B}{\sqrt{p(1-p)\left(\dfrac{1}{n_A} + \dfrac{1}{n_B}\right)}} \sim N(0,1) \qquad (9.13)$$

である．よって，有意水準を 5% とするなら $|Z_0| > 1.96$ で帰無仮説を棄却し，$|Z_0| \leq 1.96$ で帰無仮説を採択する．有意水準が 1% であれば，$|Z_0| > 2.58$ で帰無仮説を棄却し，$|Z_0| \leq 2.58$ で帰無仮説を採択する．なお．p には

$$\hat{p} = \frac{n_A \hat{p}_A + n_B \hat{p}_B}{n_A + n_B}$$

を代入する．

　これまでと同様に，対立仮説が $H_0 : p_A - p_B > 0$ のときは右側検定を行い，棄却域を標準正規分布の右側だけに設定する．つまり，有意水準 5% であれば $|Z_0| > 1.65$，有意水準 1% であれば $|Z_0| > 2.33$ を棄却域とする．対立仮説が $H_0 : p_A - p_B < 0$ のときは左側検定を行い，棄却域は分布の左側だけに設定する．

【例題 9.6】 N 大学では学部別に学生の授業に対する満足度を調査している．ある年の調査では，「授業に不満がある」と答えた者は，経済学部では回答者 160 名のうち 68 名であったのに対し，法学部では回答者 123 名のうち 33 名であった．経済学部生の方が法学部生に比べ，授業に対する不満度が高いといえるか，有意水準 5% で検定せよ．

　経済学部生の授業不満率を p_A，法学部生の授業不満率を p_B として，帰無仮説と対立仮説を

$H_0 : p_A - p_B = 0$

$H_1 : p_A - p_B > 0$

と立てる．経済学部の標本不満率は $\hat{p}_A = 68/160 = 0.425$，法学部の標本不満率は $\hat{p}_B = 33/123 = 0.268$，また $\hat{p} = (68+33)/(160+123) = 0.357$，さらに $n_A = 160, n_B = 123$

より

$$Z_0 = \frac{0.425 - 0.268}{\sqrt{0.357(1-0.357)\left(\frac{1}{160} + \frac{1}{123}\right)}} = 2.73$$

である。帰無仮説が正しいとき，Z_0 は標準正規分布に従う。よって，有意水準を5%とすると，巻末の標準正規分布表から右側検定の棄却域は $Z_0 > 1.65$ である。ところが，$Z_0 = 2.73 > 1.65$ だから帰無仮説は有意水準5%で棄却され，経済学部の方が授業に対する不満度が高いといえる。

9.8 分割表の検定

第4章の4.1節では，分割表の形で整理されたデータの分析について説明した。ここでは，分割表の縦の分類項目と横の分類項目とが独立であるかどうかを検定する手続きについて説明する。たとえば，表4.3は大卒者の就職状況を専攻（人文科学，社会科学，理系学部，その他学部）と職種（専門職従事者，事務職従事者，販売職従事者，その他）で分類しているが，専攻によって職種に違いがあるかどうかに興味があるとき，どのような検定手続きを適用すればよいだろうか。ひとつの方法は，比率の差の検定を適用することである。たとえば，社会科学専攻の学生と理系学部の学生の間で，専門職に就職した者の割合に差があるかどうかを検定することができる。しかし，同じような検定は社会科学の学生と人文科学の学生の間で行うこともできれば，事務職従事者や販売職従事者の割合について行うこともできる。そうした個別の問題について知りたい場合にはそれでよいが，専攻と職種について全体的に見て関係があるといえるのかどうか判断したい場合にはもっと簡単な方法が求められる。

そこで，分割表に対して

H_0：縦の分類基準と横の分類基準は独立である

という仮説検定を考える。この場合，対立仮説は

H_1：縦の分類基準と横の分類基準は独立でない

ということになるが，これは具体的にどのような関係があるから独立でないと主張するものではない。つまり，分割表の独立性検定では対立仮説は単なる帰無仮説の否定であり，このような場合には対立仮説を明示しないことが

表 9.1 観察度数

	B	$\bar{B}$	合 計
A	a	b	$a+b$
$\bar{A}$	c	d	$c+d$
合計	$a+c$	$b+d$	n

ただし，$a+b+c+d=n$

多い．なお，独立でないことの具体的な内容に立ち入って明らかにしたい場合には，比率の差の検定を個別に適用して調べる必要がある．

a 2×2 分割表の検定

まず簡単な場合として，2×2 の分割表について説明する．母集団から抽出された大きさ n の標本から，表9.1のような2×2分割表が得られたとする．なお，これは **4.4** 節の表4.7と基本的に同じものである．

表9.1の各セルの数値は実際に観察されたものであるので，これを観察度数とよぶことにする．これに対して，帰無仮説が正しいときに各セルに観察されるであろうと予想される数値を期待度数とよぶ．帰無仮説の下では，縦と横の分類基準は独立，つまり A であるか $\bar{A}$ であるかということと B であるか $\bar{B}$ であるかということの間に連関がない．したがって，**4.4** 節の議論から，たとえば A でありかつ B であるものの期待度数は，

$$(全体の数) \times (全体の中に占める A かつ B であるものの比率)$$
$$= (全体の数) \times (全体の中に占める A の比率)$$
$$\times (全体の中に占める B の比率)$$
$$= n \times \{(a+b)/n\} \times \{(a+c)/n\} = (a+b)(a+c)/n$$

となる．他のセルについても同様に考えれば，観察度数に対応する期待度数は

表 9.2 期待度数

	B	$\bar{B}$
A	$(a+b)(a+c)/n$	$(a+b)(b+d)/n$
$\bar{A}$	$(c+d)(a+c)/n$	$(c+d)(b+d)/n$

となる．期待度数は帰無仮説の下で求められたものだから，これを観察度数と比べることによって検定を行うことができる．

そのために，次のような検定統計量 Q_0 を用いる。

$$Q_0 = \frac{\{a-(a+b)(a+c)/n\}^2}{(a+b)(a+c)/n} + \frac{\{b-(a+b)(b+d)/n\}^2}{(a+b)(b+d)/n}$$
$$+ \frac{\{c-(c+d)(a+c)/n\}^2}{(c+d)(a+c)/n} + \frac{\{d-(c+d)(b+d)/n\}^2}{(c+d)(b+d)/n}$$
(9.14)

Q_0 は，{観察度数−期待度数}^{2}／期待度数 をすべてのセルについて足しあわせたものであるが，帰無仮説の下で自由度 1 の χ^2 分布に従うことがわかっている。したがって，$Q_0 > \chi_\alpha^2(1)$ ならば有意水準 $100\alpha\%$ で帰無仮説を棄却し，$Q_0 \leqq \chi_\alpha^2(1)$ ならば帰無仮説を採択する。

なお，分割表の検定を行うにあたって，各セルの期待度数があまり小さくなってはいけないことに注意する必要がある。期待度数が 5 以下になるようなセルがあるときは，サンプルを増やすか行ないし列を統合するかして，十分な大きさの期待度数を確保できるようにすべきである。

【例題 9.7】 N 大学の男女学生に対する調査で，ボランティア活動の経験の有無について質問したところ，次のような結果であった。

	経験がある	経験がない	合計
男子	14	57	71
女子	23	30	53
合計	37	87	124

ボランティア活動の有無について，男女間で差があるかどうか有意水準 1% で検定せよ。

期待度数を求めると，

(ボランティア経験のある男子) $= 71 \times 37/124 = 21.2$
(ボランティア経験のない男子) $= 71 \times 87/124 = 49.8$
(ボランティア経験のある女子) $= 53 \times 37/124 = 15.8$
(ボランティア経験のない女子) $= 53 \times 87/124 = 37.2$

である。よって，検定統計量は

$Q_0 = (14-21.2)^2/21.2 + (57-49.8)^2/49.8 + (23-15.8)^2/15.8$
$\quad + (30-37.2)^2/37.2 = 8.16$

となり，巻末の χ^2 分布表から $8.16 > \chi_{0.05}^2(1) = 3.84$ だから有意水準 5% で帰無仮説は棄却される。ボランティア活動の経験の有無は，男女学生間で有意な差があるといえる。

b $r \times s$ 分割表の検定

一般の分割表の場合も同様の考え方に基づいて検定を行うことができる。観察度数が

	B_1	B_2	$\cdots$	B_r	合計
A_1	x_{11}	x_{12}		x_{1r}	x_{10}
A_2	x_{21}	x_{22}		x_{2r}	x_{20}
$\vdots$	$\vdots$	$\vdots$		$\vdots$	$\vdots$
A_s	x_{s1}	x_{s2}	$\cdots$	x_{sr}	x_{s0}
合計	x_{01}	x_{02}	$\cdots$	x_{0r}	n

であるとする。帰無仮説の下での期待度数は

	B_1	B_2	$\cdots$	B_r	合計
A_1	f_{11}	f_{12}		f_{1r}	f_{10}
A_2	f_{21}	f_{22}		f_{2r}	f_{20}
$\vdots$	$\vdots$	$\vdots$		$\vdots$	$\vdots$
A_s	f_{s1}	f_{s2}	$\cdots$	f_{sr}	f_{s0}
合計	f_{01}	f_{02}	$\cdots$	f_{0r}	n

ただし，$f_{ij} = x_{i0}x_{0j}/n$

で与えられる。検定統計量は，

$$
\begin{aligned}
Q_0 &= \frac{(x_{11}-f_{11})^2}{f_{11}} + \frac{(x_{12}-f_{12})^2}{f_{12}} + \cdots + \frac{(x_{1r}-f_{1r})^2}{f_{1r}} \\
&\quad + \frac{(x_{21}-f_{21})^2}{f_{21}} + \frac{(x_{22}-f_{22})^2}{f_{22}} + \cdots + \frac{(x_{2r}-f_{2r})^2}{f_{2r}} \\
&\quad + \frac{(x_{s1}-f_{s1})^2}{f_{s1}} + \frac{(x_{s2}-f_{s2})^2}{f_{s2}} + \cdots + \frac{(x_{sr}-f_{sr})^2}{f_{sr}} \\
&= \sum_{i=1}^{s} \sum_{j=1}^{r} \frac{(x_{ij}-f_{ij})^2}{f_{ij}}
\end{aligned}
$$

となり，Q_0 は帰無仮説の下で自由度 $(r-1)(s-1)$ の χ^2 分布に従う。ここで，自由度が $(r-1)(s-1)$ となるのは，分割表の $r \times s$ 個のセルのうち，$(r-1) \times (s-1)$ 個についてわかれば残りは行和と列和からわかってしまい，独立なセルは $(r-1) \times (s-1)$ 個しかないという事実を反映している。したがって，$Q_0 > \chi_\alpha^2((r-1)(s-1))$ ならば有意水準 $100\alpha\%$ で帰無仮説を棄却し，

$Q_0 \leq \chi_\alpha^2((r-1)(s-1))$ ならば帰無仮説を採択する。

【例題 9.8】 第 *4* 章表 4.2 の分割表を使って，世帯主の年齢と貯蓄動機の間に関係があるかどうか調べてみよう。表 4.2 より観察度数は

世帯主年齢	病気や不時の災害への備え	老後の生活資金	子どもの教育資金	計
20・30 歳代	148	69	188	405
40・50 歳代	1099	947	665	2711
60 歳以上	2702	2459	100	5261
合　計	3949	3475	953	8377

である。期待度数は，

(20・30 歳代で貯蓄動機が病気や不時の災害への備え)
$= 405 \times 3949/8377 = 191$

(40・50 歳代で貯蓄動機が老後の生活資金) $= 2711 \times 3475/8377 = 1125$

などのようにして求めていくと，

世帯主年齢	病気や不時の災害への備え	老後の生活資金	子どもの教育資金
20・30 歳代	191	168	46
40・50 歳代	1278	1125	308
60 歳以上	2480	2182	599

となる。検定統計量は，

$$\begin{aligned}Q_0 &= (148-191)^2/191 + (69-168)^2/168 + (188-46)^2/46 \\ &\quad + (1099-1278)^2/1278 + (947-1125)^2/1125 + (665-308)^2/308 \\ &\quad + (2702-2480)^2/2480 + (2459-2182)^2/2182 + (160-599)^2/599 \\ &= 1444.1\end{aligned}$$

である。一方，分割表が 3×3 であるので自由度は $(3-1) \times (3-1) = 4$ だから，$Q_0 = 1444.1 > \chi_{0.05}^2(4) = 9.49$ であることより有意水準 5% で帰無仮説は棄却される。つまり，貯蓄動機は世帯主の年齢と関係があるといえる。また，$\chi_{0.01}^2(4) = 13.3$ だから帰無仮説は有意水準 1% でも棄却される。

練習問題

1. (母平均の検定) 各種調査によれば，東証一部上場企業の 2005 年 4 月の大学卒初任給は 200（千円）程度が一般的である。第 *8* 章の練習問題 5 のデータから，大手製薬企業の初任給はこの標準的な水準より 1 万円以上高いといえるかどうか，有意水準 5% で検定せよ。
2. (母比率の検定) パソコンメーカーの X 社は，自社製品の市場シェアを 50% 以上の水準にすることを販売戦略の目標としている。第 *8* 章の練習問題 7 にあ

る市場調査の結果から，目標が達成されているといえるか，有意水準5%で検定せよ．

3. （母比率の検定）無作為に選んだ500人について，ある商品を知っているかどうか質問したところ，145人が知っていると答えた．

　(1)　この商品の知名度は25%より高いといえるかどうか，有意水準5%で検定せよ．

　(2)　真の知名度が30%であるとき，(1)で行った検定のタイプⅠの誤りとタイプⅡの誤りの大きさを図示せよ．

4. （母平均の差の検定）ある市の経済局では，市内の中小企業の年間研究開発費について標本調査を行い，次の結果を得た．これから，中企業の方が小企業より多くの研究開発費を支出しているといえるか，有意水準5%および1%で検定せよ．ただし，研究開発費の母分散は中企業と小企業で差がないものとする．

研究開発費（万円）	小企業	中企業
0～　　100 未満	5	3
100～　　500	14	7
500～　1000	4	11
1000～　3000	3	10
3000～　5000	1	2
5000～10000	1	4
合　　計	28	37

　　　注：小企業は従業員100人未満，中企業は従業員100人以上300人未満．

5. （母平均の差の検定）次に示すのは，2007年度におけるいくつかの百貨店とスーパーの従業員1人当たりの売上高である．このデータを用いて，百貨店とスーパーで従業員1人当たり売上高に差があるかどうか，有意水準5%および1%で検定せよ．ただし，従業員1人当たりの売上高の母分散は，百貨店とスーパーで差がないものとする．

百貨店		スーパー	
高島屋	56889（千円）	イオン	67438（千円）
伊勢丹	88488	イトーヨーカ堂	101210
三越	118325	西友	173306
そごう	183798	イズミ	191730
大丸	146458	ヨークベニマル	144547
西武	198741	平和堂	140145
近鉄	111343	マルエツ	85098
阪急	95492	バロー	90606
東急	110972		
松坂屋	100690		

6. （母比率の検定）ある新聞の世論調査では，2008年5月時点で調査した1753人の有権者のうち福田内閣（当時）を支持すると答えた人の割合は26.1%であった。また2008年7月時点の調査では1828人の有権者のうち26.6%が支持すると答えた。この結果から，2008年の5月と7月とで福田内閣の支持率に差があるといえるかどうか，有意水準5%で検定せよ。

7. （分割表の検定）N市には市立の工業研究所があって，民間企業の技術指導や助言，委託研究などを行っている。市当局は最近，市内の企業がこの工業研究所をどのように利用しているか知りたいと考え，422の企業を選んで標本調査を行った。次の表は，研究所の利用の有無を，企業の従業員規模別に整理したものである。研究所の利用が規模と関係があるといえるか，有意水準5%で検定せよ。

	零細企業	小企業	中企業	大企業	計
利用あり	101	29	34	9	173
利用なし	200	22	25	2	249
合　計	301	51	59	11	422

注：零細企業は従業員数が50人未満，小企業は50人以上100人未満，中企業は100人以上300人未満，大企業は300人以上の企業。

第10章 経済指数

10.1 平均値としての指数

a 指数

異なった時点間や地域間のデータを比較する場合，原数値同士を比較するのではなく，基準に対する比率で比べた方が便利なことがある。このような比率を指数（index number）とよぶ。通常，基準値を100として表す。

【例題 10.1】 A市の人口が1945年で12500人，1995年では53200人であるとする。1945年を基準とした1995年の指数は，

$$(53200 \div 12500) \times 100 = 425.6$$

となる。同様にB市では12万人が26万人になったとすると，指数は216.7である。

この例のように，相対的な変化の程度を比較するためには，データの原数値よりも指数で表した方が理解し易い。こういった指数表現はどのような分野でも利用されるが，物価や生産，出荷のような経済変数のなかで多く見られる。

b 個別指数と総合指数

ここでは異なった時点間のデータを扱うことにし，基準時点を0，比較時点をtとする。まず，1種類のデータだけを考え，それをXとすると，基準時点の値はX_0，比較時点の値はX_tとなる。このとき，Xの指数は

$$\left(\frac{X_t}{X_0}\right) \times 100 \qquad t = \pm 1, \pm 2, \cdots$$

と表現される。これは個別指数といわれる。

つぎに，n種類のデータ，たとえばn種類の商品の価格を考えると，基準時点のデータは$x_0 = \{X_{10}, X_{20}, \cdots, X_{n0}\}$，比較時点の値は$x_t = \{X_{1t}, X_{2t}, \cdots, X_{nt}\}$

と表される．このとき，n 種類のデータの変化を全体として比較するためには，なんらかの方法で個別指数を総合することが必要である．たとえば

$$\frac{x_t}{x_0} = f\left(\frac{X_{1t}+X_{2t}+\cdots+X_{nt}}{X_{10}+X_{20}+\cdots+X_{n0}}\right)$$

が考えられる．しかし，この方法では，たとえば価格データの場合では，100グラムの肉の価格，1台のカメラの価格，地下鉄の初乗り乗車料金といった質の違うデータを足し合わせて比べることになり，意味のある比較とはいえない．また，もう1つの方法として，個別指数を単純に平均したもので比較することが考えられる．すなわち

$$\frac{x_t}{x_0} = \frac{1}{n}\Sigma\left(\frac{X_{it}}{X_{i0}}\right)$$

である．しかしこの方法も，個々の品目の重要度が違う場合にはそれをまったく考慮していないという難点がある．

総合指数とは，多くの個別指数を一定の方法で1つの指数に総合したものである．その場合，個別指数を単純に平均することの難点を解決するために，何らかの重みづけをして総合化を行う．いま，n 種類のデータの重みを w_i とすると

$$\frac{x_t}{x_0} = \Sigma w_i \frac{X_{it}}{X_{i0}}; \quad \Sigma w_i = 1 \qquad (10.1)$$

これは個別指数の加重算術平均である．ここで特に $w_i=1/n$ とした場合は，さきに示した単純平均に対応する．

10.2 総合指数作成の方法

ここでは価格データを例にして代表的な総合指数作成の方法を説明する．この方法は時間的な変化だけでなく，地域間の比較をする場合にも利用できる．記号として，価格を p，数量を q，ウェイトをこれまでと同様 w とし，個々の商品ないしサービスを i で区別する．

a ラスパイレス指数

消費者物価指数，企業物価指数など物価指数のほとんどはラスパイレス法によって作成されている．この方法は19世紀のドイツの経済学者ラスパイ

レス（Laspeyres, E.）が考案したものであり，考案者の名前に因んで**ラスパイレス指数**（Laspeyres index）とよぶ．

ラスパイレス指数は加重算術平均の1つであり，次のように定義される．

$$P_L = \Sigma w_{i0}\left(\frac{p_{it}}{p_{i0}}\right); \qquad w_{i0} = \frac{p_{i0}q_{i0}}{\Sigma p_{i0}q_{i0}}, \qquad \Sigma w_{i0} = 1 \qquad (10.2)$$

ここで，w_{i0}の分母は基準時点の総支出額であり，分子はi番目の商品（またはサービス）への支出額である．したがって，w_{i0}は基準時点の支出額構成比であり，これで個別指数を加重した指数がラスパイレス式指数である．

(10.2) 式をw_{i0}を消去して書きなおすと，

$$P_L = \frac{\Sigma p_{it}q_{i0}}{\Sigma p_{i0}q_{i0}} \qquad (10.3)$$

となる．したがって，この指数は，基準時点で実際に支出した金額と比較時点でも基準時点と同じ数量（商品バスケット）を購入すると仮定した場合の総支出額との比率である．

明らかなように，ラスパイレス指数ではウェイトは基準時点に固定されているので，比較時点の物価指数を作成するために必要な情報は価格だけであり，作成が容易であるという利点がある．

b　パーシェ指数

ラスパイレス指数が基準時点の支出額構成比をウェイトに用いるのに対して，パーシェ（Paasche, H. も19世紀のドイツの経済学者である）法では，比較時点の支出額構成比をウェイトに用いる．この**パーシェ指数**（Paasche index）をP_Pとし，(10.3) 式に対応させて定義すると，次のようになる．

$$P_P = \frac{\Sigma p_{it}q_{it}}{\Sigma p_{i0}q_{it}} \qquad (10.4)$$

今度は指数の分子が比較時点の実際の支出金額であり，分母は基準時点で比較時点と同じ数量を購入したと仮定したときの支出金額である．この式を変形すると

$$P_P = \frac{\Sigma p_{it}q_{it}}{\Sigma\left(\frac{p_{i0}}{p_{it}}\right)\times p_{it}q_{it}} = \frac{1}{\Sigma\left(\frac{p_{it}q_{it}}{\Sigma p_{it}q_{it}}\right)\cdot\frac{1}{\left(\frac{p_{it}}{p_{i0}}\right)}} \qquad (10.5)$$

となる。これは、個別価格指数の逆数を比較時点の支出額構成比で加重平均したものの逆数であり、第3章で説明した加重調和平均にほかならない。

パーシェ指数では比較時点ごとにウェイトが変わるので、物価指数を作成するためには比較時点の価格と購入数量の情報が必要になる。それだけ調査の負担が増えるので、実際の物価指数作成で利用されることは少ない。

【例題 10.2】 次のデータから、ラスパイレス式とパーシェ式の物価指数を計算し、比べてみよう。

表 10.1 物価指数作成のための仮設例

		米	パン	肉
基準年	単 価	450	120	250
	購入量	18	20	20
比較年	単 価	500	160	400
	購入量	12	20	10

まず、ラスパイレス指数を求めるために、さきの計算式に数値を代入すると

$$P_L = \frac{500 \times 18 + 160 \times 20 + 400 \times 20}{450 \times 18 + 120 \times 20 + 250 \times 20} = 1.303$$

となる。したがって比較年の物価指数は 130.3 である。

同様にパーシェ指数は

$$P_P = \frac{500 \times 12 + 160 \times 20 + 400 \times 10}{450 \times 12 + 120 \times 20 + 250 \times 10} = 1.282$$

となるので、指数は 128.2 となる。

この仮設例では肉の価格の上昇に対して消費者は購入量を大きく減らすものとした。その結果 $P_L > P_P$ となっている。現実の物価指数でもこれと同様の関係が観察される。

c 数量指数

以上では物価についてラスパイレス指数とパーシェ指数を説明したが、同様の考え方を使えば、生産数量についてもラスパイレス指数とパーシェ指数を定義することができる。

個別品目の生産数量指数を Q とすると、これは

$$Q = \left(\frac{q_{it}}{q_{i0}} \right) \qquad (10.6)$$

となる。

ラスパイレス式生産数量指数は個別指数を基準時点のウェイトで加重平均したものである。

$$Q_L = \sum w_{i0}\left(\frac{q_{it}}{q_{i0}}\right); \quad w_{i0} = \frac{p_{i0}q_{i0}}{\sum p_{i0}q_{i0}}, \quad \sum w_{i0} = 1 \quad (10.7)$$

通常，ウェイトとしては生産額や取引額が用いられるが，生産指数においては粗付加価値額（生産額－原材料費）を用いるものもある。Q_L を変形すると，

$$Q_L = \frac{\sum p_{i0}q_{it}}{\sum p_{i0}q_{i0}} \quad (10.8)$$

のように表される。これは基準時点の価格で評価した生産金額の比率である。

パーシェ式の数量指数も同様に定義することができる。これを Q_P とすると，

$$Q_P = \frac{\sum p_{it}q_{it}}{\sum p_{it}q_{i0}} \quad (10.9)$$

となる。

d 金額条件とフィッシャー指数

基準時点と比較時点の支出額の比率，すなわち支出額指数を M とすると，

$$M = \frac{\sum p_{it}q_{it}}{\sum p_{i0}q_{i0}} \quad (10.10)$$

となり，この指数の変化は物価の変化と数量の変化の双方を含んでいる。経済変数では価格と数量の対応は基本的な関係である。ここで，M と P, Q との関係について考えておこう。

一般に物価指数と数量指数の積は支出額指数に等しいことが求められる。すなわち

$$M = P \times Q$$

である。この関係は金額条件とよばれ，物価指数，数量指数の妥当性に関するチェック項目の1つである。いま，M を次のように分解してみる。

$$M = \frac{\sum p_{it}q_{it}}{\sum p_{i0}q_{i0}} = \frac{\sum p_{it}q_{i0}}{\sum p_{i0}q_{i0}} \times \frac{\sum p_{it}q_{it}}{\sum p_{it}q_{i0}}$$

$$= P_L \times Q_P = P_P \times Q_L \quad (10.11)$$

この結果からわかるように，ラスパイレス指数の場合にも，パーシェ指数の

場合にも，同じ方法で計算した物価指数と数量指数は金額条件を満たさない。しかし，物価指数がラスパイレス式の場合は数量指数はパーシェ式というように，両指数を組み合わせることで金額条件を満たすことができる。

この金額条件の充足をより明示的に解決することを目的として，ラスパイレス指数とパーシェ指数の幾何平均をとった次のようなフィッシャー指数 (Fisher index) も考案されている。

$$P_F = \sqrt{P_L \times P_P}$$
$$Q_F = \sqrt{Q_L \times Q_P}$$

フィッシャー指数が金額条件を満たすことは簡単に証明できる。その点は好ましいが，指数作成にラスパイレス指数，パーシェ指数の両方を使うので作業が多くなる。貿易価格指数を除いて実際にはほとんど利用されていない。

10.3 物価指数作成の実際

わが国では，国民経済計算，国土，人口，生産，流通，物価，労働，賃金など，さまざまの分野で多数の統計が公表されている。これらのデータは実数，変化率，指数等々さまざまに加工され，統計資料として利用される。政府統計に限っても，「指数」という呼称をもつものが少なくない。それらは大別すると「物価（価格）指数」，「数量指数」，「その他」に分類される。

物価指数の例としては，消費者物価指数 (Consumer Price Index, CPI)，国内企業物価指数 (Domestic Corporate Goods Price Index, DCGPI)，輸出入物価指数 (Export Price Index, EPI; Import Price Index, IPI) などがあげられる。これらの中で最も有名なものは「消費者物価指数」である。これは消費者が基準時点と同じ量の「商品」や「サービス」を購入するのに，各時点でどれくらい支出するかを表している。この指数は当然，原材料の輸入，生産段階や流通段階といった個々の価格変化を直接反映していないため，そういった段階での物価の動きを知るためには「輸入物価指数」，「国内企業物価指数」を利用する必要がある。また，労働力の価格である賃金に関しては「賃金指数」が利用できる。

これに対応する数量指数としては，消費，生産，流通，貿易，労働力などの指数がある。数量指数の代表的なものとして「鉱工業生産指数」があげら

れる。この指数は基準時点の生産量と，各時点の生産量を比較するものである。関連した指数としては，出荷指数，在庫指数などがある。

a 消費者物価指数

すでに述べたように消費者物価指数はラスパイレス法で計算されている。2000年，2005年など5年ごとに基準時点が改訂されているが，2005年基準の指数では，消費者が購入する商品・サービスの価格の動きを代表するように，家計支出の中でウェイトの高い584品目が選ばれ，総務省から毎月調査結果が公表されている。

ウェイトは，家計調査（総務省統計局）による1カ月1世帯当たり品目別消費支出金額を用いて作成される。ただし，消費者物価指数の性格上，取り上げられる品目は消費支出に限定されており，税金や社会保険料は非消費支出として除外される。また，貯金や債券購入などは実支出とはみなされない。さらに，住宅購入そのものは消費者物価指数の対象とはならないが，持家の所有者は借家の場合と同様，住宅サービスに対する対価を支払っていると考えることができる。このような考え方に基づく家賃相当額を帰属家賃（im-

表10.2 消費者物価のウェイトの変化

10大費目	2005年基準	2000年基準	差引増減
総　　　合	10000	10000	(05年－00年)
食　　料	2586	2730	－144
住　　居	2039	2003	36
光熱・水道	676	651	25
家具・家事用品	344	369	－25
被服及び履物	464	568	－104
保健医療	448	380	68
交通・通信	1392	1313	79
教　　育	364	398	－34
教養娯楽	1100	1130	－30
諸　雑　費	586	456	130
生鮮食品	412	450	－38
石油製品	355	301	54
エネルギー	740	683	57
生鮮食品を除く総合	9588	9550	38
食料(酒類を除く)及びエネルギーを除く総合	6809	6730	79

表 10.3　全国総合消費者物価指数 CPI：2005 年基準

年	総合	食料	住居	光熱・水道	家具・家事用品	被服及び履物	保険医療	交通・通信	教育	教養娯楽	諸雑費	持家の帰属家賃を除く総合
1980	76.9	78.3	63.6	97.6	122.4	72.7	67.3	90.5	46.1	81.8	73.6	78.7
1985	88.1	89.6	74.4	107.9	131.7	84.5	79.1	100.6	60.1	93.3	84.3	90.0
1990	94.1	95.2	85.0	94.5	131.0	96.6	84.0	102.6	72.5	102.2	89.6	95.7
1995	100.7	101.0	96.7	97.4	128.2	102.4	87.8	103.6	87.9	110.8	95.1	101.8
2000	102.2	101.6	100.3	100.2	117.5	106.0	97.6	101.3	96.1	109.4	98.2	102.8
2001	101.5	101.0	100.5	100.8	113.3	103.8	98.2	100.4	97.1	106.1	98.0	101.8
2002	100.6	100.2	100.4	99.6	109.1	101.3	97.1	99.8	98.1	103.8	98.2	100.7
2003	100.3	100.0	100.3	99.1	105.9	99.5	100.4	99.9	98.7	102.3	99.1	100.4
2004	100.3	100.9	100.1	99.2	102.4	99.3	100.4	99.7	99.3	100.9	99.7	100.4
2005	100.0	100.0	100.0	100.0	100.0	100.0	100.0	100.0	100.0	100.0	100.0	100.0
2006	100.3	100.5	100.0	103.6	97.9	100.8	99.4	100.3	100.7	98.5	100.9	100.3
2007	100.3	100.8	99.8	104.4	96.3	101.4	99.7	100.4	101.4	97.2	101.7	100.4

puted rent) とよび，「持家の帰属家賃を含む総合指数」として公表されている。

　指数の対象となる品目は消費構造の変化に伴って変化するので，指数改訂のときに品目の追加や廃止が行われる。

　また，価格は小売物価統計調査によって得られた品目別の小売平均価格を利用している。たとえば，2000 年から 2005 年基準への改訂時には 48 品目が整理され，34 品目が追加された。

　整理された品目の例としては，
　　　　のり巻き（外食），ガス湯沸かし器，電気ごたつ，洋服ダンス，ビデオテープレコーダー，月謝（洋裁），入浴剤など
一方，追加された品目の例としては，
　　　　回転ずし，焼き肉（外食），サプリメント，カーナビ，薄型テレビ，DVD レコーダー，月謝（ダンス），フィットネスクラブ使用料など
がある。

b　企業物価指数

　企業物価指数は企業間で取引される商品を対象にした物価指数で日本銀行から毎月発表される。指数は消費者物価指数と同様，ラスパイレス法によって算出される。企業物価指数は**国内企業物価指数，輸出物価指数，輸入物価**

表10.4　企業物価指数

基本分類	国内企業物価指数(DCGPI)	輸出物価指数(EPI)	輸入物価指数(IPI)
対　象	国内で生産した国内需要家向けの財を対象とした物価指数	輸出品ないし輸入品を対象とした物価指数，円ベース指数と契約通貨ベース指数を作成	
分類と項目数	総平均，大類別(5)，類別(22)，小類別(89)，商品群(238)，品目(857)	総平均，類別(8)，小類別(29)，商品群(71)，品目(213)	総平均，類別(11)，小類別(43)，商品群(87)，品目(268)
参考指標	需要段階別・用途別指数，連鎖方式による国内企業物価指数，消費税を除く国内企業物価指数等		
価格調査段階	主に生産者の出荷段階の価格を調査する。一部は卸売出荷段階で調査	商品が積み出される段階でFOB建て（運賃，輸送保険などを除く価格）	商品が入着する段階でCIF建て（運賃，輸送保険などを含む価格）
価格調査	品目の需給関係を敏感に反映する代表的な商品の価格で，原則，調査対象商品，取引条件，取引先などを固定した実際の取引価格		
ウェイト資料	『工業統計表』(品目編，経済産業省作成)の製造品目出荷額から『貿易統計』(財務省作成)の輸出額を控除した国内向け出荷額	『貿易統計』(財務省作成)	

出所：日本銀行調査統計局『2005年基準企業物価指数CGPIの解説』(2007年12月）より抜粋，編集。

指数からなっている。

　企業物価指数は，かつての卸売物価指数が2000年基準の公表（2002年12月）に伴って改称されたものである。企業間の取引が卸売を経由する比重が下がり，企業の生産・出荷段階で調査する方が精度も高いことから見直された。また，これに伴い，いわゆる総合卸売物価指数を引きつぐ総合指数も廃止された。

　これらのウェイトは生産額や通関輸出・輸入額によって算出されるが，サービスに関する取引額は含まれていない。国内工業製品については工業統計表のメーカー出荷額，非工業品については，各種統計資料から推計した生産者出荷額をベースに，輸出通関額を差し引いて算出する。輸出品，輸入品については，日本貿易月表記載の輸出，輸入通関額を用いる。原則として，輸出はFOB（本船積込み渡し）価格，輸入はCIF（運賃，保険料払い込み）価格である。

　企業物価指数の分類には基本分類と，特定の目的に基づきウェイトを再編

表 10.5 企業物価指数：2005 年基準

年	国内企業物価指数	国内企業物価指数(連鎖方式)総平均	輸出物価指数(円)	輸入物価指数(円)	輸入物価指数(円)石油等
1980	116.1		167.1	174.5	124.7
1985	116.7		163.7	166.2	127.4
1990	110.8		137.5	109.2	63.6
1995	106.5	111.4	109.8	79.6	36.5
2000	102.4	105.0	101.7	84.8	58.1
2001	100.0	102.5	104.8	86.9	62.0
2002	98.0	100.1	103.7	85.6	60.8
2003	97.1	98.9	99.4	84.9	64.9
2004	98.4	99.4	98.1	88.4	72.1
2005	100.0	100.0	100.0	100.0	100.0
2006	102.2	101.9	103.1	113.7	125.7
2007	104.0	103.4	105.4	122.4	136.7

注：連鎖方式は参考系列。

成した特殊分類がある．基本分類は商品の属性によって分類されるもので，大類別，類別，小類別，商品群，品目の5段階に分かれる．ただし，輸出入物価指数には大類別がない．一方，特殊分類には原材料，中間財，最終財などの需要段階別分類と，燃料，建設用材，消費財などの用途別分類がある．

なお，企業向けサービスに関する価格指数は「企業向けサービス価格指数」(CSPI)として1991年1月から公表され，企業物価指数を補完している．対象となるサービスは金融手数料，損害保険，産業廃棄物処理などである．

10.4 指数の比較

a パーシェ・チェック

消費者が価格変化に敏感であれば，相対的に割高となった商品の購入量が減少する一方で，割安になった商品の購入量は増える傾向がある．したがって，物価上昇率の高い品目の支出ウェイトは低下すると考えられる．そのため，ウェイトを基準時点に固定するラスパイレス指数では，時の経過とともに割高になった品目のウェイトが過大になり，指数の水準が実際に比べて高めにでる傾向がある．パーシェ指数の場合には逆の傾向がある．

そこで，消費者物価指数では5年ごとにラスパイレス指数とパーシェ指数

表10.6 パーシェ・チェック

	ラスパイレス指数 (P_L)	パーシェ指数 (P_P)	パーシェ・チェック $\left(\dfrac{P_P-P_L}{P_L}\right)$
1970年（1965年基準）	130.4	126.0	▲3.4
1975年（1970年基準）	172.4	171.0	▲0.8
1980年（1975年基準）	137.2	134.6	▲1.9
1985年（1980年基準）	114.4	113.3	▲1.0
1990年（1985年基準）	106.2	105.5	▲0.7
1995年（1990年基準）	106.4	106.2	▲0.2
2000年（1995年基準）	101.0	99.9	▲1.1
2005年（2000年基準）	97.3	94.9	▲2.5

出所：総務省統計局『平成17年基準消費者物価指数の解説』から引用，編集．

の乖離をチェックしている．これは**パーシェ・チェック**（Paasche check）とよばれ，次の式で計算される．

$$\text{パーシェ・チェック} = \frac{P_P-P_L}{P_L}\times 100$$

表10.6に示すように，乖離率は1〜3%程度である．

b 連鎖指数

パーシェ・チェックに見られるように，ラスパレイス法による物価指数は商品構成（ウェイト）が大きく変化しているとき，また，基準年から離れるときには誤差が大きくなる欠点がある．これを回避するために考案されたのが連鎖方式による物価指数（Chain type index）である．この指数は計算方式がいくつかあるが，基本は，毎期のウェイトを再計算して，1期前を100とする当期の指数（$P_{t-1,t}$）を作成し，基準年以降の毎期の指数を掛け合わせることによって平均物価指数を求める方式である．ウェイトは年1回（毎年12月）更新される．

連鎖指数を$P_{0,t}$とすると，

$$P_{0,t} = P_{0,1}\times P_{1,2}\times P_{2,3}\times\cdots\times P_{t-1,t} = \prod_{t=0}^{t-1}P_{i,i+1}$$

である．このような連鎖指数は，後に見るGDPデフレータでは内閣府が2004年から導入，企業物価指数では日本銀行が参考指標として2003年から，

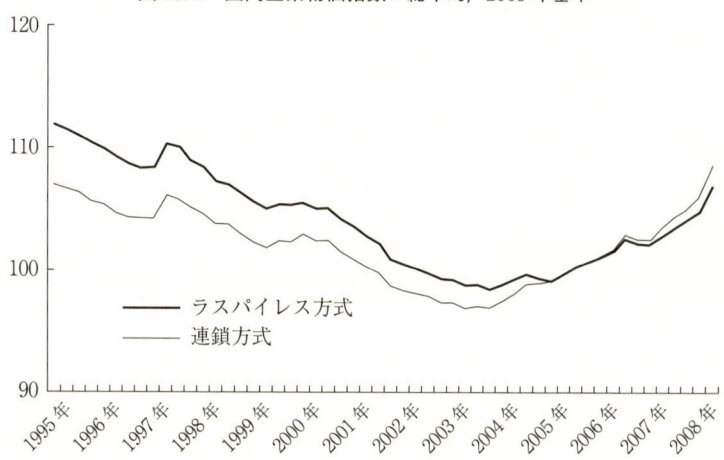

図 10.1　国内企業物価指数：総平均，2005 年基準

消費者物価指数では総務省が 2007 年から参考指標としてそれぞれ公表している（連鎖方式による指数は一般に加法整合性をもたない．したがって，物価指数を用いて計算した結果同士の合計などには注意が必要である．また，公式統計では多くの系列が 1994 年までしか遡及できないため，それ以前の統計との接続には注意が必要である）．

連鎖方式と従来のラスパイレス方式との差は国内企業物価指数で見ると図 10.1 のようになっている．

c　指数の接続

ラスパイレス指数はウェイトを基準時点に固定しているので，時間の経過とともに実態と大きな差が生じる可能性がある．そこで，わが国の多くの指数は 5 年おきにウェイトなどの基準が見直される．そのために長期にわたる統計を利用しようとする場合，異なった基準を用いた指数同士を接続する必要がある．このような指数を接続指数とよぶ．

接続指数は，基準年を 100 とする指数を，次の基準年の年平均指数で割って算出する．複数の基準年にわたるときは複数回同様の手順を繰り返す．このような定数倍方式は簡便法であり，理論的な根拠に乏しいともいえるが，長期にわたるウェイトの変化を積み上げるのはむずかしく，また，共通項として利用できるウェイト（品目）が限定されるなどの困難もあることを反映

したものである。

たとえば，2000 年基準のデータを 2005 年基準のデータに接続するためには，

$$2000 \text{ 年基準の旧データ} \times \left(\frac{\text{新基準の } 2000 \text{ 年データ}}{\text{旧基準の } 2000 \text{ 年データ}} \right)$$

とする必要がある。

d 品質の変化

長期間の物価を比較する場合，品質変化の問題が生じてくる。たとえばテレビ，電気冷蔵庫，電気洗濯機などの家庭電化製品は昭和 30 年代の電化ブームとともに登場して以来，今日ではほとんどの家庭に普及している。その間に値段が変化しただけではなく，性能も大幅に向上している。テレビは白黒からカラーにかわり，さらにリモコン付き，大型化，BS 放送チューナー内臓型，横長規格，ハイビジョンと次々に新しい機能が付加されている。

比較的短い期間の場合には，同じ性能をもつ商品（銘柄）の価格を比較すればよいが，長い期間となると性能が大きく違ってくるために，そのままの価格の比較が意味をもたなくなってくる。

この問題の解決は次の 2 つのケースに分けて考えることができる。

(1) 品質の異なるものが共存する期間がある場合

	製品 A		製品 B		価格比
	価 格	指 数	価 格	指 数	
0 時点	P_{A0}	—			
t 時点	P_{At}	P_{At}/P_{A0}	P_{Bt}		P_{Bt}/P_{At}
s 時点	—		P_{Bs}	P_{Bs}/P_{Bt}	

ここでは，2 つの商品 A, B があり，0 時点では A のみ，s 時点では B のみであるが，中間の t 時点では両商品の価格データがあるとする。この t 時点の価格比が品質の差を表しているとみなすと，時点 0 と s の間の品質の差を考慮した価格指数は次のようになる。

$$\frac{P_s}{P_0} = \frac{P_{Bs}}{P_{A0}} \div \frac{P_{Bt}}{P_{At}} = \frac{P_{Bs}}{P_{Bt}} \times \frac{P_{At}}{P_{A0}}$$

これから，品質の差を考慮した 0 時点基準の s 時点の価格指数は A 商品の

2時点の価格比と B 商品の2時点の価格比の積でよいことになる。

(2) 品質の異なるものが共存する期間がない場合

	製品 A		製品 B		価 格 比
	価 格	指 数	価 格	指 数	
0時点	P_{A0}		—		
t 時点	P_{At}	P_{At}/P_{A0}	(P_{Bt})		$g=P_{St}/P_{At}$
s 時点	—		P_{Bs}	P_{Bs}/P_{St}	

こんどは，製品 B について t 時点の情報がない場合である．しかし，2つの製品には品質の差があり，g という大きさで表されるとしよう．品質を考慮した0時点を基準とする s 時点の価格指数は

$$\frac{P_s}{P_0} = \frac{P_{Bs}}{P_{A0}} \div g$$

となる．問題は g をどう測るかである．

テレビを例にとって考えるために，ある時点で，異なった品質のテレビとその価格がわかっているとする．品質として，カラー，画面のサイズ，ステレオ機能の3つだけをとりあげると，これらの品質と価格の間に次のような関係を考えることができる．

価格 $= a+b$(カラーか否か)$+c$(画面サイズ)
$+d$(ステレオ機能)

この式で a, b, c, d が統計的に決まれば，品質の差による価格差を測る g を求めることができる．この方法を**ヘドニック法** (hedonic method) といい，わが国の物価統計でも使われている．

e 変動要因の分解——寄与度と寄与率

総合指数の変化を構成要因に分解して分析する例がよく見られる．全体の指数の変化に対して，個々の要素がどの程度寄与しているかを示したものが寄与度である．物価指数の例を用いて説明すると，総合指数 P の変化は個別指数の変化の加重平均であるから，

$$\Delta P = w_1 \Delta p_1 + w_2 \Delta p_2 + \cdots + w_n \Delta p_n; \quad \sum w_i = 1$$

となる．この式の両辺を P で割ると，

$$\frac{\Delta P}{P} = \frac{w_1 \Delta p_1}{P} + \frac{w_2 \Delta p_2}{P} + \cdots + \frac{w_n \Delta p_n}{P}$$

となり，左辺は全体の変化率であり，右辺がそれに対する i 番目の項目の寄与度を表している。

これに対して，寄与率というのは寄与度の合計（すなわち，総合指数の変化率に等しい）に対する各項目の寄与度の比率であり，次のようになる。

寄与率 = (i 項目の寄与度／総合指数の変化率)×100

10.5 デフレータとしての物価指数

a 国民経済計算と GDP

マクロ経済データの中で最もポピュラーなのは GDP (Gross Domestic Product, 国内総生産) である。GDP は国内の各部門の生産額から原材料等の中間投入額を差し引いた総（粗）付加価値の合計であり，最終的に消費や投資などの最終需要に向けられる。各産業で生産された付加価値は要素所得として分配され，やがて支出される。これらは三面等価の原則とよばれる。いま，生産と支出の均衡に着目すると，統計上は常に次のような関係がある。

$$\text{GDP} = C + I + E - M = \text{GDE}$$

GDE は国内総支出，C は消費，I は投資，E は輸出，M は輸入を表し，GDE の主要な構成要素である。

b 名目と実質

GDP（国内総生産）等の国民所得データは通常，市場価格で評価されるために，異なった時点の値をそのまま比較すると，数量的な変化と物価の変化の両者が含まれる。そこで，「経済成長率はどれだけか」，「家計の実質所得は増えたか」などを問題にするときには，GDP や所得の変化の中から物価の変化による部分を取り除いて考えることが必要となる。

市場のその時々の価格で表示された値を**名目 (nominal) 値**，そこから物価の変化分を除いたものを**実質 (real) 値**とよぶ。名目値を実質値に変換するためには物価指数で価格変化を割り引く必要があるが，この物価指数をデフレータとよぶ。個別財，商品の価格変化を物価指数で表すのに対し，GDP などマクロ経済データの価格変化を表すのには，一般にデフレータを用いる。

いま，t 時点の生産量が Q_t であり，基準時点 0 から t 時点までに物価が P_0 から P_t へと変化したとする。このとき，名目値は $\sum P_{it} Q_{it}$，実質値は $\sum P_{i0} Q_{it}$ である。デフレータは名目値を実質値で割ったものであり，それを P_D とすると，

$$P_D = \frac{\sum P_{it} Q_{it}}{\sum P_{i0} Q_{it}}$$

となる。GDP デフレータはパーシェ式の物価指数である。

c　GDP デフレータ，GDE デフレータの計算方法

わが国で公表されているデフレータは，大別すると，国内総支出デフレータと経済活動別国内総生産デフレータからなっている。

名目 GDP (GDP_n) と実質 GDP (GDP_r) をつなぐ GDP デフレータは次のように定義される。

$$P_D = \frac{GDP_n}{GDP_r} = \frac{C_n + I_n + E_n - M_n}{\dfrac{C_n}{P_C} + \dfrac{I_n}{P_I} + \dfrac{E_n}{P_E} - \dfrac{M_n}{P_M}}$$

$$= \frac{1}{w_C \left(\dfrac{1}{P_C}\right) + \cdots - w_M \left(\dfrac{1}{P_M}\right)}$$

ここで，w は各支出項目のウェイトであり，関連する各支出項目のデフレータはそれぞれ，P_C, P_I, P_E, P_M である。これらはそれぞれ，消費者物価指数，企業物価指数，企業向けサービス価格指数等を用いて詳細に推計される。

この形式からわかるように，GDP デフレータは各支出デフレータをパーシェ法で総合した物価指数となっており，比較時点ごとにウェイトは変化している。

GDP や各支出項目のデフレータは，消費者物価指数のように直接算出されるのではなく，それぞれの実質値と名目値の比率として事後的，間接的に定義されることから，インプリシット・デフレータ（implicit deflator）ともよばれる。

内閣府の『国民経済計算年報』で確かめられるように，GDP デフレータと GDE デフレータは定義的に等しくなっている。ただし，総支出（GDE）が各項目の積み上げであるのに対し，総生産（GDP）は元来，生産額と中間投入

額の差分である.「差分」という財があるわけではなく,これに対応するデフレータは存在しない.このため,経済活動別総生産の場合には,生産額,中間投入額の双方をそれぞれのデフレータで実質化したものの差分を実質総生産としている.このような方法をダブル・デフレーションという.

なお,2004年からはわが国のデフレータは連鎖指数が採用されている.

10.6 物価の国際比較

a 内外価格差問題

1985年秋のプラザ合意以降,為替レートが大きく円高にシフトし,1ドル250円前後のレートが,3年あまりで125円前後へと一挙に2倍に高騰した.このような円高がもたらす大きな影響の1つは,内外製品の相対価格が変化することである.たとえば,国内物価が変化しない場合でも,円換算した外国製品の価格は下落して内外価格差が拡大する.

1980年代後半から90年代にかけて,輸入品の価格が大幅に下落したため,競合的な国内製品の価格も下落し,全体的な物価の安定ないし下落が消費者には歓迎された.そうした反面,企業は安価な海外の原材料,労働力の確保に努め,かつての安定的な産業構造が大きく変化し始めた.こうして,内外価格差は今や重要な経済的・社会的関心事となっている.

b 購買力平価 (PPP)

物価の国際比較を行おうとするとき,購買力平価 (Purchasing Power Parities,略してPPP) という概念が用いられる.

日本でハンバーガー1個が130円,アメリカで同じものが69セントであれば,この交換比率は1ドル=188円ということになる.このような比率を購買力平価とよぶ.この値は一般に為替レートと異なっているが,国際間の取引が自由な市場メカニズムに従うならば,長期的な均衡為替レートは購買力平価に等しくなると考えられる.

購買力平価を計算する場合,実際には単一の商品を比較するのではなく,同一の商品バスケットについて,2国間の比率を平均する必要がある.しかしながら,諸外国と厳密に銘柄を一致させて比較することはきわめてむずかしいので,実際には類似の商品・サービスを多く取り上げて比較している.

c PPPと内外価格差

購買力平価と為替レートには一般に差があるが，上述の例のように，ハンバーガーの値段がアメリカで69セント，日本で130円，このとき，為替レートが188円／ドルであるなら，内外価格差はないと考える。このことから，内外価格「差」は次のような比率で定義される。

$$内外価格差 = \frac{購買力平価（円／ドル）}{為替レート（円／ドル）}$$

わが国では内閣府が1988年以来数次にわたって内外価格差を調査している。2001年調査結果（2002年6月）では，ニューヨーク，ロンドン，パリ，ベルリン，ジュネーブといった欧米の主要都市のほか，香港，シンガポール，東京について38品目調査結果を公表している。また，2007年には同じく内閣府が「日本の公共料金の内外価格差」を公表している。

国際的にはこれより早く，1968年に国連のUN International Comparison Project (ICP) として価格調査が始まった。1970年版では10カ国であったものが，2005年版では145カ国に拡大して，世界銀行（World Bank），OECD，ヨーロッパ連合（Euro STAT）が連携して推計値を発表している。この調査は消費財の価格だけではなく，国民所得体系に沿って，各国統計が比較可能になるように工夫されている。物価指数 (Price Level Index, PLI) も国全体の

表10.7　円表示した各都市の価格比較

品名（単位）	東京	ニューヨーク	ロンドン	パリ	ベルリン	ジュネーブ	香港	シンガポール
米（10kg）	3,963	2,083	3,257	3,809	3,087	3,410	2,626	2,042
食パン（1kg）	421	536	136	260	227	465	387	263
牛乳（1リットル）	203	220	91	114	87	109	335	169
ビール（1缶）	204	84	195	121	66	86	79	221
背広服（1着）	49,320	56,633	33,968	27,904	28,901	50,799	40,052	37,823
スカート（1枚）	10,930	13,441	6,807	6,881	7,644	5,905	12,445	4,823
ガソリン(レギュラー1リットル)	106	43	123	115	97	92	162	77
映画観覧料（1回）	1,800	1,185	1,297	814	785	1,080	969	427
理髪料（1回）	3,601	3,281	3,150	3,031	3,167	3,413	2,761	2,584

注：2001年平均為替レートによる換算，表示は円。
出所：内閣府国民生活局『主要な消費財及びサービスに係る内外価格差調査結果（2001年）について』2002年6月，より抜粋引用。

第10章 経済指数 221

表 10.8 ICP 報告による各国の価格

	GDP総合	消費支出	食品	衣服・履物	水道・ガス・光熱	医療	輸送	通信	教育	レストラン・ホテル
オーストラリア	132	128	137	109	127	148	121	159	158	115
カ ナ ダ	124	122	137	128	106	157	112	128	167	121
デンマーク	178	178	179	148	180	197	211	107	245	190
フィンランド	152	155	154	149	157	167	168	103	200	157
フランス	142	135	133	112	144	141	137	142	176	139
ド イ ツ	138	133	133	127	138	133	141	137	235	118
イタリア	135	133	147	127	125	164	135	132	188	126
日 本	146	143	243	157	149	110	130	147	205	141
韓 国	96	96	165	114	98	65	95	72	116	111
ノルウェー	170	178	203	178	137	196	219	142	237	191
ロ シ ア	56	47	65	98	25	31	66	85	24	61
スウェーデン	154	150	152	143	140	161	168	98	203	157
イギリス	146	141	144	126	123	146	163	117	217	147
アメリカ	124	122	112	103	128	186	88	127	248	87
中 国	52	53	75	87	53	16	64	49	31	72
イ ン ド	41	38	53	39	36	13	65	50	15	53
タ イ	49	47	70	54	36	26	55	69	27	51
ベトナム	37	37	59	45	43	13	79	52	9	45

注：世界=100 とした 2005 年の各国平均。
出所：World Bank, 2005 ICP Grobal Results Summary Table から抜粋。

GDP レベルまで推計されているため，各国間の平均を比較するのにも便利である。

ちなみに，2005 年 ICP 報告（World Bank, 2007 年 10 月）によると最も物価水準の高い国はアイスランド，デンマーク，スイス，ノルウェーなどである。一方，物価水準が最も低いのはタジキスタン，エチオピア，ガンビアなどである。日本は世界水準の 1.46 倍，アメリカの約 1.2 倍，中国の約 2.8 倍となっている。

練習問題

1. （指数の作成）次の表は 2005〜07 年の家計の生鮮肉と果物の 1 年間の購入量と単価のデータ（仮設例）である。
   (1) 2005 年を基準として，2006 年の「総合」指数をラスパイレス式，パーシ

年	肉		果物	
	単価（円/100g）	数量（100g）	単価（円/個）	数量（個）
2005	320	50	250	40
2006	320	52	280	40
2007	315	55	300	35

ェ式で計算せよ（2005年＝100，以下同様）。

(2) 2006年の指数をもとにしてフィッシャー指数を計算し，金額条件が満たされているか確かめよ。

(3) 連鎖方式で2006年，2007年の総合指数を計算せよ。

(4) 2007年についてパーシェ・チェックを試みよ。

2. （物価指数の比較）1990年以降の消費者物価指数と国内企業物価指数との変化率（対前年比）を計算し，変化率の違いがあるかどうか，あるとしたらどういう要因が関係しているかを調べよ。

第 *11* 章 回帰分析

11.1 回帰分析の考え方

a 回帰分析とはどのようなものか

ある一組のデータと他の一組のデータを変数 x, y で表すとき，x が変化するにつれて，y がどう変化するかを定量的に把握することはきわめて重要である。変数間の関係の強さを調べるためには，第 *4* 章で説明した相関関係を検討してみることや，データをプロットしてみることが有用である。しかし，相関関係の強さや散布図だけでなく，変数間の関数関係を分析することはさらに重要である。

このような関係把握の方法の中で代表的なものが**回帰分析**（regression analysis）である。

いま，ある変数 y と他の変数 $\{x_1, x_2, \cdots, x_k\}$ の関係を

$$y = F(x_1, x_2, \cdots, x_k)$$

と表したとき，y は説明される変数，すなわち**被説明変数**（＝従属変数，dependent variable），$\{x_1, x_2, \cdots, x_k\}$ は**説明変数**（＝独立変数，independent variable）とよばれる。

ここで，$k=1$，すなわち説明変数が1つの場合を**単回帰**といい，$k=2$ 以上の場合を**重回帰**とよぶ。

「消費支出が異なるのは所得水準等が異なるためだ」という仮説を例に取り上げると，

単回帰の例では，

$\qquad\qquad y$ ……消費支出……被説明変数
$\qquad\qquad x$ ……所得水準……説明変数

重回帰の例では，
   y……消費支出……被説明変数
   x_1……所得水準……第1の説明変数
   x_2……資産額　……第2の説明変数
などが考えられる。

ここで，変数 y, x_1, x_2 などはそれぞれ n 個のデータからなっており，単一の値を表しているわけではない。

ちなみに，**回帰**（regression）という言葉は，19世紀末，親と子どもの身長の関係を計測したイギリスのフランシス・ゴルトン卿が子ども世代の身長が平均値の周りに近づくという説を唱え，「平均への回帰」と表現したことに始まるといわれている。しかし，今日では回帰という言葉は残っているが，上のような意味，あるいは「元に戻る」といった意味はまったくない。

b　相関と因果

相関係数はデータの類似性を測る指標であるから，因果関係を前提にしていない。しかし，回帰関係は説明変数→被説明変数といった因果関係を前提にしていることが多い。たとえば，エアコンの増加（原因，説明変数）は電力消費量（結果，被説明変数）に影響するが，逆はいえない。ガソリン消費量と自動車の走行距離の関係も同様である。しかしながら，そのような明快な関係だけに回帰分析が適用されるとは限らず，英語の得点を数学の得点で説明するなどの例では直接的な因果関係ははっきりしない。また，実験可能な現象の分析では説明変数がコントロールできる確定的な変数であり，被説明変数はさまざまな攪乱要因に影響される確率的な変数と考えられるが，説明変数自体が確率的である場合には因果関係を事前に決定することはむずかしい。

c　関係の特定化

1次式で表現されるような関係を**線形モデル**（linear model）とよぶ。線形モデルは次のような形式をしており，回帰分析では取扱いが簡単なために最もよく利用される。

$$y = \alpha + \beta_1 x_1 + \beta_2 x_2 + \cdots + \beta_k x_k$$

これに対して，

$$y = \alpha x^\beta$$
$$y = \alpha + \beta_1 x + \beta_2 x^2$$

などは**非線形モデル**（non-linear model）とよばれる。非線形モデルはきわめてバラエティーに富んでおり，変数間の関係を特定するのに便利であるが，一般的に取扱いがむずかしい。ただ後に見るように，非線形モデルの中には，対数変換することによって線形モデルと同様に扱える場合がある。

どのようなモデルを選択すべきかは分析の目的によるため，一概に決められないが，多くの場合線形モデルが利用される。

d 決定モデルと確率モデル

最も簡単な線形モデルを次のように書く。

$$y = \alpha + \beta x \tag{11.1}$$

この関係式において，$\alpha=100$，$\beta=0.7$ とすると，$x=500$ なら，当然のことであるが，$y=450$ となる。このように x を決定すれば y が一意的に決まるモデルを**決定モデル**（deterministic model）とよぶ。それに対して，先の例でいえば，電力消費量はエアコンの台数によって影響を受けるとしても，業務用かどうか，温度設定などの利用状況は，等々さまざまな要因によって変化する。これらの攪乱要因を一括して u とすると，先の関係は次のように書き直すことができる。

$$y = \alpha + \beta x + u \tag{11.2}$$

仮に，u がある確率で $-10\sim+10$ の値をとるものとすると，$x=500$ のとき y はそれに応じて $440\sim460$ に変化し，厳密な値は定まらない。このようなモデルを**確率モデル**（stochastic model）とよぶ。u が正規分布する，すなわち，$u\sim N(0,\sigma^2)$ であれば，図 11.1 のように，各 x に対して y は垂直線上に正規分布するような確率的値をとると考えられる。

ここで，$y=\alpha+\beta x+u$ を**回帰式**（regression equation），u を**攪乱項**または**誤差項**（error term）とよぶ。また，α,β をパラメータ，とくに回帰式との関わりから，これらを**回帰係数**（regression coefficient）とよぶ。

y, x が n 個の観測データからなっていることを強調するために，上式を次のように書き直す。

$$y_i = \alpha + \beta x_i + u_i \qquad i = 1,\cdots,n \tag{11.3}$$

図 11.1 垂直線上の確率分布

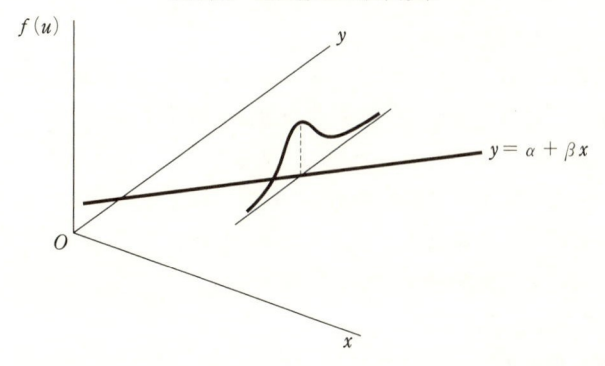

回帰分析の主な目的は，与えられたデータからパラメータ α, β を推定することである．そのために誤差項 u については次のような仮定をおいている．

$$E(u_i) = 0 \tag{11.4}$$

$$V(u_i) = \sigma^2 \tag{11.5}$$

$$E(u_i u_j) = 0 \tag{11.6}$$

$$i, j = 1, \cdots, n \quad i \neq j$$

つまり，期待値はいずれも 0，分散はどの i についても一定，また u_i, u_j は無相関であると仮定する．

また，x は確定値であり，誤差項 u とは無相関であると仮定する．

$$E(x_i u_i) = x_i E(u_i) = 0 \tag{11.7}$$

このとき，x_i に対応する y_i は確率変数であり，その期待値，分散は次のようになる．

$$E(y_i) = \alpha + \beta x_i = \mu_i$$

$$V(y_i) = E(y_i - \mu_i)^2 = V(u_i) = \sigma^2$$

11.2 単純な回帰分析

a 回帰係数の推定と最小2乗法

被説明変数を y，説明変数を x とする回帰モデルは次の線形回帰式で表される．説明変数が1つであるため，単回帰とよばれる．

$$y_i = \alpha + \beta x_i + u_i \quad i = 1, \cdots, n \tag{11.8}$$

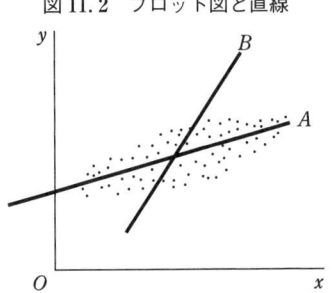

図 11.2 プロット図と直線

図 11.2 には y, x の観測された各点の組合せがプロットされている。これらの点を視覚的に直線で代表させるとしたらどうなるであろうか。

直感的にいって，B 線ではなく A 線を選択するであろうが，それはわれわれが，代表性を高めるために何らかの誤差を最小にするように反応しているためである。この点を詳しく展開しよう。

パラメータの推定と最小2乗法

線形回帰では切片 α，傾き β という2つのパラメータが決まれば直線が決まる。観測されたデータからこれらパラメータを推定する方法を考える。

先の線形回帰式においては，x_i は確定値であるのに対し，y_i は確率変数である。われわれは，y_i の観測されたデータを利用することができるが，誤差 u_i そのものは直接観測することはできない。

図 11.2 の直線 A を $f(x) = a + bx$ とすると，x の各値に対応する $f(x)$ の値は，

$$f(x_i) = a + bx_i \qquad i = 1, \cdots, n \tag{11.9}$$

となるが，この値は一般に観測された y_i とは異なっている。この偏差のことを**残差**（residual）とよび，次のように定義する。

$$e_i = y_i - f(x_i) \tag{11.10}$$

この残差 e_i を「総合的に最小化する」ような a, b を見出すことが課題である。最小化のための尺度として e_i を単純合計する方法はプラスとマイナスの残差がキャンセルされてしまうため適当でない。また，絶対値の和をとることがもう1つの方法として考えられるが，解析的に解くことはむずかしい。そこで，一般的には次のような尺度を最小にすることが考えられる。

図 11.3 残差の例

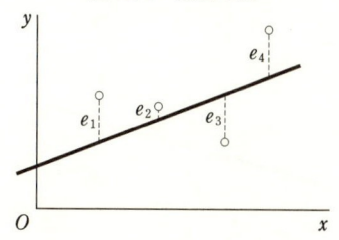

$$\Phi = \Sigma e_i^2$$

つまり,残差の2乗和Φを最小にするa, bをα, βの推定量とするわけである。このような方法を**最小2乗法**(method of least squares) という。

そこでΦを書き直すと,

$$\begin{aligned}
\Phi &= \Sigma e_i^2 \\
&= \Sigma(y_i - a - bx_i)^2 \\
&= na^2 - 2(\Sigma y_i - b\Sigma x_i)a + (\Sigma y_i^2 + b^2 \Sigma x_i^2 - 2b\Sigma x_i y_i) \\
&= (\Sigma x_i^2)b^2 - 2(\Sigma x_i y_i - a\Sigma x_i)b + (na^2 + \Sigma y_i^2 - 2a\Sigma y_i)
\end{aligned}$$

(11.11)

となる。ここで,3行目と4行目は未知のパラメータaまたはbについての2次式の形に整理したものである。言うまでもなく,x, yはデータとして与えられており,Φはa, bのみの関数である。

与えられたx, yのもとで,このΦを最小にするa, bは偏微分を使うと,つぎのようにして求められる。まず(11.11)式の3行目をaで微分すると,

$$\frac{\partial \Phi}{\partial a} = \Sigma 2(y_i - a - bx_i)(-1) = 0$$

$$\Sigma y_i = na + b\Sigma x_i \qquad (11.12)$$

である。

ついで,bに関しても同様に微分したものを0とおくと,

$$\frac{\partial \Phi}{\partial b} = \Sigma 2(y_i - a - bx_i)(-x_i) = 0$$

$$\Sigma x_i y_i = a\Sigma x_i + b\Sigma x_i^2 \qquad (11.13)$$

(11.12)式と(11.13)式はa, bに関する連立方程式であり,正規方程式とよ

図 11.4 　b に関する 2 次関数

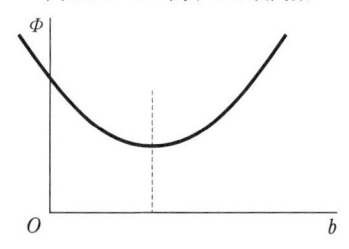

ばれる．これを解くために，$\sum x_i = n\bar{x}, \sum y_i = n\bar{y}$ であることに注意しながら，a を消去すると次式が得られる．

$$b = \frac{\sum x_i y_i - n\bar{x}\bar{y}}{\sum x_i^2 - n\bar{x}^2}$$

この b を (11.12) 式に代入すると，$a = \bar{y} - b\bar{x}$ として a が求められる．こうして求められた a, b を**最小 2 乗推定量**（Ordinary Least Squares (OLS) estimator）という．

以上の微分法がわかりにくい場合は，次の簡単な例で計算してみるとよい．

観測された x	y	$f(x)$	e
1	2	$a+1b$	$2-(a+1b)$
2	5	$a+2b$	$5-(a+2b)$
3	5	$a+3b$	$5-(a+3b)$

ここで，$\bar{x}=2, \bar{y}=4$ である．

$$\begin{aligned}
\Phi &= \{2-(a+1b)\}^2 + \{5-(a+2b)\}^2 + \{5-(a+3b)\}^2 \\
&= 14b^2 - (54-12a)b + 3a^2 - 24a + 54 \\
&= 3a^2 - (24-12b)a + 14b^2 - 54b + 54
\end{aligned}$$

ここで，a を一定と考えると，Φ は b に関する 2 次式であるから，図 11.4 が描ける．

$\Phi(b)$ を最小にする b は，この放物線の谷の b 座標であるから，

$$b = \frac{-(-54+12a)}{2 \times 14}$$

となる．この関係式と，$4 = a + b \times 2$（つまり，$\bar{y} = a + b\bar{x}$）より，$a = 1.0, b =$

1.5 を得る。このとき，回帰式は次のように表される。
$$y = 1.0 + 1.5x$$

回帰式と平均値 $\bar{x}, \bar{y}$

正規方程式の1つが，$\bar{y} = a + b\bar{x}$ であることからわかるように，回帰式は平均値の点 $(\bar{x}, \bar{y})$ を通る。したがって，上で求めた b は，もとのデータから平均値を差し引いた偏差の形式でも表現される。$\sum x_i = n\bar{x}, \sum y_i = n\bar{y}$ であることを考慮し，式を若干変形すると両者が等しいことがわかる。すなわち，

$$b = \frac{\sum(x_i - \bar{x})(y_i - \bar{y})}{\sum(x_i - \bar{x})^2}$$
$$= \frac{\sum(x_i y_i - \bar{x} y_i - \bar{y} x_i + \bar{x}\bar{y})}{\sum(x_i^2 - 2\bar{x} x_i + \bar{x}^2)}$$
$$= \frac{\sum x_i y_i - n\bar{x}\bar{y}}{\sum x_i^2 - n\bar{x}^2}$$

である。

b 残差の特性

誤差と残差

これまで α, β の推定量として，a, b という記号を用いてきたが，ここからは残差2乗和を最小にするものという意味で，$\hat{\alpha}, \hat{\beta}$ を用いることにする。

いま与えられた x_i に対して，y_i の推定量 $\hat{y}_i$ は次のようになる。

$$\hat{y}_i = \hat{\alpha} + \hat{\beta} x_i \tag{11.14}$$

残差 e は観測された y と推定量 $\hat{y}$ の差であるから，

$$y_i = \hat{y}_i + e_i \quad (つまり, \quad e_i = y_i - \hat{y}_i)$$

したがって，

$$y_i = \hat{\alpha} + \hat{\beta} x_i + e_i \tag{11.15}$$

である。これに対し，元の回帰式は次のとおりであった。

$$y_i = \alpha + \beta x_i + u_i$$

この2式を対比してみると，直感的に，$\alpha \to \hat{\alpha}$，$\beta \to \hat{\beta}$，$u \to e$ がそれぞれの推定量に対応していることがわかる。上で見たように，$\hat{\alpha}, \hat{\beta}, e$ は計算可能な値であるのに対し，パラメータ α, β および誤差 u は直接観察することはできない。誤差のさまざまな特性，たとえば誤差分散の推定には後に見るように，

残差分散を利用することができる。

$\hat{a}, \hat{\beta}$ の統計的特性を検討するときにも誤差の特性が関係する。これらを検討するためには，$\hat{a}, \hat{\beta}$ をパラメータ α, β に対するサンプル（標本）と考える必要がある。

残差の特性

残差に関する重要な特性をあげておく。

第 1 に，残差合計は 0 である。したがって，残差の平均も 0 である。

$$\begin{aligned}
\sum e_i &= \sum (y_i - \hat{a} - \hat{\beta} x_i) \\
&= \sum y_i - n\hat{a} - \hat{\beta}\sum x_i \\
&= n\bar{y} - n(\hat{a} - \hat{\beta}\bar{x}) \\
&= 0
\end{aligned}$$

第 2 に，残差と説明変数は無相関である（直交している）。

$$\begin{aligned}
\sum e_i x_i &= \sum (y_i - \hat{a} - \hat{\beta} x_i) x_i \\
&= \sum x_i y_i - n\hat{a}\bar{x} - \hat{\beta}\sum x_i^2 \\
&= \sum x_i y_i - n\bar{x}\bar{y} + n\hat{\beta}\bar{x}^2 - \hat{\beta}\sum x_i^2 \\
&= b(\sum x_i^2 - n\bar{x}^2) + n\hat{\beta}\bar{x}^2 - \hat{\beta}\sum x_i^2 \\
&= 0
\end{aligned}$$

一方，$\hat{y}$ は $\hat{a} + \hat{\beta} x_i$ であり，x_i の線形関係で表現できるから，残差との相関はない。

$$\begin{aligned}
\sum e_i \hat{y}_i &= \sum e_i (\hat{a} + \hat{\beta} x_i) \\
&= \hat{a}\sum e_i + \hat{\beta}\sum e_i x_i \\
&= 0
\end{aligned}$$

ここで，$\sum e_i = 0$ は誤差の期待値 $E(u_i) = 0$ に対応し，$\sum e_i x_i = 0$ は $E(x_i u_i) = 0$ に対応する。

回帰式と残差の計算例

「消費 y が所得 x によって変化する」という例について，表 11.1 のデータから回帰式と残差を計算すると次のようになる。

$$y = \underbrace{66.08 + 0.437 x}_{\hat{y}} + e$$

$$e = y - \hat{y}$$

表 11.1 所得と消費支出

暦年	CS (y)	GDP (x)	CS ($\hat{y}$)	残差 (e)
1998	277.9	489.8	280.3	−2.37
1999	280.7	489.1	280.0	0.72
2000	282.8	503.1	286.1	−3.32
2001	287.4	504.0	286.5	0.89
2002	290.5	505.4	287.1	3.46
2003	291.7	512.5	290.2	1.53
2004	296.4	526.6	296.4	0.08
2005	300.4	536.8	300.8	−0.42
2006	306.4	549.8	306.5	−0.06
2007	311.0	561.2	311.5	−0.51
平均	292.5	517.8	292.5	0.0

注：CS…実質民間最終消費支出（2000年基準，兆円）
　　GDP…実質国内総生産 GDP（同）

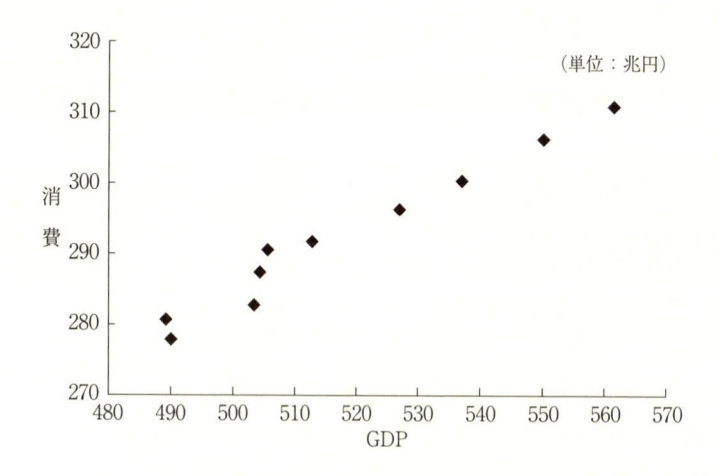

c 回帰モデルの説明力,決定係数

決定係数

回帰モデルを評価するとき,回帰式によって推定された $\hat{y}$ と観測値 y の差,すなわち残差が少なければ少ないほどモデルの説明力が高いと判断される。こういった評価に用いられる統計量が**決定係数 R^2**(coefficient of determination)である。

いま y の総変動を次のように定義する。

$$\text{総変動} = \sum(y_i - \bar{y})^2 \tag{11.16}$$

これに $y_i = \hat{y}_i + e_i$ の関係を代入して整理すると,

$$\sum(y_i - \bar{y})^2 = \sum(\hat{y}_i + e_i - \bar{y})^2$$
$$= \sum\{(\hat{y}_i - \bar{y}) + e_i\}^2$$
$$= \sum(\hat{y}_i - \bar{y})^2 + 2\sum e_i(\hat{y}_i - \bar{y}) + \sum e_i^2$$

となる。ここで先に説明したように,$\sum e_i \hat{y} = 0$,$\bar{y}\sum e_i = 0$,$\bar{\hat{y}} = \bar{y}$ であることに注意すると,結局,y の総変動は次のように2つの部分に分解される。

$$\sum(y_i - \bar{y})^2 = \sum(\hat{y}_i - \bar{y})^2 + \sum e_i^2 \tag{11.17}$$

左辺は y の総変動,右辺第1項は回帰モデルによって説明される変動,最後の項は説明されない変動=残差変動を表している。

回帰モデルの説明力とは,y の総変動中の回帰モデルで説明される変動の比率で評価される。この比率を決定係数 R^2 とよぶ。

$$R^2 = \frac{\sum(\hat{y}_i - \bar{y})^2}{\sum(y_i - \bar{y})^2}$$
$$= 1 - \frac{\sum e_i^2}{\sum(y_i - \bar{y})^2} \tag{11.18}$$

この形から理解されるように,$0 \leq R^2 \leq 1$ となる。

先に示した簡単な例でこれらの計算過程を示そう。推定された回帰式は $y = 1.0 + 1.5x$ である。

		観測された				
x	y	$\hat{y}$	$e=y-\hat{y}$	$(y-\bar{y})^2$	$(\hat{y}-\bar{y})^2$	e^2
1	2	$1.0+1.5\times1=2.5$	$2.0-2.5=-0.5$	$(2-4)\times(2-4)=4.0$	$(2.5-4)\times(2.5-4)=2.25$	$(-0.5)\times(-0.5)=0.25$
2	5	$1.0+1.5\times2=4.0$	$5.0-4.0=\ 1.0$	$(5-4)\times(5-4)=1.0$	$(4-4)\times(4-4)\ =0.0$	$1.0\times1.0=\ \ \ \ 1.0$
3	5	$1.0+1.5\times3=5.5$	$5.0-5.5=-0.5$	$(5-4)\times(5-4)=1.0$	$(5.5-4)\times(5.5-4)=2.25$	$(-0.5)\times(-0.5)=0.25$
$\bar{x}=2$	$\bar{y}=4$	$\bar{\hat{y}}=4$	0.0	6.0	4.5	1.5

ここで,

$$\text{総変動 (6.0)} = \text{説明される変動 (4.5)} + \text{残差変動 (1.5)}$$

が確かめられる。また,決定係数は次のとおりである。

$$R^2 = \frac{4.5}{6.0} = 0.75$$

決定係数と相関係数

決定係数は別の面から見ると,観測値 y と推定量 $\hat{y}$ の相関係数 $r_{y\hat{y}}$ と関係づけられる。決定係数の式を変形すると,証明は省くが,次の関係が得られる。

$$R^2 = (r_{y\hat{y}})^2 \qquad (11.19)$$

上の例から関連部分を再び取り上げると,次のようになる。

x	y	$(y-\bar{y})^2$	$(\hat{y}-\bar{y})^2$	$(x-\bar{x})^2$	$(y-\bar{y})(\hat{y}-\bar{y})$	$(y-\bar{y})(x-\bar{x})$
1	2	4.0	2.25	1.0	$(2-4)\times(2.5-4)=3.0$	2.0
2	5	1.0	0.0	0.0	$(5-4)\times(4-4)\ =0.0$	0.0
3	5	1.0	2.25	1.0	$(5-4)\times(5.5-4)=1.5$	1.0
$\bar{x}=2$ $\bar{y}=4$		6.0	4.5	2.0	4.5	3.0

これより,

$$r_{y\hat{y}} = \frac{\sum(y_i-\bar{y})(\hat{y}_i-\bar{y})}{\sqrt{\sum(y_i-\bar{y})^2 \times \sum(\hat{y}_i-\bar{y})^2}}$$

$$= \frac{4.5}{\sqrt{6\times4.5}}$$

$$= 0.866$$

$$(r_{y\hat{y}})^2 = 0.866^2 = 0.75$$

ここで,$\hat{y}_i=\hat{\alpha}+\hat{\beta}x_i$ という線形関係があることを考慮に入れると,$y,\hat{y}$ の相関は y,x の相関と同等であり,$r_{y\hat{y}} = r_{yx}$ となる。

$$r_{yx} = \frac{3.0}{\sqrt{6 \times 2}}$$
$$= 0.866$$

したがって，単回帰の場合，被説明変数と説明変数の相関係数の2乗が決定係数に等しいことがわかる．

d 回帰係数の分布

パラメータの推定量 $\hat{\alpha}, \hat{\beta}$ は x, y の観測データから，最小2乗法によって計算されており，誤差がどのような分布をしているかに関係なく求めることができる．しかしながら，y が本来，誤差項 u を含む確率変数（標本）であることを思い出せば，$\hat{\alpha}, \hat{\beta}$ もまた確率変数であることがわかる．したがって，未知のパラメータ α, β との関係を統計的に推計しようとする場合，誤差の確率分布に関する一定の仮定が必要である．

誤差の確率分布に関する仮定

誤差 u は平均 0，分散 σ^2 の正規分布に従うものと仮定する．それを次のように表す．

$$u \sim N(0, \sigma^2) \tag{11.20}$$

$\hat{\alpha}, \hat{\beta}$ の平均と分散

証明は省くが，$\hat{\alpha}, \hat{\beta}$ の標本分布は正規分布に従う．また，平均，分散は以下のとおりである．

$$E(\hat{\alpha}) = \alpha, \quad V(\hat{\alpha}) = \sigma^2 \left(\frac{1}{n} + \frac{\bar{x}^2}{\sum (x_i - \bar{x})^2} \right) \tag{11.21}$$

$$E(\hat{\beta}) = \beta, \quad V(\hat{\beta}) = \frac{\sigma^2}{\sum (x_i - \bar{x})^2} \tag{11.22}$$

ここで，$\hat{\alpha}, \hat{\beta}$ の期待値はそれぞれ α, β に等しいので，不偏推定量である．また，最小2乗推定量はすべての線形不偏推定量の中で分散が最も小さいことが知られている．このことから $\hat{\alpha}, \hat{\beta}$ を線形最良不偏推定量 **BLUE**（Best Linear Unbiased Estimator）とよぶことがある．

σ^2 の推定量

$\hat{\alpha}, \hat{\beta}$ の分散の推定量には未知のパラメータ σ^2 が含まれるため，これを何らかの方法で推定することが必要である．

σ^2 の推定量を $\hat{\sigma}^2$ とすると，先にふれたように，誤差分散の推定には残差分散が利用できる。

$$\hat{\sigma}^2 = \frac{1}{n}\Sigma e_i^2$$

ただし，自由度 $n-2$ を考慮した誤差分散の不偏推定量 s^2 は次のようになる。

$$s^2 = \frac{1}{n-2}\Sigma e_i^2$$

$\hat{\alpha}, \hat{\beta}$ の分散の推定量

$\hat{\alpha}, \hat{\beta}$ の分散の推定量をそれぞれ $s_{\hat{\alpha}}^2, s_{\hat{\beta}}^2$ とする。これらは，上の $V(\hat{\alpha}), V(\hat{\beta})$ における σ^2 を s^2 に置き換えたものである。

e　β の信頼区間の推定

ここでは，未知のパラメータ β の**信頼区間**（confidence interval）を推定する。信頼区間とは，β がある一定の範囲に含まれる可能性を確率的に表現したものである。β の推定量を1つの厳密な数値として表現したいところであるが，それは不可能である。推定量 $\hat{\beta}$ に関する各種の情報を利用しながら β の範囲を特定しよう。

$\hat{\beta}$ の平均は未知であるが，分散は既知であるという事態は通常起こりそうにない。しかしながら，$\hat{\beta}$ の平均，$E(\hat{\beta})=\beta$ の値が既知というのであれば，問題の設定自体が意味をなさない。一方，分散が既知という仮定については，残差分散が誤差分散の実現値になっていると考えるのは無理のない仮定だと考えられる。

いま仮に，われわれが何らかの知識から $0.2<\beta<0.4$ とわかっているときに，$\hat{\beta}=0.3$ を得たならば，推定結果はおおむね妥当だと考えるだろう。しかしながら，$\hat{\beta}=0.3$ でもその分散が大きく，$-0.2<\beta<0.8$ といった可能性があれば，この推定結果を確実に支持することはできない。

さて，$\hat{\beta}$ の平均は $E(\hat{\beta})=\beta$，分散は $s_{\hat{\beta}}^2$ である。ここで次のような t 統計量（t-statistics）を考えよう。

$$t = \frac{\hat{\beta}-\beta}{s_{\hat{\beta}}} \tag{11.23}$$

これは，自由度 $n-2$ の t 分布に従うことがわかっている。t が図11.5の

図11.5 t 分布と確率

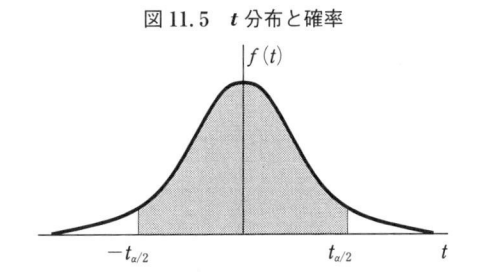

$-t_{\alpha/2}<t<t_{\alpha/2}$ の範囲にある確率（シャドー部分）を**信頼係数**（confidence coefficient）といい，範囲の外に落ちる確率を**有意水準**（significance level）という。信頼係数は習慣的に 95％，99％ に設定する。信頼係数を 95％ とすると上記確率は次のように表される。

$$P_r(-t_{\alpha/2}<t<t_{\alpha/2}) = 0.95$$

ここで自由度が 10 ならば $t_{\alpha/2}=2.228$ である。$t_{\alpha/2}$ の値は自由度と信頼係数（有意水準）が決まれば一意的に決定される値である。

これより，

$$-t_{\alpha/2}<\frac{\hat{\beta}-\beta}{s_{\hat{\beta}}}<t_{\alpha/2}$$

$$\hat{\beta}-t_{\alpha/2}s_{\hat{\beta}}<\beta<\hat{\beta}+t_{\alpha/2}s_{\hat{\beta}} \tag{11.24}$$

という β に関する範囲が得られる。

これと同様の議論が α についてもできる。ただし，α は単位に依存して変化する。また，この値は $x=0$ に対応する切片であるが，パラメータを推定するのに用いた観測データは，通常，$x=0$ の近辺から離れた範囲にあることに注意しなければならない。たとえば，

（ガソリン消費量）= 10.3+5.4×（走行距離）

という回帰式で，切片 10.3 をアイドリング（走行距離=0）のためのガソリン消費量とするような「過剰な解釈」には慎重でなければならない。α の信頼区間については，同様の議論であるから省略するという以上に，推定に用いたデータの範囲との関係から触れないこともある。

f 仮説検定と t 値

信頼区間と検定

先にあげた例のように，$\hat{\beta}=0.3$ として，その信頼区間が $-0.2<\beta<0.8$ であったとすると，β は 0 である可能性を否定できない。もし $\beta=0$ であるなら，その回帰式に用いられた説明変数は被説明変数と無関係であり，説明力がないとみなさなければならない。

そこで，$\beta=0$ という仮説（この仮説を**帰無仮説**（null hypothesis）という）をたて，この仮説が統計的に棄却されるかどうか**有意性の検定**（test of significance）を行う。

上で示した信頼区間の上限を t_H，下限を t_L とする。上の例では $\hat{\beta}=0.3$，自由度が 10 であり，信頼係数 95% では $t_{\alpha/2}=2.228$ である。$\hat{\beta}$ の値は 0.3 と変わらないが，$\hat{\beta}$ の標準誤差 $s_{\hat{\beta}}$ がさまざまに変わるようないくつかの例を示そう。$\hat{\beta}$ が同一でも残差分散が大きいか小さいかによってそういった例が生じる。

(1) $s_{\hat{\beta}}=0.2$ の例

このとき信頼区間は次のようになる。

$$\hat{\beta}-t_{\alpha/2}s_{\hat{\beta}}<\beta<\hat{\beta}+t_{\alpha/2}s_{\hat{\beta}}$$
$$t_H = 0.3+2.228\times 0.2 = 0.7456$$
$$t_L = 0.3-2.228\times 0.2 = -0.1456$$

この例では β の範囲は 0 を含み，$\beta=0$ という帰無仮説を棄却できない。

(2) $s_{\hat{\beta}}=0.01$ の例

このとき信頼区間は次のようになる。

$$t_H = 0.3+2.228\times 0.01 = 0.3223$$
$$t_L = 0.3-2.228\times 0.01 = 0.2777$$

この例では β の範囲は 0 を含まず，$\beta=0$ という帰無仮説は棄却される。

t 値

以上の説明からわかるように，信頼区間の下限が 0 より大，または上限が 0 より小のとき，帰無仮説は棄却される。すなわち，

$$t_L = \hat{\beta}-t_{\alpha/2}s_{\hat{\beta}}>0$$

したがって，

図 11.6 片側検定と両側検定

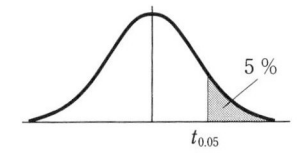

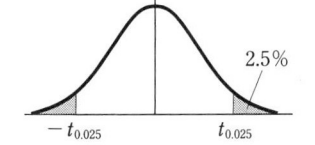

$$\frac{\hat{\beta}}{s_{\hat{\beta}}} > t_{\alpha/2}$$

であるような場合,帰無仮説は棄却される。

同様に,上限が 0 より小さい場合は次のようになる。

$$t_H = \hat{\beta} + t_{\alpha/2} s_{\hat{\beta}} < 0$$

したがって,

$$\frac{\hat{\beta}}{s_{\hat{\beta}}} < t_{\alpha/2}$$

であれば帰無仮説は棄却される。

両者を合わせると $|\hat{\beta}/s_{\hat{\beta}}| > t_{\alpha/2}$ の場合,$\beta = 0$ という帰無仮説は棄却される。$\hat{\beta}/s_{\hat{\beta}}$ は t 検定で用いられる t 値である。なぜならば,この統計量は

$$t = \frac{\hat{\beta} - \beta}{s_{\hat{\beta}}}$$

において $\beta = 0$ としたものにほかならない。この単純な応用として,$\beta = 0.2$ などの仮説も同様に検定できる。$\beta = 0.2$ を上の式に代入して,計算された t の値が分布の裾の棄却領域に属するかどうかを検定する。

いくつかの留意点

t 値は通常,推定された $\hat{\beta}$ の下に括弧付きで,たとえば次のように記述される。

$$y = 2.8 - 0.34x$$
$$(-2.44)$$

しかしながら,t 値は $\hat{\beta}$ と $s_{\hat{\beta}}$ の比であるから,( ) 内には t 値の代わりに $s_{\hat{\beta}}$,すなわち $\hat{\beta}$ の標準誤差を記入してあることもあるので注意する必要がある。また,慣例的に残差項 e の表記は付けない。

次に,t 値が十分大きいか小さいかは,パラメータの推定量 $\hat{\beta}$ の大きさと

は関係がないことにも注意する必要がある。たとえば，$\hat{\beta}=0.00001$ は 0 に近いと誤解してはならない。$\hat{\beta}$ がこのように小さい値を取るのはデータの単位の問題である。250000（万円）を 25（億円）と表現すれば $\hat{\beta}$ は 4 ケタ大きくなる。$\hat{\beta}$ が非常に小さくとも有意に 0 と異なる場合がある。

さらに，t 分布は正規分布に類似した対称形の分布をしており，棄却域を両側にもうける場合と，片側だけの場合とがある。有意水準が同一でも，両側か片側かによって $t_{\alpha/2}$ は変わってくる。

11.3 回帰分析の拡張——重回帰分析

前節では説明変数が 1 つの場合を考えた。本節では，被説明変数に影響を及ぼす要因が複数ある一般的な場合を検討する。

a 多変数の場合の回帰係数の推定

説明変数が 2 つの場合，回帰モデルは次のように表される。

$$y_i = \alpha + \beta_1 x_{1i} + \beta_2 x_{2i} + u_i \quad i = 1, \cdots, n \quad (11.25)$$

これに対応して，先の議論と同様，誤差 u_i を残差 e_i に置き換えた推定式は次のとおりである。

$$y_i = a + b_1 x_{1i} + b_2 x_{2i} + e_i$$

残差 2 乗和は次のようになる。

$$\Phi = \sum (y_i - a - b_1 x_{1i} - b_2 x_{2i})^2 \quad (11.26)$$

この評価値を最小にするようなパラメータを得るために，Φ を a, b_1, b_2 について偏微分すると，次の正規方程式を得る。

$$\sum (y_i - a - b_1 x_{1i} - b_2 x_{2i}) = 0 \quad (11.27)$$

$$\sum (y_i - a - b_1 x_{1i} - b_2 x_{2i}) x_{1i} = 0 \quad (11.28)$$

$$\sum (y_i - a - b_1 x_{1i} - b_2 x_{2i}) x_{2i} = 0 \quad (11.29)$$

より一般的なモデルは

$$y_i = \alpha + \beta_1 x_{1i} + \beta_2 x_{2i} + \cdots + \beta_m x_{mi} + u_i \quad (11.30)$$
$$i = 1, \cdots, n$$

となる。このような一般的なモデルの正規方程式を上と同様の方法で表すのは実用的ではない。簡単化のために推定式を行列で表現すると，次のようになる。

$$y = X\beta + u$$

$$y = \begin{pmatrix} y_1 \\ y_2 \\ \vdots \\ y_n \end{pmatrix}, X = \begin{pmatrix} 1 & x_{11} & \cdots & x_{m1} \\ 1 & x_{12} & \cdots & x_{m2} \\ & \cdots & \cdots & \\ 1 & x_{1n} & \cdots & x_{mn} \end{pmatrix}, \beta = \begin{pmatrix} \alpha \\ \beta_1 \\ \vdots \\ \beta_m \end{pmatrix}, u = \begin{pmatrix} u_1 \\ u_2 \\ \vdots \\ u_n \end{pmatrix}$$

ここで，X の第1列は定数項に対応する。このモデルにおける残差は上式の β を b に置き換えると

$$e = y - Xb$$

となる。残差2乗和を最小にする b は，証明を省くが，次のとおりである。

$$b = (X'X)^{-1}X'y$$

この b を最小2乗推定量 $\hat{\beta}$ とする。

先の単回帰と同じように，説明変数 X は非確率変数であり，誤差項 u とは独立である。$\hat{\beta}$ は不偏推定量であり，また分散共分散行列は次のとおりである。

$$E(\hat{\beta}) = \beta$$

$$V(\hat{\beta}) = \sigma^2(X'X)^{-1}$$

これが多変数の場合の最小2乗法によるパラメータ推定の方法である。

数値例

表 11.2 は中古車販売店で調べた小型乗用車の中古価格である。価格を決定する要因はいろいろ考えられるが，ここでは購入後の経過年数，走行距離，事故歴のあるなし，車のカラーを取り上げて調べた。

この結果は次の通りである。

$$\text{価格} = 204.3 - 22.42 \times (\text{経過年数}) + 7.91 \times (\text{走行距離}) - 30.3$$
$$(10.0)\ (-6.74) \qquad\qquad (1.66) \qquad\qquad (-1.54)$$
$$\times (\text{事故歴}) + 56.15 \times (\text{カラー})$$
$$(3.35)$$

$$R^2 = 0.910$$

（　）内は t 値を表している。この結果を簡単に評価すると，「走行距離」の係数がプラスである点，「事故歴あり」の t 値が低い点が難点である。そこで，これらの変数を除いて再推定したものが次の結果である。

表 11.2 乗用車の中古価格

	中古車価格 (万円)	経過年数 (年)	走行距離 (万 km)	事故歴 (あり=1)	色 (白系=1)
(1)	189	4	0.3	0	1
(2)	132	5	3.1	0	0
(3)	69	9	5.3	0	0
(4)	72	7	3.8	0	0
(5)	9	11	1.3	0	1
(6)	69	7	5.3	0	0
(7)	168	4	2.6	0	1
(8)	128	6	4.1	0	0
(9)	39	9	6.9	0	0
(10)	10	9	6.3	1	0
(11)	37	9	7.7	1	0
(12)	189	4	0.5	0	1
(13)	53	10	7.4	0	0
(14)	89	5	3.2	0	0
(15)	34	12	8.2	1	1

$$\text{価格} = 220.5 - 19.83 \times (\text{経過年数}) + 36.10 \times (\text{カラー})$$
$$(11.5)\ (-8.58) \qquad\qquad\qquad (2.86)$$

$$R^2 = 0.880$$

b 重回帰の残差と自由度修正済決定係数 $\bar{R}^2$

重回帰における残差の考え方は単回帰の場合とまったく同じである。

$$e_i = y_i - \hat{y}_i$$
$$\hat{y}_i = \hat{\alpha} + \hat{\beta}_1 x_{1i} + \cdots + \hat{\beta}_m x_{mi}$$

決定係数は

$$R^2 = \frac{\sum(\hat{y}_i - \bar{y})^2}{\sum(y_i - \bar{y})^2}$$
$$= 1 - \frac{\sum e_i^2}{\sum(y_i - \bar{y})^2}$$

となる。

説明変数が追加されれば，R^2 は徐々に1に近づき，回帰式の説明力は増大する。しかしながら同時に，推定すべきパラメータの数は増加し，1つのパ

ラメータを推定するのに利用できる情報量（データ数）は失われていく。したがって，説明力を増大させるため，説明変数を「増加させることが良い」とはいえない。

この点を適切に評価するために，自由度修正済決定係数 $\bar{R}^2$ が考案されている。

$$(1-\bar{R}^2) = \frac{\sum e_i^2/(n-k)}{\sum(y_i-\bar{y})^2/(n-1)}$$

$$= (1-R^2)\frac{n-1}{n-k}$$

したがって，

$$\bar{R}^2 = 1-(1-R^2)\frac{n-1}{n-k} \tag{11.31}$$

ここで，k はパラメータの数である。

一般に重回帰分析ではこの自由度修正済決定係数がよく利用される。

c 関数の特定化

以上でみてきたように，この章では線形回帰式を扱っている。しかしながら，より高度の分析には非線形回帰式も必要である。ここでは，一見非線形に見える関係が，簡単なデータの変換を行うことにより，線形回帰式の範囲内で取り扱うことができるケースを示す。

パラメータが特別の意味をもつ場合

はじめに次のような指数型の関数形を考える。

$$y = \alpha x^\beta$$

両辺対数をとると次の式を得る。

$$\log y = \log \alpha + \beta \log x \tag{11.32}$$

ここで，$y'=\log y, \alpha'=\log \alpha, x'=\log x$ とすれば，上式は

$$y' = \alpha' + \beta x'$$

のように書き直すことが可能であり，これは通常，対数線形回帰式といわれる。

この回帰式が特別の意味をもつのは，β が弾力性（x の変化率に対する y の変化率）を表していると解釈されるためである。

図 11.7 データ変化が異なる例

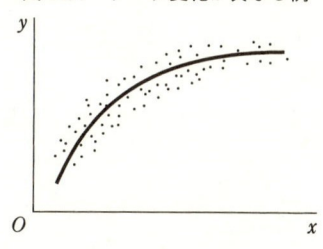

上式を x で微分すると

$$\frac{d(\log y)}{dx} = \frac{1}{y}\frac{dy}{dx} = \beta\frac{1}{x}$$

$$\beta = \left(\frac{dy}{y}\right) \Big/ \left(\frac{dx}{x}\right)$$

となる。ある変化が，他にどのような変化をもたらすかに関心がある場合，この形式は有用である。

次に，

$$y = \alpha x^\beta e^{\gamma t}$$

という関数形を考える。ここで t は時間を示す。

$$\log y = \log \alpha + \beta \log x + \gamma t \tag{11.33}$$

$$\frac{d(\log y)}{dt} = \frac{1}{y}\frac{dy}{dt} = \gamma$$

すなわち，γ は y の期間当たり変化率（たとえば経済成長率）を示している。

データの変化が x, y で大きく異なる場合

図 11.7 に示すように，x の変化が y の変化より早い場合，x だけを対数化することが考えられる。

このような関係を次式のように表す。

$$y = \alpha + \beta \log x$$

この場合も上と同様，$\log x$ を 1 つの変数とすれば線形回帰式となる。これを片対数形の回帰式とよぶ。x, y が逆で，$\log y$ を利用するケースもある。

y が一定の値に収束する場合

$$y = \alpha + \beta \frac{1}{x} \tag{11.34}$$

図11.8 一定の値に収束する例

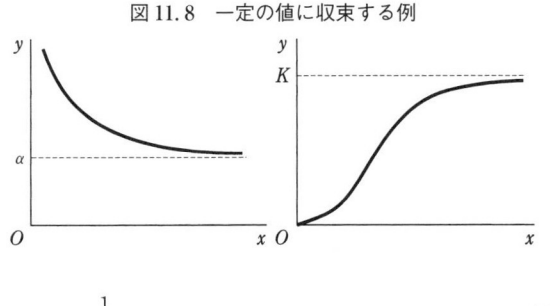

$$y = \alpha + \beta \frac{1}{\sqrt{x}} \tag{11.35}$$

といった関数形は $n \to \infty$ のとき，$y \to \alpha$ へ収束する（図11.8）。この場合も，$1/x, 1/\sqrt{x}$ をそれぞれ新しい x と置き直すことにより線形回帰式に変換できる。

また，パソコンの普及率のような成長過程を記述するのに適したものが成長曲線（logistic curve）である。

$$y = \frac{K}{1 + \alpha e^{-\beta x}}$$

この曲線では，$n \to \infty$ のとき，y は K の値に収束する（図11.8）。これを若干変形すると，

$$\log\left(\frac{K-y}{y}\right) = \log(\alpha) - \beta x \tag{11.36}$$

となり，それぞれの変数を加工すれば，通常の線形回帰として扱うことができる。

真の関数関係を識別するのが困難な場合

理論的に考えられる関数関係が，現実のデータから必ずしも推定できない例を挙げておこう。図11.9に示すように，観測されたデータをプロットすれば，指数曲線になる。しかしながら，実際には背後にある関数がシフトした結果，見かけ上そうなっているという場合である。

説明変数の相関が高い場合

$$y = \alpha + \beta_1 x_1 + \beta_2 x_2$$

において x_1, x_2 の間に高い相関があるとき，β_1, β_2 を正確に推定できない場合

図11.9 見かけのトレンドの例

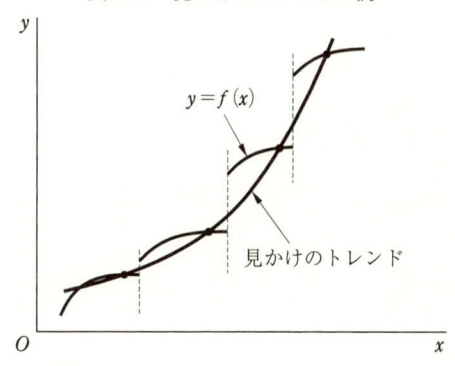

がある。これを**多重共線性**（multicollinearity）とよぶ。多くの場合係数の符号条件が合わないとか，決定係数は大きいが t 値が小さいということが起こる。このときには，説明変数の一方を除くか，別に x_1 と x_2 の合成変数を定義する必要がある。

トレンドの除去

回帰式に含まれる変数がトレンドを有している場合，真の y, x の関係をトレンドのために見誤る可能性がある。この場合，最も簡単な対応はトレンドを説明変数に加えることである。トレンドには $T=(1, 2, \cdots, t)$ の直線トレンドや e^{rT} などの指数トレンドなどがよく用いられる。たとえば

$$y = \alpha + \beta_1 x + \beta_2 T$$

である。また，データの階差（差分）をとって階差間の回帰分析を試みることもある。

$$(y_t - y_{t-1}) = \beta(x_t - x_{t-1})$$

ダミー変数の活用

説明変数が定量的なデータではなく，質的・定性的なデータからなる場合がある。この場合は，特定の属性を $(1, 0)$ で区分したデータを作り，これを説明変数に加える。たとえば，データ数が下のように8なら，

$D_1 = (0\ 0\ 0\ 0\ 1\ 0\ 0\ 0)$：特定の年のショックに対応

$D_2 = (1\ 1\ 1\ 1\ 0\ 0\ 0\ 0)$：最初の4個はある属性，残りは別の属性

これらは**ダミー変数**（dummy variable）とよばれる。たとえば
$$y = \alpha + \beta x + \gamma D_1$$
この式を推定すると，ショックによる定数項のシフト（γ）を測定できる。

11.4 予　測

推定された回帰式を用いて，説明変数が特定の値をとるときの被説明変数の推定値を求めよう。このような推定を予測とよぶ。パラメータの推定に用いたデータの範囲内の予測を標本内予測，それ以外を標本外予測とよぶ。

予測は「将来値」を求めることとは限らない。身長と体重の回帰式から，ある人の期待される体重を求める，等々にも利用できる。

いま，回帰式として次のような簡単な例を用いる。
$$\hat{y} = \hat{\alpha} + \hat{\beta} x$$
ある x の値 x_0 を与えたとき，これに対応する y の推定値は
$$\hat{y}_0 = \hat{\alpha} + \hat{\beta} x_0$$
となる。真の y は誤差を含み，次のように表される。
$$y_0 = \alpha + \beta x_0 + u_0$$
したがって，
$$\hat{y}_0 - y_0 = \hat{\alpha} - \alpha + (\hat{\beta} - \beta) x_0 - u_0$$
$\hat{\alpha}, \hat{\beta}$ は不偏推定量であるから，
$$E(\hat{\alpha} - \alpha) = 0$$
$$E(\hat{\beta} - \beta) = 0$$
また，u_0 の期待値は 0 より，
$$E(u_0) = 0$$
したがって，
$$E(\hat{y}_0 - y_0) = 0$$
$$E(\hat{y}_0) = E(y_0)$$
となる。不偏推定量の線形結合で表される予測量もまた，不偏推定量である。

一方，$\hat{y}_0$ の分散は，証明は省くが次のようになる。
$$V(\hat{y}_0) = \sigma^2 \left\{ 1 + \frac{1}{n} + \frac{(x_0 - \bar{x})^2}{\sum (x_i - \bar{x})^2} \right\} \qquad (11.37)$$

図 11.10 予測の信頼限界

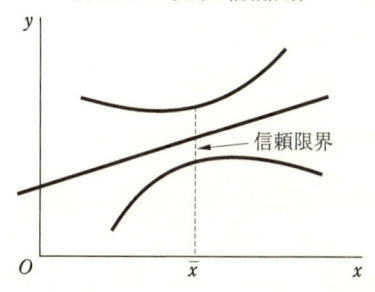

$$\sigma^2 = \frac{1}{n-2}\sum e_i^2 \qquad (11.38)$$

$$s_{\hat{y}_0}^2 = \frac{1}{n-2}\{\sum e_i^2\}\left\{1+\frac{1}{n}+\frac{(x_0-\bar{x})^2}{\sum(x_i-\bar{x})^2}\right\} \qquad (11.39)$$

これより，予測値は $\hat{y}_0$ を中心に，一定の範囲（予測の信頼限界とよぶ）で推定される．信頼限界は次のように表される．

$$\hat{y}_0 - t_\alpha s_{\hat{y}_0} < y_0 < \hat{y}_0 + t_\alpha s_{\hat{y}_0}$$

ここで，t_α は有意水準，自由度によって定まる t 値である．

この結果からわかるように，予測値は，平均 $\bar{x}$ から離れれば離れるほど分散が大きくなり，信頼限界が広がる．

数値例

次のような仮設例によって，予測値とその信頼限界を求める．

$y = 10.0 + 2.0x$

$n = 15,\ \bar{x} = 10,\ \sum(x_i-\bar{x})^2 = 125,\ \sum e^2 = 9.2$

このとき，

$$s_{\hat{y}_0} = \sqrt{\frac{1}{15-2}\times 9.2\left\{1+\frac{1}{15}+\frac{(x_0-10)^2}{125}\right\}}$$

$x_0 = 10$ のとき $\hat{y} = 30$

$s_{\hat{y}_0} = 0.869$

また，有意水準（両側）5% で，自由度 13 の t 値は 2.16 である．したがって，予測値の信頼限界は $30 \pm 2.16 \times 0.869$ となる．

$x_0 = 20$ のとき $\hat{y} = 50$

$$s_{\hat{y}_0} = 1.15$$

したがって,信頼限界は $50 \pm 2.16 \times 1.15$ となり,平均から離れるにつれて,誤差が大きくなる様子がわかる.

練習問題

1.(回帰係数と相関係数)X と Y の線形関係を測定する場合,X を Y に回帰させる方法と Y を X に回帰させる方法がある.それぞれの回帰係数の推定値を b, b' とするとき,両者の積が決定係数(相関係数の 2 乗)に等しいことを証明せよ.

2. 下の表は,各国の平均寿命とそれに関連する指標を抜粋したものである.このデータを用いて,以下の問いに答えよ.

(1) 平均寿命を y,栄養水準を x_1,医療水準を x_2 として,回帰式 $y = a + bx_1 + cx_2$ を計算せよ.

(2) $a + b\bar{x}_1 + c\bar{x}_2$ を計算し,この値が $\bar{y}$ と等しいことを確かめよ.

(3) 残差の和と 2 乗和を求めよ.残差の和が 0 であることを確かめよ.

(4) $\sum(y_i - \bar{y})^2, \sum(\hat{y}_i - \bar{y})^2$ および $\sum y_i^2, \sum \hat{y}_i^2$ を計算し,上の残差の 2 乗和との関係を調べよ.また,決定係数を求めよ.

(5) 上の回帰式にさらに x_3 として経済水準を追加して $y = a + bx_1 + cx_2 + dx_3$ とし,回帰係数 d を求めよ.また,d が 0 と有意に異なるかを検定せよ.

国　　名	栄養水準	医療水準	経済水準	平均寿命
ザ ン ビ ア	1642	8333	490	41.0
パ キ ス タ ン	2422	1250	720	64.9
インドネシア	2972	7692	1260	67.8
ペ ル ー	2583	855	2710	70.8
チ 　 リ	3033	917	5940	78.2
ギ リ シ ャ	3695	200	25100	79.0
フ ラ ン ス	3570	293	34900	80.2
ド イ ツ	3589	291	34780	78.9
ア メ リ カ	3691	435	43210	77.7
日 　 本	2838	472	38930	82.1
注	1 日 1 人当たり「熱供給量」(Kcal/日,2005 年)『世界国勢図会 (2007/08)』	医師 1 人当たり人口(人,編集値) 2000-2006 年 WDI online	国民 1 人当たり所得 (GNI,ドル/人) 2005 年 WDI online	2005 年 WDI online

付録　エクセル（Excel）による統計分析へのいざない

　表計算ソフトのエクセル（Excel）はデータをグラフ化したり，いろいろの統計処理を行ったりするのに大変便利なソフトウェアである。そこで，ここでは，これまでに各章で説明してきた統計分析＝統計処理をエクセルで行うにはどのようにすればよいか，結果はどのようになるかを説明する。使うエクセルのバージョンは Excel 2003 である。2007 年に発売された Excel 2007 でも，最初の画面での構成が違うことを別にすれば，2003 と同じようにデータの処理をすることができる。
　エクセルによる統計分析には2つの方法がある。1つは，エクセルが用意している各種の統計関数を使って行う方法であり，もう1つは，「ツール」のなかの「分析ツール」を呼び出して行う方法である。

1. データの統計処理に使える統計関数

　第 *3* 章と第 *4* 章では，与えられたデータ系列が1種類の場合と2種類以上の統計処理の方法を取り上げた。それらに使える統計関数をあげると，次のようになる。

　　　　算術平均　　average（データ系列）
　　　　幾何平均　　geomean（データ系列）
　　　　調和平均　　harmean（データ系列）
　　　　分　　散　　varp（データ系列）
　　　　標準偏差　　stdevp（データ系列）
　　　　共分散　　　covar（データ系列1，データ系列2）
　　　　範　　囲　　range（データ系列）
　　　　相関係数　　correl（データ系列1，データ系列2，…，データ系列k）

2. 「分析ツール」で行える統計処理

　「ツール」のなかの「分析ツール」[*] には，統計処理のためのいくつかのメ

ニューがあるので，それを選択して使えば，1変数だけでなく，2変数以上についても，必要な統計処理ができる。「ツール」に「分析ツール」が入っていないときは，「ツール」のなかの「アドイン」を使って「分析ツール」を挿入することができる。

* これはExcel 2003以前の場合であり，Excel 2007では「データ」のなかの「データ分析」と変わった。また，「アドイン」はExcelウインドウの左上のofficeボタンをクリックして，出現するボックスのなかの「エクセルのオプション」の中にある。

「分析ツール」に入っている統計分析としては，以下のものがある。

相　関	多変数間の相関係数を計算し，行列形式で表示する
共分散	2変数の共分散を計算
基本統計量	算術平均，標準偏差など分布に関する基本統計量を計算
ヒストグラム	階級のデータを与えると，それに対応する度数を計算し，ヒストグラムを描く
乱数発生	一様分布ほか一定の分布をもつ乱数（整数，実数）の発生
回帰分析	単回帰分析，重回帰分析を行い，必要な統計量を計算

3. エクセルによる統計分析の例

3.1　1変数の統計処理──統計関数

画面1に示した海外旅行者のデータについて，関数を使って3種類の平均と標準偏差の計算をしてみよう。はじめにデータを入力する。

画面1

	A	B	C	D
1				
2	年	出国者数(xi)	log(xi)	1/xi
3	2003	1329	7.1922	0.00075245
4	2004	1683	7.4283	0.00059418
5	2005	1740	7.4616	0.00057471
6	2006	1753	7.4691	0.00057045
7	2007	1730	7.4559	0.00057803
8				
9		算術平均	幾何平均	調和平均
10		1647	1638.31	1628.76
11				

算術平均は $\sum x_i/5$ であり，幾何平均と調和平均はそれぞれ，x_i を対数変換

したものと逆数にしたものの平均であり，$\log(x_i)$ と $1/x_i$ の列がそれに対応している。例えば，C3 の値はそのセルに「=ln(B3)」と入力している。ln（ ）は自然対数の値を求める関数である。また，D3 のセルには「=1/B3」と入力している。C4 から C7，D4 から D7 にはそれぞれ C3，D3 の式をコピーして貼り付ければよい。これで準備が完了した。

算術平均は B10 のセルに「=sum(B3:B7)/5」としてもよいし，または「=average(B3:B7)」と入力する。sum（ ）は合計を求める関数である。幾何平均は C10 のセルに「=exp(average(C3:C7))」と入力している。また，調和平均は D10 のセルに「=1/average(D3:D7)」と入力している。幾何平均，調和平均を直接求める関数があるので，それを利用すればそれぞれ「=geomean(B3:B7)」「=harmean(B3:B7)」とすればよい。それぞれの計算値を比較されたい。

なお，通常データ系列は連続したデータの最初と最後のセル位置を，例えば B3:B7 のように指定する。B3:B7 の部分は直接入力してもいいし，マウスでその範囲をドラッグすることで自動的に入力される。なれればこの方が便利である。

3.2　1 変数の統計処理──分析ツール

ここでは，「基本統計量」と「ヒストグラム」を例として，分析ツールを使った 1 変数の統計処理の説明をする。例題は 1992 年の 47 都道府県のテレビの衛星放送受信契約率である。はじめに A2:B49 の範囲のデータを直接入力する（画面 2 を参照）。

ここでは合わせて 47 都道府県のデータの平均，標準偏差，最大値，最小値について関数を使って求めてみよう。平均を求めるには B50 のセルに「=average(B3:B49)」と入力する。標準偏差は「=stdevp(B3:B49)」，最大値は「=max(B3:B49)」，最小値は「=min(B3:B49)」と入力する。

「分析ツール」の「基本統計量」を使うと，これらの平均，標準偏差，最大値，最小値など基本統計量が一度に計算できる。まず「分析ツール」のなかの「基本統計量」を選択する。すると「基本統計量」の入力ボックスが表示される。

ここで，「入力元」の「入力範囲」と「データ方向」を指定する。入力範囲

画面 2

	A	B	C
1			
2		原系列	
3	北海道	11.6	
4	青森	15.3	
5	岩手	19.4	
6	宮城	15.5	
7	秋田	19.1	
8	山形	18.7	
9	福島	13.9	
10	茨城	10.4	
11	栃木	11.5	
12	群馬	10.9	
13	埼玉	10.7	
14	千葉	11.9	
15	東京	13.4	
16	神奈川	13.7	
17	新潟	12.9	
18	富山	20.5	
19	石川	17.7	
20	福井	20.8	
21	山梨	9.5	
22	長野	13.9	
23	岐阜	13.8	
24	静岡	13.3	
25	愛知	11.8	
26	三重	12.1	
27	滋賀	12.6	

	A	B	C
28	京都	11.9	
29	大阪	10.4	
30	兵庫	11.5	
31	奈良	12.7	
32	和歌山	10.3	
33	鳥取	20.6	
34	島根	18.8	
35	岡山	11.6	
36	広島	14.8	
37	山口	14.7	
38	徳島	13.8	
39	香川	12.3	
40	愛媛	14	
41	高知	16.4	
42	福岡	11.4	
43	佐賀	9.2	
44	長崎	9.7	
45	熊本	9.7	
46	大分	16.5	
47	宮崎	15.2	
48	鹿児島	9.2	
49	沖縄	6.1	
50	平均	13.52553	
51	標準偏差	3.379064	
52	最大値	20.8	
53	最小値	6.1	
54			

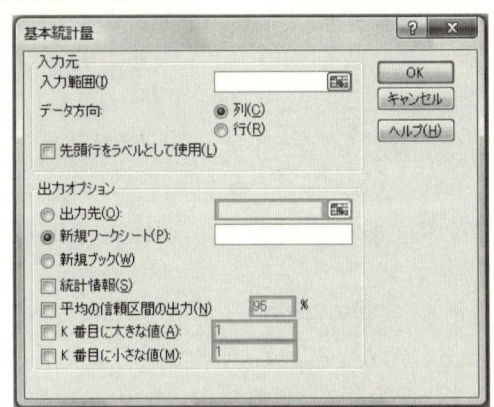

[基本統計量ダイアログボックス]

は基本統計量の計算の対象となるデータの範囲を示している。この例ではB列のB3:B49または最初の変数名を加えたB2:B49とする。直接B3:B49と入力してもよいし，そのテキストボックスの右端にある赤い矢印をクリックし，データの範囲をマウスでドラッグし，最後に再び赤い矢印をクリックする。後者の場合は，最初はデータではないので「ラベル」のところのチェックを入れる必要がある。この例では「データ方向」は「列」となる。

次に「出力オプション」を決定する。出力先は3通りある。同じシートのどこか指定した場所（「出力先」），新規ワークシート，または新規ブックである。ここでは「出力先」をチェックして，その先頭位置をD2に指定しよう。出力オプションではさらに「統計情報」「平均の信頼区間の出力」「K番目に大きな値」「K番目に小さな値」の指定ができる。このうち少なくとも1つを選択する。ここでは「統計情報」を選択することにする。その後「OK」ボタンをクリックすると，画面3のようにD2:E16の範囲に基本統計量の表が作成される。

画面3

	A	B	C	D	E
1					
2		原系列		原系列	
3	北海道	11.6			
4	青森	15.3		平均	13.52553
5	岩手	19.4		標準誤差	0.498216
6	宮城	15.5		中央値（メジアン）	12.9
7	秋田	19.1		最頻値（モード）	11.6
8	山形	18.7		標準偏差	3.415595
9	福島	13.9		分散	11.66629
10	茨城	10.4		尖度	-0.15582
11	栃木	11.5		歪度	0.535552
12	群馬	10.9		範囲	14.7
13	埼玉	10.7		最小	6.1
14	千葉	11.9		最大	20.8
15	東京	13.4		合計	635.7
16	神奈川	13.7		標本数	47
17	新潟	12.9			

「分析ツール」のなかの「ヒストグラム」を使うと，度数分布表が作成されるので，それをグラフにすればヒストグラムができる。度数分布を作るためには，はじめに階級数とそれぞれの範囲を決めなくてはならない。階級数は7～15程度，階級の幅は最大値，最小値から得られる範囲を階級数で割った値を参考に切れのよい数値を選択する。ここでは，第3章表3.1に対応する度数分布であるので階級数8，階級幅を2（％）とする。「ヒストグラム」では階級の上限値を入力するので，次のD2:D10の範囲のように8つの階級のそれぞれの上限値をひとつの表にまとめる。これで準備完了した（画面4）。

はじめに「分析ツール」のなかの「ヒストグラム」を選択する。すると画面5のような「ヒストグラム」の入力ボックスが表示される。

ここで，「入力範囲」と「データ区間」および，「出力オプション」を指定する。「入力範囲」は元のデータの範囲（この例ではB列のB3:B49の範囲）

画面4

	A	B	C	D	E
1					
2		原系列		階級（上限）	
3	北海道	11.6		7.9	
4	青森	15.3		9.9	
5	岩手	19.4		11.9	
6	宮城	15.5		13.9	
7	秋田	19.1		15.9	
8	山形	18.7		17.9	
9	福島	13.9		19.9	
10	茨城	10.4		21.9	
11	栃木	11.5			
12	群馬	10.9			

画面5

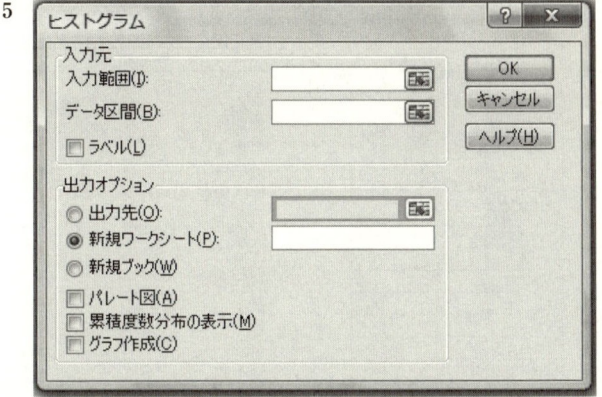

[ヒストグラム ダイアログ：入力元（入力範囲(I)、データ区間(B)、ラベル(L)）、出力オプション（出力先(O)、新規ワークシート(P)、新規ブック(W)、パレート図(A)、累積度数分布の表示(M)、グラフ作成(C)）、OK／キャンセル／ヘルプ(H)ボタン]

を入力する．ついで，あらかじめ決めておいた度数分布表での階級（データ区間「D3：D10」）を指定する．ここではラベルを含んだB2：B49とD2：D10を入力し，「ラベル」にチェックを入れておく．最後に，結果をどこに表示するかを指示する「出力オプション」の指示をする．同様に出力先は3通りある．同じシートのどこか指定した場所（「出力先」），新規ワークシート，または新規ブックである．ここでは「出力先」をチェックして，その先頭位置をF2に指定する．その後「OK」ボタンをクリックする（画面6）．

すると，F2：G11の範囲に示されるようにデータ区間別の頻度（度数）の表ができる．なお，出力オプションにはさらに「パレート図」「累積度数分布の表示」「グラフ作成」の指定ができる．例えば「グラフ作成」を同時にチェックすれば，画面7のようなヒストグラム（実際には階級幅が等しいことを前提にした棒グラフで，階級の幅が異なる場合は工夫が必要となる）が作成される．

画面6

	A	B	C	D	E	F	G
1							
2		原系列		階級(上限)		階級(上限)	頻度
3	北海道	11.6		7.9		7.9	1
4	青森	15.3		9.9		9.9	5
5	岩手	19.4		11.9		11.9	13
6	宮城	15.5		13.9		13.9	12
7	秋田	19.1		15.9		15.9	6
8	山形	18.7		17.9		17.9	3
9	福島	13.9		19.9		19.9	4
10	茨城	10.4		21.9		21.9	3
11	栃木	11.5				次の級	0
12	群馬	10.9					

画面7

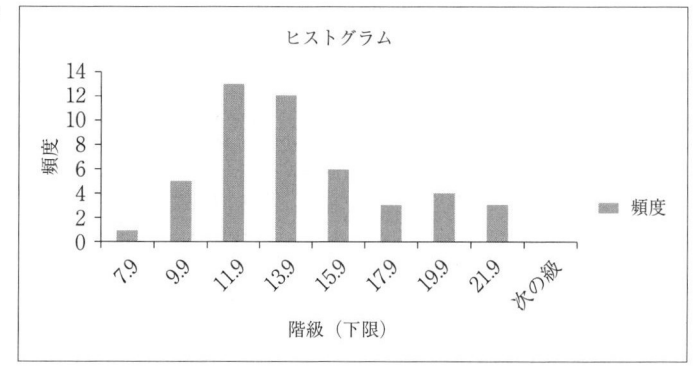

[ヒストグラム：階級（下限）7.9〜次の級に対する頻度の棒グラフ。頻度は1, 5, 13, 12, 6, 3, 4, 3, 0]

グラフの編集でデータ系列の書式を変更し，画面8のように棒グラフの間隔を詰めることができるが，間隔が等しくない階級についてはヒストグラムとして高さを自動では調整されないので，注意する必要がある。

画面8

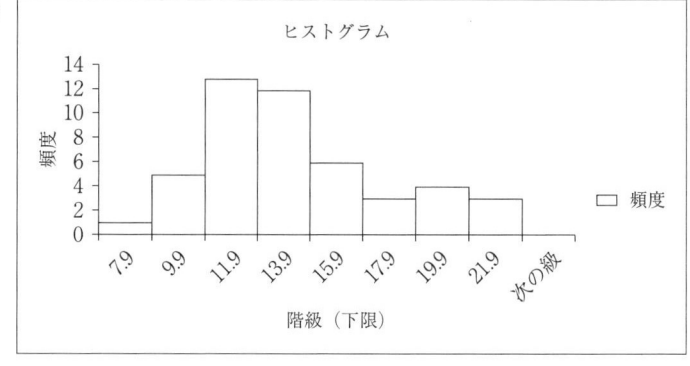

[ヒストグラム：棒の間隔を詰めたもの]

3.3　2変数以上の場合

2つ以上の変数を扱う場合，相関係数の計算や回帰分析を行うことが多い。以下では次のデータを用いて説明する。ここには2000年から2005年の完全失業率と有効求人倍率のデータがある。はじめに画面9のデータのシャドー部分を直接入力する。平均と標準偏差は関数を使って計算しておく。B10のセルには「=average (B4:B9)」，B11のセルには「=stdevp(B4:B9)」を入力する。C10，C11も同様である。

画面9

	A	B	C
1			
2		x	y
3	年	完全失業率	有効求人倍率
4	2000	4.7	0.59
5	2001	5.0	0.59
6	2002	5.4	0.54
7	2003	5.3	0.64
8	2004	4.7	0.83
9	2005	4.4	0.95
10	平均	4.917	0.690
11	標準偏差	0.3532	0.1484

相関係数は2つの変数間の相関の強さを測るものであり，エクセルでは関数を使うこともできるし，「分析ツール」の「相関」を用いることもできる。

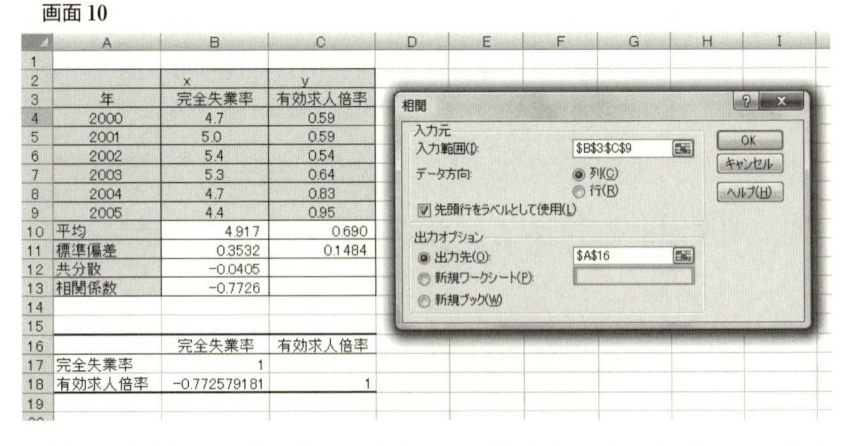

画面10

	A	B	C
1			
2		x	y
3	年	完全失業率	有効求人倍率
4	2000	4.7	0.59
5	2001	5.0	0.59
6	2002	5.4	0.54
7	2003	5.3	0.64
8	2004	4.7	0.83
9	2005	4.4	0.95
10	平均		4.917	0.690
11	標準偏差	0.3532	0.1484
12	共分散	−0.0405	
13	相関係数	−0.7726	
14			
15			
16		完全失業率	有効求人倍率
17	完全失業率	1	
18	有効求人倍率	−0.77257918	1

相関係数を求める関数「correl」を用いて計算する場合は，「= correl(B4:B9, C4:C9)」と入力する。ここではその式をB13のセルに入力している。

相関係数は -0.7726 となる。相関係数は x と y の共分散をそれぞれの標準偏差で割ったものであるから，B12 のセルに共分散を「=covar(B4：B9，C4：C9)」として計算し，

$$共分散/(x の \sigma * y の \sigma) = -0.0405/(0.3532 * 0.1484) = -0.772$$

となることが確かめられる。そのためには，どこかのセルに数式「=B12/(B11*C11)」と入力すればよい。

「分析ツール」の「相関」を用いる場合は，2つ以上の変数から選んだ任意の2変数間の相関係数を，相関行列として一度に計算できる利点がある。変数の個数を n とすると，$_nC_2$ の相関係数が計算されることになる。

「分析ツール」の「相関」を選択すると，画面 10 のような入力ボックスが現れる。ここでも「入力元」と「出力オプション」を選択する。「入力元」はB4：C9 または変数名を含めた B3：C9 の範囲である。後者の場合は「先頭行をラベルとして使用」にチェックをいれる。「出力オプションは」同様に 3 通りある。ここでは「出力先」を選択して A16 を指定した。「OK」をクリックすると計算され，相関行列が A16：C18 の範囲に表示される。

同じデータで回帰分析の計算をしよう。1 変数で説明する回帰式はグラフの散布図からも求められる。はじめにこの例を示す。散布図の描き方は，B3：C9 のデータ範囲をドラッグで選択し，グラフウィザードから「散布図」を指定する。画面 11 のようなグラフが求められる。

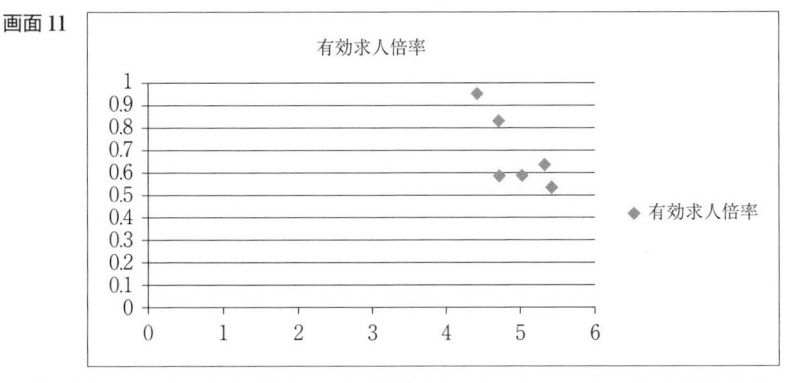

画面 11

ここで 6 つのデータ点がグラフに表示されている。このうちのどこか 1 つの点にマウスを合わせてクリックする。すると 6 点すべてが選択される。こ

の状態で右クリックして「近似曲線の追加」を選択する。「近似曲線のオプション」で「線形近似」を選択し、「グラフに数式を表示する」と「グラフに R-2 乗値を表示する」にチェックを入れて閉じると、次のグラフのように回帰式と決定係数（相関係数の2乗値）が表示される。回帰式は、

有効求人倍率 $(y) = -0.3247 \times$ 完全失業率 $(x) + 2.2865$

決定係数 $= 0.5969$

となる。単純回帰式の最低限の情報はこのように簡単に求められる。

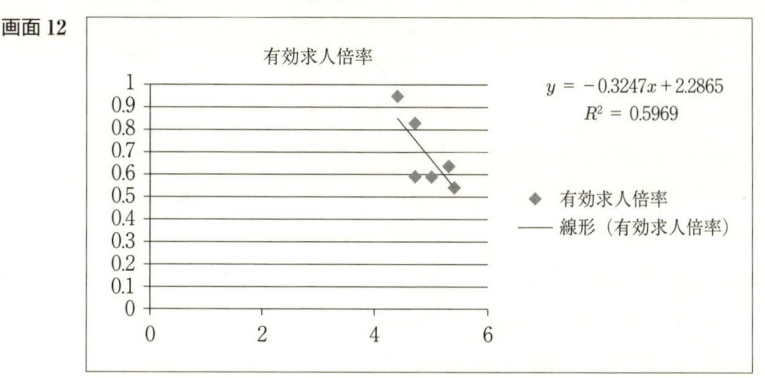

画面 12

「分析ツール」の「回帰分析」は説明変数が複数の回帰式にも適用でき、また求められる統計量も多くなるので便利である。「回帰分析」を選択すると、画面 13 のような「回帰分析」の入力ボックスが現れる。ここで、回帰分析のためのデータの入力元と計算の出力オプションを指定する。まず従属変数 (y) の系列を C3 : C9 の範囲で指定する。ついで説明変数となるデータ系列の範囲、この例では B3 : B9 の範囲を指示する。それぞれ先頭がデータではないので、「ラベル」にチェックをいれる。次に、「出力オプション」を指定する。ここでは「一覧の出力先」を選択して出力先の先頭位置を A12 に指定する。そして「OK」をクリックすれば、画面 13 の A12 : I29 の範囲のような計算結果が表示される。ここでは、有効求人倍率を完全失業率の1次式で説明するモデルの計算結果である。

最初は回帰統計であり、回帰式の当てはまりが相関係数（「重相関 R」と表示）と決定係数（「重決定 R2」と表示、相関係数の2乗）で示される。また「補正 R2」は自由度修正済決定係数、「標準誤差」は回帰式の誤差項の分布の

画面13

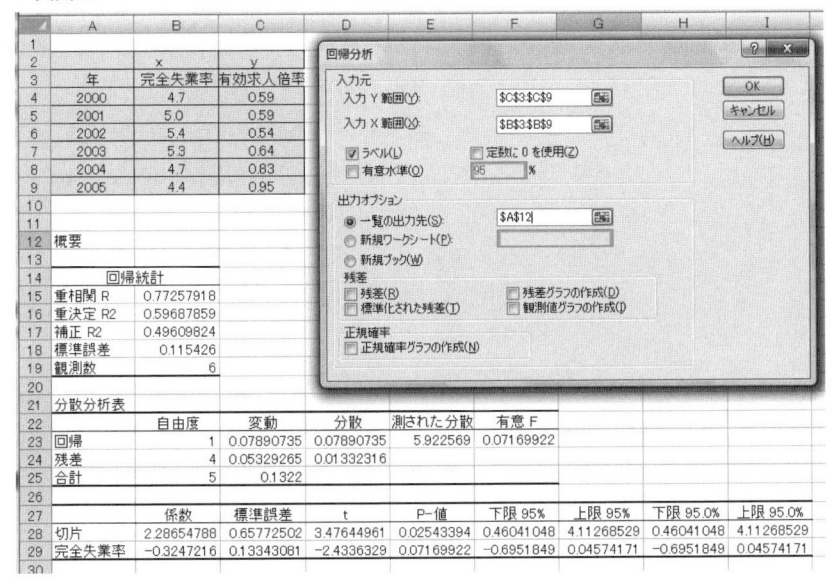

	A	B	C	D	E	F	G	H	I
1		x	y						
2									
3	年	完全失業率	有効求人倍率						
4	2000	4.7	0.59						
5	2001	5.0	0.59						
6	2002	5.4	0.54						
7	2003	5.3	0.64						
8	2004	4.7	0.83						
9	2005	4.4	0.95						
10									
11									
12	概要								
13									
14	回帰統計								
15	重相関 R	0.77257918							
16	重決定 R2	0.59687859							
17	補正 R2	0.49609824							
18	標準誤差	0.115426							
19	観測数	6							
20									
21	分散分析表								
22		自由度	変動	分散	測された分散	有意 F			
23	回帰	1	0.07890735	0.07890735	5.922569	0.07169922			
24	残差	4	0.05329265	0.01332316					
25	合計	5	0.1322						
26									
27		係数	標準誤差	t	P-値	下限 95%	上限 95%	下限 95.0%	上限 95.0%
28	切片	2.28654788	0.65772502	3.47644961	0.02543394	0.46041048	4.11268529	0.46041048	4.11268529
29	完全失業率	−0.3247216	0.13343081	−2.4336329	0.07169922	−0.6951849	0.04574171	−0.6951849	0.04574171

標準偏差の推定値を表す．最後に「観測数」でデータの数が表示される．つぎの分散分析表は回帰式が統計的に有意であるかを検定する統計量が示される．最後は回帰式での切片と説明変数（「完全失業率」）にかかる係数の推定値，その標準誤差，t 値，P 値が示される．t 値，P 値により各係数の有意性を検定することができる．さらに，各係数の 95% 区間推定の上限値，下限値が求められている．

　この例では，「有効求人倍率 = 2.28654788 − 0.3247216 × 完全失業率」という回帰式が求められた．切片と傾きのそれぞれの t 値は 3.476 と −2.434 となる．自由度（= 観測数 − 2）4 の t 分布の両側 5% 点は 2.776 であるので，切片は 0 と有意な差があるが，傾きは 0 と有意な差がないという結果になる．P 値は係数が 0 という仮説のもとでの t 分布の確率 $Pr(|t|>|t 値|)$ であるので，この値が絶対値で 0.05 より小さければ，その係数は有意な結果となる．完全失業率の係数の P 値は 0.07 であり 0.05 より大きいので，5% 両側検定では 0 と有意な差がないことになる．

参考文献 1（本書とほぼ同じ内容の教科書ないし参考書）

東京大学教養学部統計学教室編『統計学入門』東京大学出版会，1991 年。
加納悟・浅子和美『入門｜経済学のための統計学』第 2 版，日本評論社，1998 年。
宮川公男『基本統計学』第 3 版，有斐閣，1999 年。
森棟公夫『統計学入門』第 2 版，新世社，2000 年。
田中勝人『経済統計』第 2 版，岩波書店，2002 年。
豊田利久編『基本統計学』第 2 版，東洋経済新報社，2002 年。
田栗正章・藤越康祝・柳井晴夫・C. R. ラオ『やさしい統計入門』講談社，2007 年。
飯田泰之『考える技術としての統計学』日本放送出版協会，2007 年。

参考文献 2（より詳しいあるいは発展させた説明がある文献）

第 1 章　統計と統計学の役割

D. サルツブルグ（竹内惠行・熊谷悦生訳）『統計学を拓いた異才たち』日本経済新聞社，2006 年。
I. エアーズ（山形浩生訳）『その数字が戦略を決める』文芸春秋，2007 年。
森田優三『新統計読本』日本評論社，1981 年。
国友直人・山本拓編『社会・経済の統計科学』21 世紀の統計科学 I，東京大学出版会，2008 年。

第 2 章　統計調査の編成

溝口敏行『経済統計論』東洋経済新報社，1983 年。
林周二・中村隆英編『日本経済と経済統計』東京大学出版会，1986 年。
藤田峯三『新国勢調査論』大蔵省印刷局，1995 年。
松田芳郎『ミクロ統計データの描く社会経済像』日本評論社，1999 年。

第 3 章　データの整理（その 1）――1 変量の場合

森田優三『経済統計読本』東洋経済新報社，1970 年。
溝口敏行・刈屋武昭『経済時系列入門』日本経済新聞社，1983 年。
刈屋武昭・勝浦正樹『統計学』第 2 版，東洋経済新報社，2008 年。

第 4 章　データの整理（その 2）――2 変量の場合

森田優三・久次智雄『新統計概論』改訂版，日本評論社，1993 年。

第 5 章　確　率

W. ウィーヴァー（秋月康夫・渡辺寿夫訳）『やさしい確率論』河出書房，1977 年。

金子郁容『〈不確実性と情報〉入門』岩波書店，1990 年。
山本浩・森隆一・藤曲哲郎『シミュレーションによる確率論』日本評論社，1993 年。
蓑谷千凰彦『統計学入門』東京図書，1994 年。

第 6 章　経済変数と期待値
山本浩・森隆一・藤曲哲郎『シミュレーションによる確率論』日本評論社，1993 年。

第 7 章　標本抽出と標本分布
西平重喜『統計調査法』改訂版，培風館，1985 年。

第 8 章　パラメータの推定
岩田暁一『経済分析のための統計的方法』東洋経済新報社，1983 年。

第 9 章　仮説の検定
岩田暁一『経済分析のための統計的方法』東洋経済新報社，1983 年。

第 10 章　経済指数
R.D.G. アレン（溝口敏行・寺崎康博訳）『指数の理論と実際』有斐閣，1988 年。
太田誠『品質と価格』創文社，1980 年。
白塚重典『物価の経済分析』東京大学出版会，1998 年。
宮川公男・花枝英樹『株価指数入門』東洋経済新報社，2002 年。

第 11 章　回帰分析
山本拓『計量経済学』新世社，1995 年。
伴金美・中村二朗・跡田直澄『エコノメトリックス』新版，有斐閣，2006 年。

練習問題の解答

第1章 統計と統計学の役割
1. 省略。
2. 省略。

第2章 統計調査の編成
1. 省略。
2. 省略。

第3章 データの整理(その1)——1変量の場合
1. データの最大値と最小値を見て,20万円間隔の度数分布を作ればよい。
2. 2004年の平均値と分散は88.7と1317.2,2007年の平均値と分散は85.5と1326.4である。
3. 売上高と利益について,平均値と標準偏差を求めると1,416,185と75,514,35,799と10,555となる。したがって,変動係数は売上高が5.33%,利益が29.49%である。
4. 平均増加率は前半の5年間は16.00%,後半は8.68%となり,全期間では12.29%である。
5. 本文の例題にならって4四半期移動平均を行えばよい。
6. 都道府県全体の平均値と標準偏差は2752と450となる。東京都と沖縄県の偏差値は,それぞれ95.0と33.8となる。

第4章 データの整理(その2)——2変量の場合
1. 総合スーパー1事業所当たりの売場面積と年間商業販売額の関係を図示すると,売場面積が大きいほど年間商業販売額が大きくなるという正の関係がみられる(図省略)。
2. 世帯の所得が増加すると,貯蓄保有額も増加するという傾向が観察される。
3. 横軸に輸入物価指数,縦軸に国内企業物価指数をとって散布図を描くと,右上がりの関係が観察される。相関係数は0.623となる。
4. 横軸に児童・生徒数の順位,縦軸に長期欠席者数の順位をとると,右上がりの関係が得られる。順位について相関係数を計算すると0.609となる。順位相関係数の公式を用いると,
$$r = 1 - \frac{6 \times 178}{14(14^2-1)} = 0.609$$
5. 2×2の連関表から連関係数を求めると0.343となる。アジア地域にはその他

地域に比べて製造業の投資が集中する傾向がみられる。

第5章 確　率

1. 「少なくとも1枚選ばれる」のは，1枚，2枚，3枚，4枚の4つの場合のいずれかである。4つの場合の確率の合計は0.281となる。「少なくとも1枚選ばれる」という事象の余事象は，「1枚もエースが選ばれない」である。余事象の確率は0.719であるから，求める確率は1−0.719＝0.281となる。

2. 左辺と右辺をnとrで展開して，両者が等しくなることを確かめればよい。

3. 2つの項目が独立となるのは，項目Bに賛成し項目Aに賛成する割合が，項目Bに反対し項目Aに賛成する割合と等しくなる場合である。

4. 賞金の期待値は各等の当せん確率と賞金の積を合計したものであるから，142円となる。また，宝くじに当たる確率は0.1112であるから，当たったくじが1等である確率は0.0000001/0.1112＝0.000000899となる。

5. 故障する確率が0.0001のとき，正常に働く確率は0.9999であるから，求める確率は0.36786となる。故障の確率が100分の1になったときは，求める確率は0.99005となる。

6. コインを投げて1回表がでるのは，｛表，裏，裏｝，｛裏，表，裏｝，｛裏，裏，表｝の3通り。それぞれの確率はともに$(1/2)^3 = 0.125$であるから，求める確率は3/8となる。

第6章 確率変数と期待値

1. 2項分布 $_nC_x p^x q^{n-x}$ で，$p=0.3, n=4, x=4$とおけばよい。求める確率は0.0081，約0.8％である。

2. 3択問題であるのでランダムに答えた場合の各問の正答率はいずれも1/3である。正答率が7割以上になるためには，10問のうち7問以上を正解する必要がある。正答数をXとすると，求める確率は
$$Pr(X \geq 7) = Pr(X=7) + Pr(X=8) + Pr(X=9) + Pr(X=10)$$
$$= 0.01966$$
となる。

3. 10000個の製品のなかの不良品の個数Xは平均2のポアソン分布に従うと考えることができる。したがって，求める確率は
$$Pr(X \leq 1) = Pr(X=0) + Pr(X=1) = 0.1353 + 0.2707 = 0.4060$$
となる。

4. 平均10のポアソン分布で$X=0$となる確率を求めればよい。$Pr(X=0) = 0.0000454$

5. 平均60点，標準偏差15点の正規分布で点数Xが50点以下となる確率は，標

準正規分布で $Z=(X-60)/15=(50-60)/15=-0.667$ 以下となる確率に等しい。求める割合は 25.14% である。

6. クレジットカードの利用者数は $n=300$, $p=0.45$ の 2 項分布であらわされるが、n が大きいので，平均 $(=np)135$，分散 $(=npq)74.25$ の正規分布で近似できる。

$$Pr(X \geq 149.5) = Pr(Z \geq 1.683) = 0.0462$$

7. サイコロを投げて 1 の目が出る確率は 1/6 である。1000 回投げたときの平均と分散はそれぞれ 166.7，138.9 であるから，1 の目が 150 回以下となる確率を正規近似で求めると

$$Pr(X \leq 150.5) = Pr(Z \leq -1.374) = 0.0853$$

となる。

8. 上位 150 人は $150/565=0.2655$ であるから，上位 26.55% を合格とすればよい。ボーダーラインの点数を k とすると，

$$Pr(X>k) = Pr(Z>(k-600)/28) = 0.2655$$

とすればよい。したがって，

$$(k-600)/28 = 0.625$$
$$k = 617.50$$

となる。

9. 正規分布していると考えると，20000 を超える確率は

$$Pr(X>20000) = Pr(Z>(20000-15000)/3000) = Pr(Z>1.667)$$
$$= 0.048$$

となる。

10. 平均 1.466 のポアソン分布で $Pr(X \leq 1)=Pr(X=0)+Pr(X=1)=0.2307+0.3384=0.5691$ となる。

第 7 章 標本抽出と標本分布

1. 省略。

2. 省略。

3. 2 以下の目が出る回数を S とすると，その期待値と分散は 2 項分布の性質から，

$$np = 500 \times (1/3) = 166.7, \quad npq = 500 \times (1/3) \times (2/3) = 111.11$$

である。しかも，n が 500 と大きいので，S の分布は正規分布で近似できる。S が 160 回以下である確率を標準正規分布から求めると，

$$Pr(S<160.5) = Pr\left(Z<\frac{160.5-166.7}{10.54}\right) = Pr(Z<-0.59) = 0.2776$$

となる。S が 150 と 160 ではほぼ標準偏差だけの開きがあるので，160 以下となる確率の方が 150 以下に比べてはるかに大きくなるのは当然である。

4. 省略。
5. $\alpha=0.1,\ 0.05,\ 0.01$ に対応する a はそれぞれ $1.753,\ 2.131,\ 2.947$ である。
6. $E(\chi^2)=m,\ E(\chi^2)^2=2m+m^2$ から
$$E[(\chi^2/m)-1]^2 = E(\chi^2/m)^2 - 2E(\chi^2/m) + 1 = (2m+m^2)/m^2 - 1$$
ここで，$n\to +\infty$ のとき，上式の右辺はゼロに近づく。ゆえに，定理 7.2 により χ^2/m は確率的に 1 に近づく。

第 8 章　パラメータの推定

1. $\lambda = 6.08$
2. $\mu = 0.226$
3. $n=157$, 標本平均$=5.93$, 標準偏差（不偏推定値）$=1.86$ より，信頼度 95% の信頼区間は $5.93 \pm 1.96 \times 1.86/\sqrt{157}$ より $[5.64, 6.22]$ である。信頼度 99% の場合は，$5.93 \pm 2.58 \times 1.86/\sqrt{157}$ より $[5.54, 6.31]$ である。
4. 調査した物件の数が n であるとき，信頼度 99% の区間の幅（精度）は，$2 \times 2.58 \times 1.86/\sqrt{n}$ である。これを 0.5 以下にするためには，$2 \times 2.58 \times 1.86/\sqrt{n} < 0.5$ より $n > 368.4$ だから，少なくとも 369 以上の物件を調査する必要がある。
5. 平均と標準偏差を求めると，平均は 215.5，標準偏差は 5.64 となる。自由度が 14 の t 分布について，t 分布表より $t_{0.025}(14) = 2.145$ であるので信頼度 95% の信頼区間は $[212.4, 218.6]$ である。信頼度 99% の場合の信頼区間は，$t_{0.025}(14) = 2.977$ より $[211.2, 219.8]$ である。
6. 階級の中央値を代表値として平均と標準偏差を求めると，それぞれ 5727.3，3948.9 である。また，$n=110$, $t_{0.025}(109) = 1.98$ より，信頼区間は
[4978.4, 646.2]
7. $n=550$, 標本比率 $p=259/550=0.471$ より，求める信頼区間は，95% の場合で $[0.429, 0.513]$，99% の場合で $[0.416, 0.526]$ となる。

第 9 章　仮説の検定

1. 製薬会社の初任給が 210（千円）以上といえるかどうかを検定すればよい。初任給の母平均を μ とすると，
$$H_0: \mu = 210, \qquad H_1: \mu > 210$$
である。前章の練習問題 5 より，標本平均は 215.5，標本標準偏差は 5.64 だから
$$t_0 = \frac{215.6 - 210}{5.64/\sqrt{15}} = 3.77$$
帰無仮説の下で t_0 は自由度 14 の t 分布に従うので，右側検定の有意水準 5% の棄却域は $t_0 > t_{0.05}(14) = 1.761$ である。よって帰無仮説は有意水準 5% で棄却され，大手製薬企業の大卒初任給は，標準的な東証一部上場企業を 1 万円以上上回ると

いえる。

2. X 社のシェアを p とすると，帰無仮説と対立仮説は

$$H_0: p=0.5, \quad H_1: p<0.5$$

n が大きいので正規分布で近似すると，

$$Z_0 = \frac{0.471-0.5}{\sqrt{0.5\times(1-0.5)}/\sqrt{550}} = -1.36$$

5% の左側検定の棄却域は $Z<-1.65$ である。したがって，棄却されない。

3. (1) 商品の知名度を p とすると，

$$H_0: p=0.25, \quad H_1: p>0.25$$

標本における知名度 $p=145/500=0.29$ より

$$Z_0 = \frac{0.29-0.25}{\sqrt{0.25\times(1-0.25)}/\sqrt{500}} = 2.07$$

有意水準 5% の右側検定の棄却域は $Z_0>1.65$。したがって，帰無仮説は棄却される。

(2) 帰無仮説 ($p=0.25$) が正しいとすると，標本比率は $N(0.25, 0.01936^2)$ で分布する。有意水準 5% では，標本比率が 0.2819 以上 ($Z_0>1.65$) になると帰無仮説を棄却して対立仮説を採択するので，タイプ I の誤りは 0.05。他方，対立仮説 ($p=0.3$) が正しいとすると，標本比率は $N(0.3, 0.02049)$ で分布する。タイプ II の誤りは，標本比率が 0.2819 より小さい場合，対立仮説 ($p=0.3$) が正しいにもかかわらず，$p=0.25$ が採択されて $p=0.3$ の仮説が採択されない確率であり，

$$Pr\{Z<(0.2819-0.3)/0.02049\} = Pr(Z<-0.883) = 0.189$$

となる。これらを図示すればよい。

4. 階級の中央値を代表値として小企業 (A)，中企業 (B) ごとに標本平均 ($\bar{x}$) と標準偏差 (s) を求めると，

$$\bar{x}_A=891.1 \quad s_A=1588.0 \quad \bar{x}_B=1851.4 \quad s_B=2217.4$$

母平均を μ とおくと，帰無仮説と対立仮説は

$$H_0: \mu_A-\mu_B=0 \quad H_1: \mu_A-\mu_B<0$$

t 検定のための統計量は -1.95 となる。左側検定の棄却域は，5% の有意水準で -1.67，1% の有意水準で -2.39 である。したがって，5% では帰無仮説は棄却されるが，1% では棄却されない。

5. 百貨店 (A) とスーパー (B) について，それぞれ平均 ($\bar{x}_A, \bar{x}_B$) と標準偏差 (s_A, s_B) を求めると，次の通り。

$$n_A=10, \bar{x}_A=121.1, s_A=43.5$$
$$n_A=8, \bar{x}_A=124.3, s_A=44.8$$

1 人当たり売上高の母平均を μ_A, μ_B とすると，検定仮説は

$$H_0: \mu_A-\mu_B=0 \quad H_1: \mu_A-\mu_B\neq 0$$

となる。t 検定の検定統計量は $t_0=-0.153$ となる。自由度 16 の t 分布によると，有意水準 5% での両側検定の棄却域は $|t_0|>2.12$，有意水準 1% の場合は $|t_0|>2.92$ である。よって，いずれの有意水準でも帰無仮説は棄却されず，百貨店とスーパーの従業員 1 人当たり売上高には有意な差がない。

6. 2008 年 5 月 (A) の支持率は，$0.261(n_A=1753)$，7 月 (B) の支持率は 0.266 ($n_B=1828$) である。母集団の支持率を p として，検定仮説を

$$H_0: p_A-p_B=0 \quad H_1: p_A-p_B\neq 0$$

とする。検定統計量は $Z_0=-2.26$ となり，両側検定の棄却域 $|Z_0|>1.96$ にあるので，帰無仮説は有意水準 5% で棄却される。

7. 分割表の検定では，度数が 5 以下になるセルがある場合，データを増やすか，分類項目を統合して観測度数を大きくする必要がある。ここでは，一例として大企業と中企業を統合して中・大企業という項目とし，観測度数を確保することにする。そのうえで，利用の有無は企業規模に無関係，という帰無仮説のもとで，期待度数を求めると，

	零細企業	小企業	中・大企業
利用あり	123	21	29
利用なし	178	30	41

である。検定統計量は $Q_0=23.4$ となるが，自由度 2 のカイ 2 乗分布で有意水準 5% の棄却域は 5.99 である。したがって，帰無仮説は棄却される。

第 *10* 章　経済指数

1. 物価指数

(1) $P_L = \dfrac{320\times 50 + 280\times 40}{320\times 50 + 250\times 40}\times 100 = 104.62$

$P_P = \dfrac{320\times 52 + 280\times 40}{320\times 52 + 250\times 40}\times 100 = 104.50$

(2) $P_F=\sqrt{P_L P_P}$ からフィッシャー指数を求める。$P_F=104.56$。金額条件を求めるためには，数量指数をラスパイレス方式，パーシェ方式で計算する必要がある。$Q_L=102.46$，$Q_P=102.35$，$Q_F=\sqrt{Q_L Q_P}=102.41$，一方，支出額指数は $M=107.08$。金額条件は $M=P_F Q_F/100=104.56\times 102.41/100=107.08$ から確かめることができる。

(3) 2006/2005 年は肉の価格は 1 倍，果物は 1.12 倍，それぞれの 2005 年の支出金額ウェイトは 0.6154，0.3846（前年ウェイトを用いる場合，ラスパイレス型の連鎖価格指数となる），2006 年の連鎖指数は $1.0\times 0.6154+1.12\times 0.3846=1.0462$。一方，2007/2006 年に関しては肉の価格は 0.984 倍，果物は 1.071 倍，各支出金額ウェイトは 0.5977，0.4023 で連鎖指数は 1.0194。したがって，連鎖方式による物

価指数は

  2005年 = 100
  2006年 = 100×1.0462 = 104.62
  2007年 = 100.0×1.0462×1.0194 = 106.65。

 (4) パーシェ・チェックは $P_L=106.73$, $P_P=105.60$ であり，$(P_P-P_L)/P_L\times 100 = -1.06$。

2. 変化率は $(x_t-x_{t-1})/x_{t-1}\times 100 = (x_t/x_{t-1}-1)\times 100$ で計算できる．1991 年の「バブル崩壊」から国内企業物価指数は下落傾向にあるが，1997 年の消費税率の引上げに伴い一時的に上昇する．その後，2003～2004 年以降，石油製品等輸入物価の急上昇の影響を受け，急速に上昇している．一方，消費者物価指数は 1991 年以降も緩やかに上昇しているが，この間，1997 年以降の景気後退局面まで，雇用者報酬の増加があり，これを反映している．その後，長期にわたって緩やかに物価下落が続いている（デフレ局面）．消費者物価指数の変化が比較的おだやかなのは，一般に人件費が大きな部分を占めるサービス価格を含むためである．

第 11 章 回帰分析

1. b と b' の最小 2 乗法による推定値は

$$b = \frac{\sum(x_i-\bar{x})(y_i-\bar{y})}{\sum(x_i-\bar{x})^2} \qquad b' = \frac{\sum(x_i-\bar{x})(y_i-\bar{y})}{\sum(y_i-\bar{y})^2}$$

これから，$b\times b'$ を求めると，

$$b\times b' = \frac{\{\sum(x_i-\bar{x})(y_i-\bar{y})\}^2}{\sum(x_i-\bar{x})^2\times\sum(y_i-\bar{y})^2} = R^2$$

2.

 (1) $y = 44.52 + 0.01039x_1 - 0.00177x_2$

 (2) 右辺の x_1, x_2 にそれぞれの平均値を代入する．その結果は y（平均寿命）の平均値と等しい．すなわち，回帰式は平均値を満たす．

  $72.06 = 44.52 + 0.01039\times 3003.5 - 0.00177\times 2073.82$

 (3) 残差の 2 乗和 $\sum e^2 = 209.1184$，残差の和は定義的に 0 と等しい．$\sum e = 0$。

 (4) 総変動 $\sum(y-\bar{y})^2 = 1364.664$，回帰式で説明できる変動 $\sum(\hat{y}-\bar{y})^2 = 1155.546$，したがって，$\sum(y-\bar{y})^2 = \sum(\hat{y}-\bar{y})^2 + \sum e^2$ が確かめられる．$R^2 = 0.8468$。

 (5) 経済水準 x_3 を加えた結果，t 値は -0.09 と低く，係数は有意に推定されない．

  $y = 44.128 + 0.0106x_1 - 0.00179x_2 - 0.00002x_3$
    (3.31) (2.32) (−2.16) (−0.09)

  $R^2 = 0.847$

   （　）内は t 値

付 表 一 覧

付表 1 　ポアソン分布
付表 2 　正規分布
付表 3 　t 分布
付表 4 　χ^2 分布
付表 5 　F 分布

注：0^2 : 00
　　0^3 : 000
　　0^4 : 0000
　　0^5 : 00000

付表 2，付表 3，付表 4，付表 5 は，日本規格協会の許可を得て，統計数値表編集委員会編『簡約統計数値表』日本規格協会，1977 年，より転載した。

付表1　ポアソン分布

上側確率　$Pr(X \geq x) = \sum_{y=x}^{\infty} e^{-\lambda} \dfrac{\lambda^y}{y!}$

x \ λ	0.1	0.2	0.3	0.4	0.5	0.6	0.7	0.8
1	0.0952	0.1813	0.2592	0.3297	0.3935	0.4512	0.5034	0.5507
2	0.0047	0.0175	0.0369	0.0616	0.0902	0.1219	0.1558	0.1912
3	0.0002	0.0011	0.0036	0.0079	0.0144	0.0231	0.0341	0.0474
4	0.0000	0.0001	0.0003	0.0008	0.0018	0.0034	0.0058	0.0091
5	0.0000	0.0000	0.0000	0.0001	0.0002	0.0004	0.0008	0.0014
6	0.0000	0.0000	0.0000	0.0000	0.0000	0.0000	0.0000	0.0002

x \ λ	0.9	1.0	1.5	2.0	2.5	3.0	3.5	4.0
1	0.5934	0.6321	0.7769	0.8647	0.9179	0.9502	0.9698	0.9817
2	0.2275	0.2642	0.4422	0.5940	0.7127	0.8009	0.8641	0.9084
3	0.0629	0.0803	0.1912	0.3233	0.4562	0.5768	0.6792	0.7619
4	0.0135	0.0190	0.0656	0.1429	0.2424	0.3528	0.4634	0.5665
5	0.0023	0.0037	0.0186	0.0527	0.1088	0.1847	0.2746	0.3712
6	0.0003	0.0006	0.0045	0.0166	0.0420	0.0839	0.1424	0.2149
7	0.0000	0.0001	0.0009	0.0045	0.0142	0.0335	0.0653	0.1107
8	0.0000	0.0000	0.0002	0.0011	0.0042	0.0119	0.0267	0.0511
9	0.0000	0.0000	0.0000	0.0002	0.0011	0.0038	0.0099	0.0214
10	0.0000	0.0000	0.0000	0.0000	0.0003	0.0011	0.0033	0.0081
11	0.0000	0.0000	0.0000	0.0000	0.0000	0.0003	0.0010	0.0028
12	0.0000	0.0000	0.0000	0.0000	0.0000	0.0000	0.0003	0.0009
13	0.0000	0.0000	0.0000	0.0000	0.0000	0.0000	0.0001	0.0003

x \ λ	5.0	6.0	7.0	8.0	9.0	10.0
1	0.9933	0.9975	0.9991	0.9997	0.9999	1.0000
2	0.9596	0.9826	0.9927	0.9970	0.9988	0.9995
3	0.8753	0.9380	0.9704	0.9862	0.9938	0.9972
4	0.7350	0.8488	0.9182	0.9576	0.9788	0.9897
5	0.5595	0.7149	0.8270	0.9004	0.9450	0.9707
6	0.3840	0.5543	0.6993	0.8088	0.8843	0.9329
7	0.2378	0.3937	0.5503	0.6866	0.7932	0.8699
8	0.1334	0.2560	0.4013	0.5470	0.6761	0.7798
9	0.0681	0.1528	0.2709	0.4075	0.5443	0.6672
10	0.0318	0.0839	0.1695	0.2834	0.4126	0.5421
11	0.0137	0.0426	0.0985	0.1841	0.2940	0.4170
12	0.0055	0.0201	0.0534	0.1119	0.1970	0.3032
13	0.0020	0.0088	0.0270	0.0638	0.1242	0.2084
14	0.0007	0.0036	0.0128	0.0342	0.0739	0.1355
15	0.0002	0.0014	0.0057	0.0173	0.0415	0.0835
16	0.0000	0.0005	0.0024	0.0082	0.0220	0.0487
17	0.0000	0.0002	0.0010	0.0037	0.0111	0.0270
18	0.0000	0.0000	0.0004	0.0016	0.0053	0.0143
19	0.0000	0.0000	0.0001	0.0007	0.0024	0.0072
20	0.0000	0.0000	0.0000	0.0003	0.0011	0.0035

付表 2　正規分布

上側確率　$Q(z) = 1 - \Phi(z) = \int_z^\infty \dfrac{1}{\sqrt{2\pi}} e^{-\frac{v^2}{2}} du$

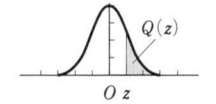

z	.00	.01	.02	.03	.04	.05	.06	.07	.08	.09
.0	.50000	.49601	.49202	.48803	.48405	.48006	.47608	.47210	.46812	.46414
.1	.46017	.45620	.45224	.44828	.44433	.44038	.43644	.43251	.42858	.42465
.2	.42074	.41683	.41294	.40905	.40517	.40129	.39743	.39358	.38974	.38591
.3	.38209	.37828	.37448	.37070	.36693	.36317	.35942	.35569	.35197	.34827
.4	.34458	.34090	.33724	.33360	.32997	.32636	.32276	.31918	.31561	.31207
.5	.30854	.30503	.30153	.29806	.29460	.29116	.28774	.28434	.28096	.27760
.6	.27425	.27093	.26763	.26435	.26109	.25785	.25463	.25143	.24825	.24510
.7	.24196	.23885	.23576	.23270	.22965	.22663	.22363	.22065	.21770	.21476
.8	.21186	.20897	.20611	.20327	.20045	.19766	.19489	.19215	.18943	.18673
.9	.18406	.18141	.17879	.17619	.17361	.17106	.16853	.16602	.16354	.16109
1.0	.15866	.15625	.15386	.15151	.14917	.14686	.14457	.14231	.14007	.13786
1.1	.13567	.13350	.13136	.12924	.12714	.12507	.12302	.12100	.11900	.11702
1.2	.11507	.11314	.11123	.10935	.10749	.10565	.10383	.10204	.10027	.098525
1.3	.096800	.095098	.093418	.091759	.090123	.088508	.086915	.085343	.083793	.082264
1.4	.080757	.079270	.077804	.076359	.074934	.073529	.072145	.070781	.069437	.068112
1.5	.066807	.065522	.064255	.063008	.061780	.060571	.059380	.058208	.057053	.055917
1.6	.054799	.053699	.052616	.051551	.050503	.049471	.048457	.047460	.046479	.045514
1.7	.044565	.043633	.042716	.041815	.040930	.040059	.039204	.038364	.037538	.036727
1.8	.035930	.035148	.034380	.033625	.032884	.032157	.031443	.030742	.030054	.029379
1.9	.028717	.028067	.027429	.026803	.026190	.025588	.024998	.024419	.023852	.023295
2.0	.022750	.022216	.021692	.021178	.020675	.020182	.019699	.019226	.018763	.018309
2.1	.017864	.017429	.017003	.016586	.016177	.015778	.015386	.015003	.014629	.014262
2.2	.013903	.013553	.013209	.012874	.012545	.012224	.011911	.011604	.011304	.011011
2.3	.010724	.010444	.010170	$.0^2 99031$	$.0^2 96419$	$.0^2 93867$	$.0^2 91375$	$.0^2 88940$	$.0^2 86563$	$.0^2 84242$
2.4	$.0^2 81975$	$.0^2 79763$	$.0^2 77603$	$.0^2 75494$	$.0^2 73436$	$.0^2 71428$	$.0^2 69469$	$.0^2 67557$	$.0^2 65691$	$.0^2 63872$
2.5	$.0^2 62097$	$.0^2 60366$	$.0^2 58677$	$.0^2 57031$	$.0^2 55426$	$.0^2 53861$	$.0^2 52336$	$.0^2 50849$	$.0^2 49400$	$.0^2 47988$
2.6	$.0^2 46612$	$.0^2 45271$	$.0^2 43965$	$.0^2 42692$	$.0^2 41453$	$.0^2 40246$	$.0^2 39070$	$.0^2 37926$	$.0^2 36811$	$.0^2 35726$
2.7	$.0^2 34670$	$.0^2 33642$	$.0^2 32641$	$.0^2 31667$	$.0^2 30720$	$.0^2 29798$	$.0^2 28901$	$.0^2 28028$	$.0^2 27179$	$.0^2 26354$
2.8	$.0^2 25551$	$.0^2 24771$	$.0^2 24012$	$.0^2 23274$	$.0^2 22557$	$.0^2 21860$	$.0^2 21182$	$.0^2 20524$	$.0^2 19884$	$.0^2 19262$
2.9	$.0^2 18658$	$.0^2 18071$	$.0^2 17502$	$.0^2 16948$	$.0^2 16411$	$.0^2 15889$	$.0^2 15382$	$.0^2 14890$	$.0^2 14412$	$.0^2 13949$
3.0	$.0^2 13499$	$.0^2 13062$	$.0^2 12639$	$.0^2 12228$	$.0^2 11829$	$.0^2 11442$	$.0^2 11067$	$.0^2 10703$	$.0^2 10350$	$.0^2 10008$
3.1	$.0^3 96760$	$.0^3 93544$	$.0^3 90426$	$.0^3 87403$	$.0^3 84474$	$.0^3 81635$	$.0^3 78885$	$.0^3 76219$	$.0^3 73638$	$.0^3 71136$
3.2	$.0^3 68714$	$.0^3 66367$	$.0^3 64095$	$.0^3 61895$	$.0^3 59765$	$.0^3 57703$	$.0^3 55706$	$.0^3 53774$	$.0^3 51904$	$.0^3 50094$
3.3	$.0^3 48342$	$.0^3 46648$	$.0^3 45009$	$.0^3 43423$	$.0^3 41889$	$.0^3 40406$	$.0^3 38971$	$.0^3 37584$	$.0^3 36243$	$.0^3 34946$
3.4	$.0^3 33693$	$.0^3 32481$	$.0^3 31311$	$.0^3 30179$	$.0^3 29086$	$.0^3 28029$	$.0^3 27009$	$.0^3 26023$	$.0^3 25071$	$.0^3 24151$

x	1.282	1.645	1.960	2.326	2.576	3.000
$\Phi(x)$	0.90	0.95	0.975	0.99	0.995	0.999
$2Q(x)$	0.20	0.10	0.05	0.02	0.01	0.002

付表3 t 分布

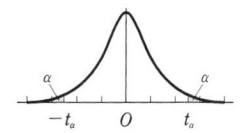

m \ α (2α)	.250 (.500)	.200 (.400)	.150 (.300)	.100 (.200)	.050 (.100)	.025 (.050)	.010 (.020)	.005 (.010)	.0005 (.0010)
1	1.000	1.376	1.963	3.078	6.314	12.706	31.821	63.657	636.619
2	.816	1.061	1.386	1.886	2.920	4.303	6.965	9.925	31.599
3	.765	.978	1.250	1.638	2.353	3.182	4.541	5.841	12.924
4	.741	.941	1.190	1.533	2.132	2.776	3.747	4.604	8.610
5	.727	.920	1.156	1.476	2.015	2.571	3.365	4.032	6.869
6	.718	.906	1.134	1.440	1.943	2.447	3.143	3.707	5.959
7	.711	.896	1.119	1.415	1.895	2.365	2.998	3.499	5.408
8	.706	.889	1.108	1.397	1.860	2.306	2.896	3.355	5.041
9	.703	.883	1.100	1.383	1.833	2.262	2.821	3.250	4.781
10	.700	.879	1.093	1.372	1.812	2.228	2.764	3.169	4.587
11	.697	.876	1.088	1.363	1.796	2.201	2.718	3.106	4.437
12	.695	.873	1.083	1.356	1.782	2.179	2.681	3.055	4.318
13	.694	.870	1.079	1.350	1.771	2.160	2.650	3.012	4.221
14	.692	.868	1.076	1.345	1.761	2.145	2.624	2.977	4.140
15	.691	.866	1.074	1.341	1.753	2.131	2.602	2.947	4.073
16	.690	.865	1.071	1.337	1.746	2.120	2.583	2.921	4.015
17	.689	.863	1.069	1.333	1.740	2.110	2.567	2.898	3.965
18	.688	.862	1.067	1.330	1.734	2.101	2.552	2.878	3.922
19	.688	.861	1.066	1.328	1.729	2.093	2.539	2.861	3.883
20	.687	.860	1.064	1.325	1.725	2.086	2.528	2.845	3.850
21	.686	.859	1.063	1.323	1.721	2.080	2.518	2.831	3.819
22	.686	.858	1.061	1.321	1.717	2.074	2.508	2.819	3.792
23	.685	.858	1.060	1.319	1.714	2.069	2.500	2.807	3.768
24	.685	.857	1.059	1.318	1.711	2.064	2.492	2.797	3.745
25	.684	.856	1.058	1.316	1.708	2.060	2.485	2.787	3.725
26	.684	.856	1.058	1.315	1.706	2.056	2.479	2.779	3.707
27	.684	.855	1.057	1.314	1.703	2.052	2.473	2.771	3.690
28	.683	.855	1.056	1.313	1.701	2.048	2.467	2.763	3.674
29	.683	.854	1.055	1.311	1.699	2.045	2.462	2.756	3.659
30	.683	.854	1.055	1.310	1.697	2.042	2.457	2.750	3.646
40	.681	.851	1.050	1.303	1.684	2.021	2.423	2.704	3.551
50	.679	.849	1.047	1.299	1.676	2.009	2.403	2.678	3.496
60	.679	.848	1.045	1.296	1.671	2.000	2.390	2.660	3.460
80	.678	.846	1.043	1.292	1.664	1.990	2.374	2.639	3.416
120	.677	.845	1.041	1.289	1.658	1.980	2.358	2.617	3.373
240	.676	.843	1.039	1.285	1.651	1.970	2.342	2.596	3.332
∞	.674	.842	1.036	1.282	1.645	1.960	2.326	2.576	3.291

付表4 χ^2 分布

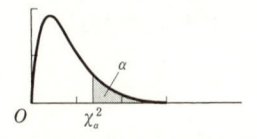

α \ m	.995	.990	.975	.950	.900	.750
1	$.0^43927$	$.0^31571$	$.0^39821$	$.0^23932$	.01579	.1015
2	.01003	.02010	.05064	.1026	.2107	.5754
3	.07172	.1148	.2158	.3518	.5844	1.213
4	.2070	.2971	.4844	.7107	1.064	1.923
5	.4117	.5543	.8312	1.145	1.610	2.675
6	.6757	.8721	1.237	1.635	2.204	3.455
7	.9893	1.239	1.690	2.167	2.833	4.255
8	1.344	1.646	2.180	2.733	3.490	5.071
9	1.735	2.088	2.700	3.325	4.168	5.899
10	2.156	2.558	3.247	3.940	4.865	6.737
11	2.603	3.053	3.816	4.575	5.578	7.584
12	3.074	3.571	4.404	5.226	6.304	8.438
13	3.565	4.107	5.009	5.892	7.042	9.299
14	4.075	4.660	5.629	6.571	7.790	10.17
15	4.601	5.229	6.262	7.261	8.547	11.04
16	5.142	5.812	6.908	7.962	9.312	11.91
17	5.697	6.408	7.564	8.672	10.09	12.79
18	6.265	7.015	8.231	9.390	10.86	13.68
19	6.844	7.633	8.907	10.12	11.65	14.56
20	7.434	8.260	9.591	10.85	12.44	15.45
21	8.034	8.897	10.28	11.59	13.24	16.34
22	8.643	9.542	10.98	12.34	14.04	17.24
23	9.260	10.20	11.69	13.09	14.85	18.14
24	9.886	10.86	12.40	13.85	15.66	19.04
25	10.52	11.52	13.12	14.61	16.47	19.94
26	11.16	12.20	13.84	15.38	17.29	20.84
27	11.81	12.88	14.57	16.15	18.11	21.75
28	12.46	13.56	15.31	16.93	18.94	22.66
29	13.12	14.26	16.05	17.71	19.77	23.57
30	13.79	14.95	16.79	18.49	20.60	24.48
40	20.71	22.16	24.43	26.51	29.05	33.66
50	27.99	29.71	32.36	34.76	37.69	42.94
60	35.53	37.48	40.48	43.19	46.46	52.29
70	43.28	45.44	48.76	51.74	55.33	61.70
80	51.17	53.54	57.15	60.39	64.28	71.14
90	59.20	61.75	65.65	69.13	73.29	80.62
100	67.33	70.06	74.22	77.93	82.36	90.13

.500	.250	.100	.050	.025	.010	.005	a/m
.4549	1.323	2.706	3.841	5.024	6.635	7.879	1
1.386	2.773	4.605	5.991	7.378	9.210	10.60	2
2.366	4.108	6.251	7.815	9.348	11.34	12.84	3
3.357	5.385	7.779	9.488	11.14	13.28	14.86	4
4.351	6.626	9.236	11.07	12.83	15.09	16.75	5
5.348	7.841	10.64	12.59	14.45	16.81	18.55	6
6.346	9.037	12.02	14.07	16.01	18.48	20.28	7
7.344	10.22	13.36	15.51	17.53	20.09	21.95	8
8.343	11.39	14.68	16.92	19.02	21.67	23.59	9
9.342	12.55	15.99	18.31	20.48	23.21	25.19	10
10.34	13.70	17.28	19.68	21.92	24.72	26.76	11
11.34	14.85	18.55	21.03	23.34	26.22	28.30	12
12.34	15.98	19.81	22.36	24.74	27.69	29.82	13
13.34	17.12	21.06	23.68	26.12	29.14	31.32	14
14.34	18.25	22.31	25.00	27.49	30.58	32.80	15
15.34	19.37	23.54	26.30	28.85	32.00	34.27	16
16.34	20.49	24.77	27.59	30.19	33.41	35.72	17
17.34	21.60	25.99	28.87	31.53	34.81	37.16	18
18.34	22.72	27.20	30.14	32.85	36.19	38.58	19
19.34	23.83	28.41	31.41	34.17	37.57	40.00	20
20.34	24.93	29.62	32.67	35.48	38.93	41.40	21
21.34	26.04	30.81	33.92	36.78	40.29	42.80	22
22.34	27.14	32.01	35.17	38.08	41.64	44.18	23
23.34	28.24	33.20	36.42	39.36	42.98	45.56	24
24.34	29.34	34.38	37.65	40.65	44.31	46.93	25
25.34	30.43	35.56	38.89	41.92	45.64	48.29	26
26.34	31.53	36.74	40.11	43.19	46.96	49.64	27
27.34	32.62	37.92	41.34	44.46	48.28	50.99	28
28.34	33.71	39.09	42.56	45.72	49.59	52.34	29
29.34	34.80	40.26	43.77	46.98	50.89	53.67	30
39.34	45.62	51.81	55.76	59.34	63.69	66.77	40
49.33	56.33	63.17	67.50	71.42	76.15	79.49	50
59.33	66.98	74.40	79.08	83.30	88.38	91.95	60
69.33	77.58	85.53	90.53	95.02	100.4	104.2	70
79.33	88.13	96.58	101.9	106.6	112.3	116.3	80
89.33	98.65	107.6	113.1	118.1	124.1	128.3	90
99.33	109.1	118.5	124.3	129.6	135.8	140.2	100

付表5　F 分布

m_1 は分子の自由度, m_2 は分母の自由度

$a = 0.01$

m_2 \ m_1	1	2	3	4	5	6	7	8	9
1	4052.181	4999.500	5403.352	5624.583	5763.650	5858.986	5928.356	5981.070	6022.473
2	98.503	99.000	99.166	99.249	99.299	99.333	99.356	99.374	99.388
3	34.116	30.817	29.457	28.710	28.237	27.911	27.672	27.489	27.345
4	21.198	18.000	16.694	15.977	15.522	15.207	14.976	14.799	14.659
5	16.258	13.274	12.060	11.392	10.967	10.672	10.456	10.289	10.158
6	13.745	10.925	9.780	9.148	8.746	8.466	8.260	8.102	7.976
7	12.246	9.547	8.451	7.847	7.460	7.191	6.993	6.840	6.719
8	11.259	8.649	7.591	7.006	6.632	6.371	6.178	6.029	5.911
9	10.561	8.022	6.992	6.422	6.057	5.802	5.613	5.467	5.351
10	10.044	7.559	6.552	5.994	5.636	5.386	5.200	5.057	4.942
11	9.646	7.206	6.217	5.668	5.316	5.069	4.886	4.744	4.632
12	9.330	6.927	5.953	5.412	5.064	4.821	4.640	4.499	4.388
13	9.074	6.701	5.739	5.205	4.862	4.620	4.441	4.302	4.191
14	8.862	6.515	5.564	5.035	4.695	4.456	4.278	4.140	4.030
15	8.683	6.359	5.417	4.893	4.556	4.318	4.142	4.004	3.895
16	8.531	6.226	5.292	4.773	4.437	4.202	4.026	3.890	3.780
17	8.400	6.112	5.185	4.669	4.336	4.102	3.927	3.791	3.682
18	8.285	6.013	5.092	4.579	4.248	4.015	3.841	3.705	3.597
19	8.185	5.926	5.010	4.500	4.171	3.939	3.765	3.631	3.523
20	8.096	5.849	4.938	4.431	4.103	3.871	3.699	3.564	3.457
21	8.017	5.780	4.874	4.369	4.042	3.812	3.640	3.506	3.398
22	7.945	5.719	4.817	4.313	3.988	3.758	3.587	3.453	3.346
23	7.881	5.664	4.765	4.264	3.939	3.710	3.539	3.406	3.299
24	7.823	5.614	4.718	4.218	3.895	3.667	3.496	3.363	3.256
25	7.770	5.568	4.675	4.177	3.855	3.627	3.457	3.324	3.217
26	7.721	5.526	4.637	4.140	3.818	3.591	3.421	3.288	3.182
27	7.677	5.488	4.601	4.106	3.785	3.558	3.388	3.256	3.149
28	7.636	5.453	4.568	4.074	3.754	3.528	3.358	3.226	3.120
29	7.598	5.420	4.538	4.045	3.725	3.499	3.330	3.198	3.092
30	7.562	5.390	4.510	4.018	3.699	3.473	3.304	3.173	3.067
40	7.314	5.179	4.313	3.828	3.514	3.291	3.124	2.993	2.888
50	7.171	5.057	4.199	3.720	3.408	3.186	3.020	2.890	2.785
60	7.077	4.977	4.126	3.649	3.339	3.119	2.953	2.823	2.718
80	6.963	4.881	4.036	3.563	3.255	3.036	2.871	2.742	2.637
120	6.851	4.787	3.949	3.480	3.174	2.956	2.792	2.663	2.559
240	6.742	4.695	3.864	3.398	3.094	2.878	2.714	2.586	2.482
∞	6.635	4.605	3.782	3.319	3.017	2.802	2.639	2.511	2.407

$a = 0.01$

10	12	15	20	24	30	40	60	120	∞	m_1 / m_2
6055.847	6106.321	6157.285	6208.730	6234.631	6260.649	6286.782	6313.030	6339.391	6365.864	1
99.399	99.416	99.433	99.449	99.458	99.466	99.474	99.482	99.491	99.499	2
27.229	27.052	26.872	26.690	26.598	26.505	26.411	26.316	26.221	26.125	3
14.546	14.374	14.198	14.020	13.929	13.838	13.745	13.652	13.558	13.463	4
10.051	9.888	9.722	9.553	9.466	9.379	9.291	9.202	9.112	9.020	5
7.874	7.718	7.559	7.396	7.313	7.229	7.143	7.057	6.969	6.880	6
6.620	6.469	6.314	6.155	6.074	5.992	5.908	5.824	5.737	5.650	7
5.814	5.667	5.515	5.359	5.279	5.198	5.116	5.032	4.946	4.859	8
5.257	5.111	4.962	4.808	4.729	4.649	4.567	4.483	4.398	4.311	9
4.849	4.706	4.558	4.405	4.327	4.247	4.165	4.082	3.996	3.909	10
4.539	4.397	4.251	4.099	4.021	3.941	3.860	3.776	3.690	3.602	11
4.296	4.155	4.010	3.858	3.780	3.701	3.619	3.535	3.449	3.361	12
4.100	3.960	3.815	3.665	3.587	3.507	3.425	3.341	3.255	3.165	13
3.939	3.800	3.656	3.505	3.427	3.348	3.266	3.181	3.094	3.004	14
3.805	3.666	3.522	3.372	3.294	3.214	3.132	3.047	2.959	2.868	15
3.691	3.553	3.409	3.259	3.181	3.101	3.018	2.933	2.845	2.753	16
3.593	3.455	3.312	3.162	3.084	3.003	2.920	2.835	2.746	2.653	17
3.508	3.371	3.227	3.077	2.999	2.919	2.835	2.749	2.660	2.566	18
3.434	3.297	3.153	3.003	2.925	2.844	2.761	2.674	2.584	2.489	19
3.368	3.231	3.088	2.938	2.859	2.778	2.695	2.608	2.517	2.421	20
3.310	3.173	3.030	2.880	2.801	2.720	2.636	2.548	2.457	2.360	21
3.258	3.121	2.978	2.827	2.749	2.667	2.583	2.495	2.403	2.305	22
3.211	3.074	2.931	2.781	2.702	2.620	2.535	2.447	2.354	2.256	23
3.168	3.032	2.889	2.738	2.659	2.577	2.492	2.403	2.310	2.211	24
3.129	2.993	2.850	2.699	2.620	2.538	2.453	2.364	2.270	2.169	25
3.094	2.958	2.815	2.664	2.585	2.503	2.417	2.327	2.233	2.131	26
3.062	2.926	2.783	2.632	2.552	2.470	2.384	2.294	2.198	2.097	27
3.032	2.896	2.753	2.602	2.522	2.440	2.354	2.263	2.167	2.064	28
3.005	2.868	2.726	2.574	2.495	2.412	2.325	2.234	2.138	2.034	29
2.979	2.843	2.700	2.549	2.469	2.386	2.299	2.208	2.111	2.006	30
2.801	2.665	2.522	2.369	2.288	2.203	2.114	2.019	1.917	1.805	40
2.698	2.562	2.419	2.265	2.183	2.098	2.007	1.909	1.803	1.683	50
2.632	2.496	2.352	2.198	2.115	2.028	1.936	1.836	1.726	1.601	60
2.551	2.415	2.271	2.115	2.032	1.944	1.849	1.746	1.630	1.494	80
2.472	2.336	2.192	2.035	1.950	1.860	1.763	1.656	1.533	1.381	120
2.395	2.260	2.114	1.956	1.870	1.778	1.677	1.565	1.432	1.250	240
2.321	2.185	2.039	1.878	1.791	1.696	1.592	1.473	1.325	1.000	∞

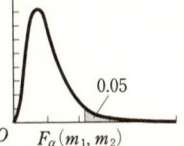

$\alpha = 0.05$

m_1 \ m_2	1	2	3	4	5	6	7	8	9
1	161.448	199.500	215.707	224.583	230.162	233.986	236.768	238.883	240.543
2	18.513	19.000	19.164	19.247	19.296	19.330	19.353	19.371	19.385
3	10.128	9.552	9.277	9.117	9.013	8.941	8.887	8.845	8.812
4	7.709	6.944	6.591	6.388	6.256	6.163	6.094	6.041	5.999
5	6.608	5.786	5.409	5.192	5.050	4.950	4.876	4.818	4.772
6	5.987	5.143	4.757	4.534	4.387	4.284	4.207	4.147	4.099
7	5.591	4.737	4.347	4.120	3.972	3.866	3.787	3.726	3.677
8	5.318	4.459	4.066	3.838	3.687	3.581	3.500	3.438	3.388
9	5.117	4.256	3.863	3.633	3.482	3.374	3.293	3.230	3.179
10	4.965	4.103	3.708	3.478	3.326	3.217	3.135	3.072	3.020
11	4.844	3.982	3.587	3.357	3.204	3.095	3.012	2.948	2.896
12	4.747	3.885	3.490	3.259	3.106	2.996	2.913	2.849	2.796
13	4.667	3.806	3.411	3.179	3.025	2.915	2.832	2.767	2.714
14	4.600	3.739	3.344	3.112	2.958	2.848	2.764	2.699	2.646
15	4.543	3.682	3.287	3.056	2.901	2.790	2.707	2.641	2.588
16	4.494	3.634	3.239	3.007	2.852	2.741	2.657	2.591	2.538
17	4.451	3.592	3.197	2.965	2.810	2.699	2.614	2.548	2.494
18	4.414	3.555	3.160	2.928	2.773	2.661	2.577	2.510	2.456
19	4.381	3.522	3.127	2.895	2.740	2.628	2.544	2.477	2.423
20	4.351	3.493	3.098	2.866	2.711	2.599	2.514	2.447	2.393
21	4.325	3.467	3.072	2.840	2.685	2.573	2.488	2.420	2.366
22	4.301	3.443	3.049	2.817	2.661	2.549	2.464	2.397	2.342
23	4.279	3.422	3.028	2.796	2.640	2.528	2.442	2.375	2.320
24	4.260	3.403	3.009	2.776	2.621	2.508	2.423	2.355	2.300
25	4.242	3.385	2.991	2.759	2.603	2.490	2.405	2.337	2.282
26	4.225	3.369	2.975	2.743	2.587	2.474	2.388	2.321	2.265
27	4.210	3.354	2.960	2.728	2.572	2.459	2.373	2.305	2.250
28	4.196	3.340	2.947	2.714	2.558	2.445	2.359	2.291	2.236
29	4.183	3.328	2.934	2.701	2.545	2.432	2.346	2.278	2.223
30	4.171	3.316	2.922	2.690	2.534	2.421	2.334	2.266	2.211
40	4.085	3.232	2.839	2.606	2.449	2.336	2.249	2.180	2.124
50	4.034	3.183	2.790	2.557	2.400	2.286	2.199	2.130	2.073
60	4.001	3.150	2.758	2.525	2.368	2.254	2.167	2.097	2.040
80	3.960	3.111	2.719	2.486	2.329	2.214	2.126	2.056	1.999
120	3.920	3.072	2.680	2.447	2.290	2.175	2.087	2.016	1.959
240	3.880	3.033	2.642	2.409	2.252	2.136	2.048	1.977	1.919
∞	3.841	2.996	2.605	2.372	2.214	2.099	2.010	1.938	1.880

$a=0.05$

10	12	15	20	24	30	40	60	120	∞	m_1 / m_2
241.882	243.906	245.950	248.013	249.052	250.095	251.143	252.196	253.253	254.314	1
19.396	19.413	19.429	19.446	19.454	19.462	19.471	19.479	19.487	19.496	2
8.786	8.745	8.703	8.660	8.639	8.617	8.594	8.572	8.549	8.526	3
5.964	5.912	5.858	5.803	5.774	5.746	5.717	5.688	5.658	5.628	4
4.735	4.678	4.619	4.558	4.527	4.496	4.464	4.431	4.398	4.365	5
4.060	4.000	3.938	3.874	3.841	3.808	3.774	3.740	3.705	3.669	6
3.637	3.575	3.511	3.445	3.410	3.376	3.340	3.304	3.267	3.230	7
3.347	3.284	3.218	3.150	3.115	3.079	3.043	3.005	2.967	2.928	8
3.137	3.073	3.006	2.936	2.900	2.864	2.826	2.787	2.748	2.707	9
2.978	2.913	2.845	2.774	2.737	2.700	2.661	2.621	2.580	2.538	10
2.854	2.788	2.719	2.646	2.609	2.570	2.531	2.490	2.448	2.404	11
2.753	2.687	2.617	2.544	2.505	2.466	2.426	2.384	2.341	2.296	12
2.671	2.604	2.533	2.459	2.420	2.380	2.339	2.297	2.252	2.206	13
2.602	2.534	2.463	2.388	2.349	2.308	2.266	2.223	2.178	2.131	14
2.544	2.475	2.403	2.328	2.288	2.247	2.204	2.160	2.114	2.066	15
2.494	2.425	2.352	2.276	2.235	2.194	2.151	2.106	2.059	2.010	16
2.450	2.381	2.308	2.230	2.190	2.148	2.104	2.058	2.011	1.960	17
2.412	2.342	2.269	2.191	2.150	2.107	2.063	2.017	1.968	1.917	18
2.378	2.308	2.234	2.155	2.114	2.071	2.026	1.980	1.930	1.878	19
2.348	2.278	2.203	2.124	2.082	2.039	1.994	1.946	1.896	1.843	20
2.321	2.250	2.176	2.096	2.054	2.010	1.965	1.916	1.866	1.812	21
2.297	2.226	2.151	2.071	2.028	1.984	1.938	1.889	1.838	1.783	22
2.275	2.204	2.128	2.048	2.005	1.961	1.914	1.865	1.813	1.757	23
2.255	2.183	2.108	2.027	1.984	1.939	1.892	1.842	1.790	1.733	24
2.236	2.165	2.089	2.007	1.964	1.919	1.872	1.822	1.768	1.711	25
2.220	2.148	2.072	1.990	1.946	1.901	1.853	1.803	1.749	1.691	26
2.204	2.132	2.056	1.974	1.930	1.884	1.836	1.785	1.731	1.672	27
2.190	2.118	2.041	1.959	1.915	1.869	1.820	1.769	1.714	1.654	28
2.177	2.104	2.027	1.945	1.901	1.854	1.806	1.754	1.698	1.638	29
2.165	2.092	2.015	1.932	1.887	1.841	1.792	1.740	1.683	1.622	30
2.077	2.003	1.924	1.839	1.793	1.744	1.693	1.637	1.577	1.509	40
2.026	1.952	1.871	1.784	1.737	1.687	1.634	1.576	1.511	1.438	50
1.993	1.917	1.836	1.748	1.700	1.649	1.594	1.534	1.467	1.389	60
1.951	1.875	1.793	1.703	1.654	1.602	1.545	1.482	1.411	1.325	80
1.910	1.834	1.750	1.659	1.608	1.554	1.495	1.429	1.352	1.254	120
1.870	1.793	1.708	1.614	1.563	1.507	1.445	1.375	1.290	1.170	240
1.831	1.752	1.666	1.571	1.517	1.459	1.394	1.318	1.221	1.000	∞

索　引

アルファベット

BLUE　235
F 分布　153
　　——の密度関数　153
GDP デフレータ　218
k 次の原点積率　124
k 次の中心積率　124
SNA　21
t 値　238
t 分布　149

あ　行

一様分布　96, 112, 143
　　——の確率密度関数　113
　　——の分散　113
　　——の平均　113
一様乱数表　130
一致推定量　159
一致性　159
移動平均法　55, 57
インプリシット・デフレータ　218

か　行

回　帰　224
　　——係数　225, 235
　　——式　225
　　——分析　223
　　——モデル　226
　　重——　223
　　単——　223
階　級　25
カイ2乗分布　145
　　——の密度関数　146
攪乱項　225
確　率　85

　　——関数　96
　　——極限　159
　　——収束　159
　　——の加法定理　88
　　——の乗法定理　90
　　——分布表　96
　　——変数　96
　　——密度関数　110
　　——モデル　225
　　経験的——　87
　　公理論的——　87
　　古典的——　86
　　事後——　92
　　事前——　92
　　主観的——　87
　　条件付き——　89
　　先験的——　86
家計調査　16, 28
加法モデル　55
観察度数　196
ガンマ関数　145
棄却域　180
季節変動　53
　　——の調整方法　55
　　可変型の——　55
　　固定型の——　55
期待度数　196
期別平均法　55, 56
帰無仮説　177, 238
共分散　66
寄与度　216
寄与率　216
金額条件　207
組合せ　83
クラス　25
決定係数　233

決定モデル　225
検出力　182
検　定　177
　　——での誤り　181
　　左側——　185
　　右側——　185
　　両側——　185
工業統計調査　19
購買力平価　219
小売物価統計調査　20
国勢調査　14
誤　差　230
　　——項　225
　　——の確率分布　235
コーシー分布　150
個別指数　203
混合型　12

さ　行

最小2乗推定量　229
最小2乗法　226, 227, 228
最頻値　38
最尤推定量　165
最尤法　164
三角分布　98
残　差　227, 231
事業所・企業統計調査　15
時系列データ　53
試　行　84
事　象　84
　　空——　85
　　根元——　84
　　積——　84
　　全——　85
　　余——　84
　　和——　84
指　数　203
　　——の接続　214
指数分布　114
　　——の分散　115
　　——の平均　115

実験データ　6
実質値　217
従属変数　223
集中型　11
自由度修正済決定係数　242
周辺度数分布　65
順位相関係数　72
循環変動　53
順　列　81
小標本　160
　　——理論　3
乗法モデル　55
新国民生活指標　48
信　頼
　　——区間　236
　　——係数　237
　　——限界　248
　　——度　169
推　定　157
　　区間——　167
　　点——　160
趨勢変動　53
数量指数　206
スタージェスの公式　26
正規分布　115
　　——の再生性　119
　　——の分散　116
　　——の平均　116
　　——の密度関数　116
　　標準——　116
正規方程式　228
生産数量指数　206
生産動態統計調査　20
成長曲線　245
積　率　124
接続指数　214
説明変数　223
漸近的有効性　167
線形最良不偏推定量　→BLUE
線形モデル　224
センサス局法　55

索引

全数調査　7
　——データ　7
層　131
相　関　72
　——係数　66, 69
　——表　64
　正の——　72
　負の——　72
　無——　72
総合指数　203
相　対
　——度数　31
　——累積度数　31
層別抽出　131

た 行

対数線形回帰式　243
大数の法則　141
代表値　32
大標本　160
タイプ I の誤り　181
タイプ II の誤り　181
対立仮説　177
互いに排反　85
多重共線性　246
ダブル・デフレーション　219
ダミー変数　247
チェビシェフの定理　46
中位数　37
柱状図　28
中心極限定理　142
散らばり　43
　——の密度関数　149
デフレータ　218
統計調査の機構　11
統計的記述　8
統計的推測　9
統計量　138
独　立　91
　——変数　223
度数曲線　29

度数多角形　29
度数分布表　25

な 行

内外価格差　219
2項分布　100
　——の期待値　103
　——の正規近似　122
　——の分散　103

は 行

パーシェ指数　205
パーシェ・チェック　212
範　囲　43
非実験データ　7
ヒストグラム　28
非説明変数　223
非線形モデル　225
非対称度　52
非復元抽出　134
標準化　47
　——変量　47
標準偏差　44
標　本　8, 130
　——外予測　247
　——空間　84
　——調査　7
　——調査データ　7
　——内予測　247
　——のサイズ（大きさ）　130, 133
　——分散　139
　——分布　138
　——平均　137
品質変化　215
ヒンチンの定理　141
フィッシャー指数　207
不規則変動　53
復元抽出　134
物価指数　208, 220
　卸売——　20
　企業——　210

消費者—— 20, 208, 209
不偏推定量　158
不偏性　157
分割表　63
　——の検定　195
分　散　44
分散型　11
分布関数　96, 110
平　均　33, 35
　——値　33
　——偏差　44
　加重算術——　35
　幾何——　35
　算術——　38
　調和——　35
　非加重算術——　33
ベイズの定理　91
ヘドニック法　216
ベルヌーイ試行　136
ベルヌーイ分布　101
偏差値　48
ベン図　84
変動係数　52
ポアソン過程　104
ポアソン分布　104
　——の分散　107
　——の平均　107
母集団　9
母比率
　——の区間推定　171
　——の検定　188
　——の差の検定　193
母分散
　——の区間推定　173
　——の検定　190
　——の点推定　161
母平均
　——の区間推定　167, 169
　——の検定　186

　——の差の検定　191
　——の点推定　161

ま・や 行

密度関数　110
無作為抽出　127, 130
無作為標本　9, 121
名目値　217
メディアン　37
モード　38
モーメント　124
　——法　162
有意水準　180, 237
有効性　158
　——の検定　238
尤度関数　164, 165
　対数——　165
予　測　247

ら・わ 行

ラスパイレス指数　205
離散型確率変数　98
累　積
　——確率分布関数　110
　——確率分布表　96
　——多角形　30
　——度数分布　30
　——分布関数　96
連　関
　——係数　72, 74
　——表　65
　——比率法　55
連鎖指数　213
レンジ　43
連続型確率分布　112
連続型確率変数　108
連続性補正　122
労働力調査　17
歪　度　52

編者紹介

木下宗七
きのした そうしち

1935年愛知県に生まれる。1958年名古屋大学経済学部卒業。1964年名古屋大学大学院博士課程修了。名古屋大学経済学部教授，椙山女学園大学現代マネジメント学部教授を経て，現在，名古屋大学名誉教授。経済学博士。

著書：『日本経済の成長モデル』（共著），『戦後日本の経済行動』，『消費者のための日本経済入門』（共著），『環太平洋経済の発展と構造調整』（編），『東アジア経済発展のマクロ計量分析』（共編），など。

入門統計学〔新版〕　　〈有斐閣ブックス〉
Introductory Statisitcs for Business and Economics
(2nd ed.)

1996年11月10日	初版第1刷発行
2009年 3月10日	新版第1刷発行
2012年 1月15日	新版第3刷発行

編　者　　木　下　宗　七
発行者　　江　草　貞　治
発行所　　株式会社　有　斐　閣

郵便番号 101-0051
東京都千代田区神田神保町 2-17
電話 (03)3264-1315〔編集〕
　　 (03)3265-6811〔営業〕
http://www.yuhikaku.co.jp/

印刷　株式会社精興社
製本　大口製本印刷株式会社

© 2009, 木下宗七. Printed in Japan
落丁・乱丁本はお取替えいたします。
★定価はカバーに表示してあります

ISBN978-4-641-18374-2

Ⓡ 本書の全部または一部を無断で複写複製（コピー）することは、著作権法上での例外を除き、禁じられています。本書からの複写を希望される場合は、日本複写権センター(03-3401-2382)にご連絡ください。